HZ BOOKS

华 章 图

U0178682

一本打开的书、一席

通向科学殿堂的阶梯、托起一流人才

智能系统与技术丛书

机器阅读理解

算法与实践

朱晨光 著

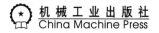

机械工业出版社

China Machine Press

图书在版编目（CIP）数据

机器阅读理解：算法与实践 / 朱晨光著 . —北京：机械工业出版社，2020.3（2020.10 重印）
（智能系统与技术丛书）

ISBN 978-7-111-64950-2

I. 机… II. 朱… III. 自然语言处理 - 研究 IV. TP391

中国版本图书馆 CIP 数据核字（2020）第 039720 号

机器阅读理解：算法与实践

出版发行：机械工业出版社（北京市西城区百万庄大街 22 号 邮政编码：100037）

责任编辑：高婧雅 责任校对：殷 虹

印　　刷：北京市荣盛彩色印刷有限公司 版　　次：2020 年 10 月第 1 版第 2 次印刷

开　　本：186mm×240mm　1/16 印　　张：15.25

书　　号：ISBN 978-7-111-64950-2 定　　价：79.00 元

客服电话：（010）88361066　88379833　68326294 投稿热线：（010）88379604

华章网站：www.hzbook.com 读者信箱：hzit@hzbook.com

序 一

智能可以分为两个层次。一是**感知智能**，即让计算机可以看见、听见和触摸。在这些领域，人工智能取得了许多突破，包括语音识别、语音合成、计算机视觉等。而更高的层次是**认知智能**，它需要计算机能够真正理解和分析各种概念、关系、逻辑等。在这个层次，人工智能的进展还处于起步阶段。

语言作为人类进行交流和传播思想的重要媒介，集中承载了最高层级的智能水平。从20世纪50年代提出的图灵测试开始，到深度学习方兴未艾的今天，理解和应用自然语言一直是全世界人工智能研发同行们梦寐以求想解决的共同课题。语音和语言技术是镶在AI皇冠上的明珠。如果计算机在未来的某一天可以完全理解人类的语言，我们就实现了强人工智能。

近年来，机器阅读理解成为语言处理研究中最热门、最前沿的方向之一。利用计算机建立模型，使计算机能像人类一样阅读文章、分析语义和回答问题，有着重要的科研价值和实用价值。从智能客服到搜索引擎，从作文自动评分到智能金融，机器阅读理解技术可以将大量耗时费力的人工分析自动化，极大地提高了社会的生产力。

随着深度学习技术的不断发展，机器阅读理解研究有了长足的进步。在一些特定的任务中，计算机模型的回答已经可以媲美人类的水平，一些媒体也对这些成果冠以"计算机的阅读理解能力已超人类"的标题。但是，现有的模型能力离真正智能的阅读还有很大距离。大多数情况下，模型仍然简单依赖于局部词句的匹配，而并非基于对篇章结构和语义的理解。

一般来说，人工智能如果要在某个领域获得成功，3个因素缺一不可：平台、数据和算法。而随着硬件算力的不断提升和大数据的爆炸式增长，对算法的探索与改进就成为人工智能研究的必争之地。

    现在市面上完整介绍机器阅读理解算法研究与应用现状的书籍非常少见，相关的中文资料更是少之又少。我们团队的朱晨光博士在机器阅读理解领域深耕多年，并曾在多项国际竞赛中带领团队夺得冠军。他写这本书的目的就是将机器阅读理解的真实面貌展现给读者。书中既有对最新研究成果的详细介绍，也有他对机器阅读理解未来发展方向的思考。希望本书能够启发各位读者为实现人类水平的机器阅读理解共同努力。

黄学东博士

微软公司人工智能首席技术官

序　二

朱晨光博士现在（美国）微软公司担任高级研究员，主要从事自然语言处理方面的研究，包括机器阅读理解、任务驱动对话和文本摘要等。他在 CCCF（《中国计算机学会通讯》）上写的一篇特约专稿《机器阅读理解：如何让计算机读懂文章》很受欢迎。机械工业出版社的编辑看到后，特邀他写书。近期，他完成了专著《机器阅读理解：算法与实践》，让我写一段序言。

自然语言处理旨在解决对自然语言的理解和生成问题。自然语言问题是人工智能皇冠上的明珠，是计算机重要的能力之一，也是研究难度很大的一个领域。人类常用的每一种自然语言都有其语法，但由于使用语言的人的风格不同，加上地方话和习惯用语等因素，所产生的语言千变万化。人和人之间的交流和理解一般是没有障碍的，但让计算机理解就非常困难。这是因为，目前的冯·诺依曼计算机体系结构处理有明确规则的事务比较容易，但处理规则多变的事务就显得有些力不从心。

多少年来，研究者提出和发展了很多方法，有基于语言学规则的技术，也有基于统计机器学习的模型。最近一段时间以来，研究者发展了端到端训练的深度学习自然语言处理体系，包括词嵌入、句子嵌入、注意力机制、编码/解码方法以及最近的预训练模型等，大幅提升了模型处理各项任务的能力，给自然语言理解带来了新的、有趣的思路。

机器（就是计算机）阅读理解是自然语言处理中最热门、最前沿的研究课题之一。阅读是人们获得信息的基本手段，没有阅读就没有理解，没有理解就无法交流。市面上已有很多聊天机器人产品，但人们发现这些机器人往往答非所问。究其原因，就是目前采用的技术是"文本比对"的黑盒方式，而实际上机器人并不理解人类在和它说什么。大家知道，人们在交流时是有语境（即上下文）的，通过联想，人们可以方便地理解对方在说什么，但是让机器了解语境确实是一件非常困难的事。为了解决这些问题，研究者提出了许多改进方法，不断提高模型理解对话与文章的能力。而且，一大批阅读理解数据集的发布强有力地推动了技术的发展。

机器阅读除了研究价值以外，还有许多很有意义的应用，比如文本摘要可以省去人们阅读全文的时间，问答系统可以从海量文档中精确地找到用户问题的答案。机器阅读也是翻译和对话的基础，这对计算机辅助人工服务有重大价值。

晨光的这本书系统地介绍了这个领域的关键技术、取得的进展，以及存在的问题。相信读者读完本书后，会对这一领域的研究及应用有一个比较清晰的认识。

晨光在上中学时参加了CCF主办的信息学奥林匹克竞赛，曾获得全国竞赛的金牌，也是国际赛IOI中国队的候选队员。因我是主席，那时就认识他了。他后来被保送到清华大学计算机系读书，毕业后又去斯坦福大学攻读博士学位，然后在微软从事自然语言处理方面的研究，造诣很高。我们很少见面，但一直保持联系。我认为他是一个天资聪颖、学风严谨而又非常通达事理的青年学者，因此非常乐意和他讨论问题。他提出让我写篇序，看到他的新的研究进展，我深感高兴，于是欣然提笔，也借此向他表示祝贺。

杜子德

原中科院计算所研究员，现任中国计算机学会秘书长

前　　言

阅读是人类获取知识、认识世界的重要手段。传承人类文明的语言文字中包含了丰富的信息、经验和智慧，而语言高度浓缩的特性也决定了阅读能力本身就是一项重要的智能。著名科幻小说作家刘慈欣先生在《乡村教师》中曾经这样描述人类语言交流的效率：

你是想告诉我们，一种没有记忆遗传，相互间用声波进行信息交流，并且是以令人难以置信的每秒 1 至 10 比特的速率进行交流的物种，能创造出 5B 级文明 ?! 而且这种文明是在没有任何外部高级文明培植的情况下自行进化的 ?!

根据测算，人类阅读的平均速度约为说话语速的 2 ～ 3 倍。因此，粗略估算一下，一个人哪怕 50 年如一日地每天阅读 8 个小时，最终获取的文字信息量也只有 4.9GB 左右。但人类的文明和智慧程度远远超过了这个量级。可以说，阅读是一种通过理解将精简的文字抽象成概念和思想以及衍生知识的复杂过程。

在人工智能浪潮席卷世界的今天，让计算机学会阅读有着重要的意义。一方面，阅读能力涉及人类的核心智能，也是终极人工智能必不可少的组成部分；另一方面，随着文本数据的爆炸式增长，利用模型将文本信息的理解过程自动化，可节省大量人力物力成本，在许多行业有着广泛的使用价值。

因此，最近三四年，自然语言处理十分热门、前沿的研究课题之一就是机器阅读理解。其研究目标是让计算机读懂文章，并像人类一样回答与文章相关的问题。大量人工智能和深度学习中的核心技术被运用到这一领域，各种机器阅读理解任务层出不穷。笔者有幸作为最早涉足这一领域的研究者之一，设计并实现了若干阅读理解模型，并在斯坦福大学主办的机器阅读理解竞赛 SQuAD 中获得了第一名的成绩，在 CoQA 竞赛中让计算机模型的得分首次超越了人类的得分。

　　然而，随着计算机模型在越来越多的数据集上得分超过人类，一些媒体在相关报道中都冠以"计算机阅读理解水平已超人类"的标题，这也在一定程度上对"人工智能已经可以取代人类"的说法有推波助澜的作用。而作为实际参与模型设计的研究者，笔者深深感觉计算机与人类理解文章和进行思考的能力相差甚远。当前的机器阅读理解模型和十年前的成果相比已经有了巨大的飞跃，但只是在特定的数据集与限定的任务上超过了人类水平。已有研究表明，如果在文章中加入一个对于人类来说很容易判断的迷惑性句子，就会使计算机模型的表现大打折扣。

　　另外，与机器阅读理解研究热潮不匹配的是，到目前为止，市面上还没有这方面的书籍，大多数模型都是以学术论文方式发表的，而机器阅读理解在工业界应用方面的资料更是寥寥无几。笔者写这本书的目的在于客观地展现当前机器阅读理解研究的现状，从最基础的模块、阅读理解模型的基本架构直到最前沿的算法，完整地展现机器阅读理解模型的核心知识。书中有大量笔者在构建阅读理解模型过程中精炼出的代码实例，这些实例有着很强的实战价值。所有代码均上传至 https://github.com/zcgzcgzcg1/MRC_book，并可直接运行。本书还详细阐述了机器阅读理解模型在智能客服、搜索引擎等各种工业界应用中落地的方法、难点和挑战，并探讨了这项研究未来的发展方向。

　　虽然当前机器阅读理解的能力远逊于人类，但我们可以利用计算机的超快运算速度和超大存储能力找到"弯道超车"的方法。所谓"熟读唐诗三百首，不会吟诗也会吟"，而现在的计算机一秒内就可以读诗千万首，我们完全有理由期待它能取得突破性的成果。例如，2018 年横空出世的 BERT 模型融合了大数据和大模型，在机器阅读理解等多个自然语言处理领域取得了可喜的突破。笔者希望本书能够给大家带来启发和思考，在不远的将来能够真正使计算机达到并超过人类阅读理解的水平。

　　全书分为 3 篇，共 8 章内容。

　　基础篇（第 1 ～ 3 章），主要介绍机器阅读理解的基础知识和关键支撑技术。其中包括机器阅读理解任务的定义、阅读理解模型中常用的自然语言处理技术和深度学习网络模块，例如如何让计算机表示文章和问题、做多项选择题和生成回答等。

　　架构篇（第 4 ～ 6 章），介绍解决各类机器阅读理解任务的基本模型架构和前沿算法，并剖析对机器阅读理解研究有着革命性影响的预训练模型（如 BERT 和 GPT）。

实战篇（第 7 ～ 8 章），其中包括笔者在 2018 年获得 CoQA 阅读理解竞赛第一名时所用的模型 SDNet 的代码解读、机器阅读理解在各种工业界应用中的具体落地过程和挑战，以及笔者对机器阅读理解未来发展方向的思考。

由于笔者的水平有限，且编写时间仓促，书中难免会存在疏漏，恳请读者朋友批评指正。如果您有更多的宝贵意见，欢迎通过邮箱 zcg.stanford@gmail.com 联系我，期待能够得到读者朋友的反馈，在技术之路上互勉共进。

致谢

感谢微软公司语音与语言研究团队黄学东、曾南山和各位同事给予我指导和帮助。

感谢中国计算机学会秘书长杜子德先生一直以来对我的鼓励和支持。

感谢高婧雅编辑在本书策划、写作和完稿过程中给予我巨大帮助。

特别感谢我的太太梦云和女儿，在写作这本书的过程中，我牺牲了很多陪伴她们的时间，有了她们的付出与支持，我才能坚持写下去。

同时，感谢我的父母帮助我们照顾女儿，有了你们的支持，我才有时间和精力完成写作。

谨以此书献给我最亲爱的家人，以及众多热爱机器阅读理解技术的朋友们！

朱晨光

目　录

序一
序二
前言

第一篇　基础篇

第1章　机器阅读理解与关键支撑
　　技术 ……………………… 2

1.1　机器阅读理解任务 ……………… 2
　1.1.1　机器阅读理解模型 ……… 3
　1.1.2　机器阅读理解的应用 …… 4
1.2　自然语言处理 ………………… 5
　1.2.1　研究现状 ……………… 5
　1.2.2　仍需解决的问题 ……… 6
1.3　深度学习 ……………………… 7
　1.3.1　深度学习的特点 ……… 7
　1.3.2　深度学习的成果 …… 10
1.4　机器阅读理解任务的测评方式 … 11
　1.4.1　机器阅读理解的答案
　　　　　形式 ……………… 11
　1.4.2　自由回答式答案评分
　　　　　标准 ROUGE …… 12

1.5　机器阅读理解数据集 ………… 14
　1.5.1　单段落式数据集 ……… 14
　1.5.2　多段落式数据集 ……… 19
　1.5.3　文本库式数据集 ……… 22
1.6　机器阅读理解数据的生成 …… 23
　1.6.1　数据集的生成 ……… 23
　1.6.2　标准答案的生成 …… 24
　1.6.3　如何设计高质量的
　　　　　数据集 …………… 26
1.7　本章小结 …………………… 30

第2章　自然语言处理基础 ……… 31

2.1　文本分词 …………………… 31
　2.1.1　中文分词 …………… 32
　2.1.2　英文分词 …………… 33
　2.1.3　字节对编码 BPE …… 35
2.2　语言处理的基石：词向量 …… 37
　2.2.1　词的向量化 ………… 37
　2.2.2　Word2vec 词向量 … 39
2.3　命名实体和词性标注 ……… 42
　2.3.1　命名实体识别 ……… 42
　2.3.2　词性标注 …………… 44
2.4　语言模型 …………………… 48

2.4.1 N元模型 ·············· 49
2.4.2 语言模型的评测 ········· 52
2.5 本章小结 ················· 53

第3章 自然语言处理中的深度
学习 ················· 54
3.1 从词向量到文本向量 ········· 54
3.1.1 利用RNN的最终状态··· 55
3.1.2 利用CNN和池化 ······· 55
3.1.3 利用含参加权和 ········· 58
3.2 让计算机做选择题:自然语言
理解 ················· 59
3.2.1 网络模型 ············· 59
3.2.2 实战:文本分类 ········· 60
3.3 让计算机写文章:自然语言
生成 ················· 62
3.3.1 网络模型 ············· 62
3.3.2 实战:生成文本 ········· 63
3.3.3 集束搜索 ············· 65
3.4 让计算机专心致志:注意力
机制 ················· 67
3.4.1 注意力机制的计算 ······· 68
3.4.2 实战:利用内积函数计算
注意力 ··············· 69
3.4.3 序列到序列模型 ········· 69
3.5 本章小结 ················· 70

第二篇 架构篇

第4章 机器阅读理解模型架构 ····· 72
4.1 总体架构 ················· 72

4.2 编码层 ··················· 74
4.2.1 词表的建立和初始化 ····· 74
4.2.2 字符编码 ············· 75
4.2.3 上下文编码 ··········· 77
4.3 交互层 ··················· 79
4.3.1 互注意力 ············· 79
4.3.2 自注意力 ············· 81
4.3.3 上下文编码 ··········· 82
4.4 输出层 ··················· 83
4.4.1 构造问题的向量表示 ····· 83
4.4.2 多项选择式答案生成 ····· 84
4.4.3 区间式答案生成 ········· 85
4.4.4 自由式答案生成 ········· 87
4.5 本章小结 ················· 93

第5章 常见机器阅读理解模型 ····· 94
5.1 双向注意力流模型 ··········· 94
5.1.1 编码层 ··············· 94
5.1.2 交互层 ··············· 95
5.1.3 输出层 ··············· 98
5.2 R-net ··················· 99
5.2.1 基于注意力的门控循环
神经网络 ············· 100
5.2.2 网络架构 ············· 101
5.3 融合网络 ················· 104
5.3.1 单词历史 ············· 104
5.3.2 全关注注意力 ········· 105
5.3.3 总体架构 ············· 106
5.4 关键词检索与阅读模型 ······· 109
5.4.1 检索器 ··············· 110
5.4.2 阅读器 ··············· 112
5.5 本章小结 ················· 115

第6章　预训练模型 ············ 116

6.1　预训练模型和迁移学习 ········ 116

6.2　基于翻译的预训练模型 CoVe ··· 118

　6.2.1　机器翻译模型 ········· 119

　6.2.2　上下文编码 ········· 120

6.3　基于语言模型的预训练模型
　　　ELMo ·············· 121

　6.3.1　双向语言模型 ······· 122

　6.3.2　ELMo 的使用 ········ 123

6.4　生成式预训练模型 GPT ········ 125

　6.4.1　Transformer ········· 125

　6.4.2　GPT 模型架构 ······· 129

　6.4.3　GPT 使用方法 ······· 129

6.5　划时代的预训练模型 BERT ···· 131

　6.5.1　双向语言模型 ······· 131

　6.5.2　判断下一段文本 ····· 132

　6.5.3　BERT 预训练细节 ······ 133

　6.5.4　BERT 在目标任务中的
　　　　　使用 ············· 133

　6.5.5　实战：在区间答案型
　　　　　机器阅读理解任务中
　　　　　微调 BERT ········· 137

6.6　本章小结 ··············· 138

第三篇　实战篇

第7章　机器阅读理解模型 SDNet
　　　　代码解析 ············ 140

7.1　多轮对话式阅读理解模型
　　　SDNet ·············· 140

　7.1.1　编码层 ············· 141

　7.1.2　交互层与输出层 ····· 142

7.2　SDNet 代码介绍与运行指南 ··· 143

　7.2.1　代码介绍 ··········· 143

　7.2.2　运行指南 ··········· 143

　7.2.3　配置文件 ··········· 145

7.3　预处理程序 ············· 147

　7.3.1　初始化函数 ········· 148

　7.3.2　预处理函数 ········· 149

7.4　训练程序 ··············· 154

　7.4.1　训练基类 ··········· 154

　7.4.2　训练子类 ··········· 155

7.5　批次数据产生器 ·········· 159

　7.5.1　掩码 ··············· 160

　7.5.2　准备 BERT 数据 ······ 164

7.6　SDNet 模型 ············· 166

　7.6.1　网络模型类 ········· 166

　7.6.2　计算层 ············· 171

　7.6.3　生成 BERT 编码 ······ 177

7.7　本章小结 ··············· 178

第8章　机器阅读理解的应用与
　　　　未来 ·············· 179

8.1　智能客服 ··············· 179

　8.1.1　建立产品客服知识库 ··· 180

　8.1.2　理解用户意图 ········ 181

　8.1.3　答案生成 ··········· 183

　8.1.4　智能客服中的其他
　　　　　模块 ············· 183

8.2　搜索引擎 ··············· 184

　8.2.1　搜索引擎技术 ········ 185

8.2.2 搜索引擎中的机器阅读
理解 ························· 187
8.2.3 未来与挑战 ·············· 188
8.3 医疗卫生 ························· 189
8.4 法律 ····························· 190
8.4.1 智能审判 ·············· 191
8.4.2 确定适用条款 ········· 192
8.5 金融 ····························· 193
8.5.1 股价预测 ·············· 193
8.5.2 新闻摘要 ·············· 195

8.6 教育 ····························· 196
8.7 机器阅读理解的未来 ········· 196
8.7.1 机器阅读理解研究面临的
挑战 ························· 197
8.7.2 机器阅读理解的
产业化 ····················· 202
8.8 本章小结 ························· 203

附录 A 机器学习基础 ················ 205
附录 B 深度学习基础 ················ 208

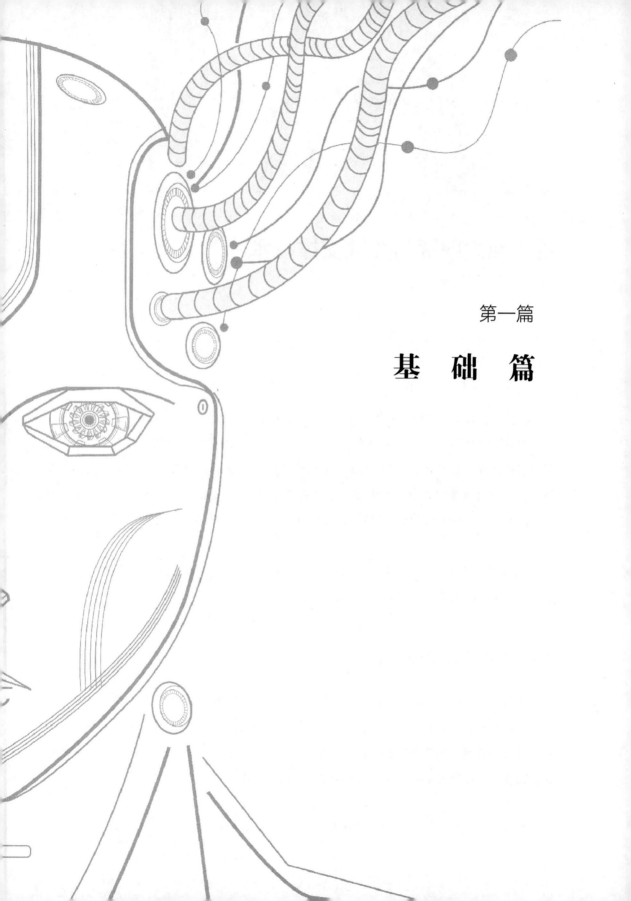

第一篇

基 础 篇

第 1 章

机器阅读理解与关键支撑技术

机器阅读理解（Machine Reading Comprehension，MRC）是一种利用算法使计算机理解文章语义并回答相关问题的技术。由于文章和问题均采用人类语言的形式，因此机器阅读理解属于**自然语言处理**（Natural Language Processing，NLP）的范畴，也是其中最新、最热门的课题之一。近年来，随着**机器学习**（Machine Learning），特别是**深度学习**（Deep Learning）的发展，机器阅读理解研究有了长足的进步，并在实际应用中崭露头角。

本章将介绍机器阅读理解任务的相关概念和测评方式，并讨论这项课题所涉及的自然语言处理、深度学习等关键支撑技术。

1.1　机器阅读理解任务

学者 C. Snow 于 2002 年发表的一篇论文⊖中将阅读理解定义为"通过交互从书面文字中提取与构造文章语义的过程"。而机器阅读理解的目标是利用人工智能技术，使计算机具有和人类一样理解文章的能力。图 1-1 所示为机器阅读理解的一个样例。示例中，机器阅读理解模型需要用文章中的一段原文来回答问题。

⊖　C. Snow.《Reading for understanding: Toward an R&D program in reading comprehension》. 2002.

> **段落**
>
> 工商协进会报告，12 月消费者信心上升到 78.1，明显高于 11 月的 72。另据《华尔街日报》报道，2013 年是 1995 年以来美国股市表现最好的一年。这一年里，投资美国股市的明智做法是追着"傻钱"跑。所谓的"傻钱"策略，其实就是买入并持有美国股票这样的普通组合。这个策略要比对冲基金和其他专业投资者使用的更为复杂的投资方法效果好得多。
>
> **问题 1**：什么是傻钱策略？
>
> **答案**：买入并持有美国股票这样的普通组合
>
> **问题 2**：12 月的消费者信心指数是多少？
>
> **答案**：78.1
>
> **问题 3**：消费者信心指数由什么机构发布？
>
> **答案**：工商协进会

图 1-1　机器阅读理解任务样例[⊖]

1.1.1　机器阅读理解模型

机器阅读理解模型的输入为文章和问题文本，输出为最终的回答。为了完成任务，模型需要深度分析文章语义以及文章和问题之间的联系，然后根据文章中的内容作出准确回答。当前，绝大多数机器阅读理解算法均采用**深度学习**模型，利用深度神经网络进行建模与优化。深度学习的特点是，模型能根据训练集上预测的准确度直接优化参数，不断提高模型性能，从而达到很好的效果。机器阅读理解所涉及的深度学习架构的概念、原理和实现将在第 3 章中介绍。

由于深度学习需要在数值空间处理信息，因此阅读理解模型首先要对文章和问题进行数字化表示，形成文本编码。常见的方法是词向量（word vector）：将文本分成若干单词，然后用一串数字（即一个向量）表示一个单词（见表 1-1）。常用的中英文分词与词向量生成算法将在第 2 章中介绍。

表 1-1　文本的数字化表示：分词与词向量

原文	今天天气真好
分词	今天 | 天气 | 真 | 好
词向量	今天：[3.2, −1.5, 6.0] 天气：[−0.2, −5.0, 1.7] 真：[1.4, 2.8, 0.9] 好：[−2.6, 3.8, −5.2]

接下来，机器阅读理解模型会对这些数字化编码进行各种操作，获得上下文信息以

⊖　朱晨光，《机器阅读理解：如何让计算机读懂文章》，中国计算机学会通讯，2019。

及文章和问题之间的语义关联，从而获取有关答案的线索。一般而言，基于深度学习的机器阅读理解模型的架构分为 3 个部分：

❑ 编码层对文章和问题进行单词编码，并完成上下文语义分析；

❑ 交互层处理文章和问题之间的关联信息，找出文章中与问题相关的线索；

❑ 输出层将之前处理的信息按照任务要求生成答案。

本书第 4 章将详细介绍上述网络层的具体架构与求解方式。不同的机器阅读理解模型通常是上述 3 个部分中使用不同的模块与连接方式。但无论哪种阅读理解模型，其训练过程都依赖于人工标注的数据，如大量文章 – 问题 – 答案的三元组。1.5 节将介绍当前使用最广泛的阅读理解数据集。

但是，生成这些标注数据需要花费大量的时间和人力。因此，近年来自然语言处理界提出了预训练 + 微调模式：在大量无标注文本数据上训练大规模模型，然后在少量具体任务的标注数据（如阅读理解）上进行微调。这种模式取得了很好的效果，也有效缓解了标注数据缺乏的问题。预训练模型的原理及其在机器阅读理解上的使用方式将在第 6 章介绍。

1.1.2 机器阅读理解的应用

随着各行各业文本数据的大量产生，传统的人工处理方式因为处理速度慢、开销巨大等因素成为产业发展的瓶颈。因此，能自动处理分析文本数据并从中抽取语义知识的机器阅读理解技术逐渐受到人们的青睐。

例如，传统的搜索引擎只能返回与用户查询相关的文档，而阅读理解模型可以在文档中精确定位问题的答案，从而提高用户体验。在客户服务中，利用机器阅读理解在产品文档中找到与用户描述问题相关的部分并给出详细解决方案，可以大大提高客服效率。在智能医疗领域，阅读理解模型能根据患者症状描述自动查阅大量病历和医学论文，找到可能的病因并输出诊疗方案。在语言教育方面，可以利用阅读理解模型批改学生的作文并给出改进意见，随时随地帮助学生提高作文水平。本书将在第 8 章介绍更多机器阅读理解的应用领域。

可以看出，凡是需要自动处理和分析大量文本内容的场景下，机器阅读理解都可以帮助节省大量人力和时间。在很多领域中，如果阅读理解模型的质量没有达到完全替代人类的水平，可采用与人工结合的方式，利用计算机处理简单高频的问题，从而达到降低成本的作用。因此，机器阅读理解成为当前人工智能研究中最前沿、最热门的方向之一。

1.2　自然语言处理

机器阅读理解属于语言处理的范畴，而**自然语言处理**是人工智能领域的重要研究方向。它主要分析人类语言的规律和结构，设计计算机模型理解语言并与人类进行交流。自然语言处理的历史可以追溯到人工智能的诞生。在数十年的发展中，自然语言的处理、理解和生成等领域的研究已经取得了长足的进步。这些都为机器阅读理解研究奠定了坚实的基础。本节主要介绍自然语言处理的研究现状及其对机器阅读理解的影响。

1.2.1　研究现状

经过 70 余年的发展，自然语言处理相关研究已经细化分类成许多子任务。以下是与机器阅读理解相关的重要研究方向。

1）**信息检索**（information retrieval）。研究如何在海量文档或网页中寻找与用户查询相关的结果。信息检索方面的研究已经相当成熟，并广泛应用在网页搜索等产品中，为信息的传播和获取提供了极大的便利。当一个阅读理解任务涉及大规模文本库时，信息检索通常作为系统中抽取相关信息的第一个模块。

2）**问答系统**（question and answering system）是指可以自动回答用户提出问题的系统。问答系统与信息检索的区别在于，问答系统需要理解复杂问题的语义，并支持多轮有上下文的对话。例如，对话式阅读理解需要模型同时分析文章语义和之前对话轮次的信息，再对当前问题作出回答。

3）**文本分类**（text classification）是指对文章、段落、语句进行分类，如将大量网页按照内容和主题进行划分。一些机器阅读理解模型对问题进行分类，如关于时间的问题、关于地点的问题等，以提高答案的准确性。这种问题分类就属于文本分类的范畴。

4）**机器翻译**（machine translation）研究如何让计算机自动翻译文本，可以应用在跨语言的阅读理解任务中。例如，当文本来自小语种语言时，我们可以利用机器自动翻译常用语言中的阅读理解数据，从而解决训练数据缺乏的问题。

5）**文本摘要**（text summarization）研究如何用简洁的语言概括文章的主旨和重要信息。由于文本摘要需要对文章语义进行分析并生成结果，其中的很多技术被应用到机器阅读理解中，例如序列到序列模型（sequence-to-sequence），拷贝 – 生成网络（pointer-generator network）等。

1.2.2　仍需解决的问题

随着相关模型的不断发展，自然语言处理在许多任务中取得了令人瞩目的成绩。但是，仍有许多没有很好解决的问题，其中也包括对基本语言结构和语义的理解。这些也是机器阅读理解研究中亟待解决的问题。

1. 语言的歧义性

由于语言的一大特性是用较为精练的语句代表复杂的语义，因此一段文本时常会存在多义和歧义等情况，也就是有多种合理的解释方式。来看下面几个例子。

示例 1：工厂领导对小张的批评意见进行过多次讨论。

这里，既可以理解为领导讨论了小张对工厂提出的批评意见，也可以理解为领导讨论了对小张的批评意见。原因是"对"的对象可以是"小张的批评意见"，也可以是"小张"。

示例 2：化学所取得的成绩是有目共睹的。

这里，既可以理解为成绩是"化学"取得的，也可以理解为成绩是"化学所"取得的。原因是"所"既可以作为介词，也可以作为"化学所"的一部分。

示例 3：我要炒青菜。

这里，可以认为"炒青菜"是一道菜，而"我"在点菜，也可以认为"我"要去炒青菜。原因是"炒"可以作为整句话的动词，也可以和"青菜"组成菜名。

这样的歧义性示例还有许多。即使人类在面对这些语句时，也很难判断说话者的真实意图。但是，如果有上下文信息，歧义就会消除。例如，"我要炒青菜"发生在餐馆点菜语境中，就说明"炒青菜"是一道菜；"化学所取得的成绩是有目共睹的"出现在学校领导对化学所的考评中，就表示成绩是属于"化学所"的。

到目前为止，自然语言处理的模型仍不能很好地理解上下文的语义。研究人员通过分析自然语言处理模型在机器阅读理解模型等任务上的结果，发现现有模型很大程度上是基于单词或关键词进行匹配，这也导致这些模型对于歧义性文本的处理能力很低。

2. 推理能力

在人类语言交流中，许多时候可以从语言推理得出结论，而不需要详细说明。例如，下面这个顾客通过客服订票的对话例子：

客服：您好，请问我可以怎样帮助您？

顾客：我想订一张 5 月初从北京去上海的机票。

客服：好的，那么您想哪天出发？

顾客：嗯，我是去上海开会，这个会从 4 号开到 7 号。

客服：好的，下面是 5 月 3 日从北京出发到上海的直达航班信息……

上面的对话中，顾客并没有正面回答客服关于哪天出发的问题，而是给出了开会的时间段。但是，从订机票去开会这个事件可以推理出，顾客一定是想在会议开始前到达目的地，因此客服给出了 5 月 3 日出发的航班信息。当然，如果顾客想要订上海回北京的机票，客服就应该给出 5 月 7 日晚或 5 月 8 日出发的航班信息。

因此，智能客服的模型需要根据之前的谈话内容推断出所需要的信息——出发日期。这种推断需要模型具有一定的常识，即航班必须在开会前到达目的地。

近年来已经出现常识和推理在自然语言处理应用上的研究，但如何让模型包含海量的常识并进行有效的推理仍是一个需要解决的问题。

1.3　深度学习

深度学习是当前人工智能中炙手可热的研究领域。基于深度学习的模型在图像识别、语音识别、自然语言处理等诸多应用中大显身手，大幅提高了模型的表现。当前绝大多数的机器阅读理解模型均是基于深度学习的。接下来介绍深度学习的特点和成功案例。

1.3.1　深度学习的特点

深度学习作为机器学习的一个分支，为什么能在众多的机器学习模型中脱颖而出？

究其根源，有以下几个重要原因。

　　第一，深度学习具有很大的模型复杂度。深度学习基于人工神经网络，而人工神经网络的一大特点是模型大小可控：即使是固定大小的输入和输出维度，也可以根据需求通过调整网络层数、连接数、每层大小调控模型参数的数量。因此，深度学习易于增加**模型复杂度**（model complexity），从而更有效地利用海量数据。同时，研究表明深度学习模型的准确率可以随着数据的增多而不断增加（见图 1-2）。随着机器阅读理解领域的不断发展，相关数据集越来越多，数据量也在不断增大，这也使得深度学习成为阅读理解中最常见的机器学习架构。

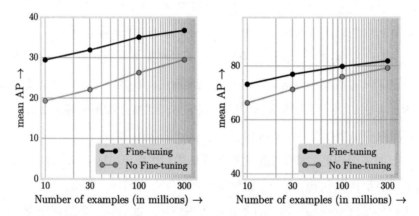

图 1-2　深度学习模型在图像识别任务 COCO 和 PASCAL VOC2007 上的准确率。横轴为训练数据规模，纵轴为准确率[⊖]

　　第二，深度学习强大的特征学习能力。在机器学习中，模型的表现很大程度上取决于如何学习数据的表示，即**表征学习**（representation learning）。传统机器学习模型需要事先抽取对任务有重要作用的**特征**（feature）。在深度学习出现之前，特征抽取很大程度上是依靠人工完成的，并且依赖于领域专家的经验。然而，深度学习依靠神经网络对于数据的非线性变换处理可以自动地从原始特征中（如词向量、图片像素）学习得到有效的表示。由此可见，深度学习可以有效地自动获取对任务有帮助的特征，而不需要设计者具有相关领域的特殊知识。因此，使用深度学习的机器阅读理解模型并不需要开发者绞

　　⊖　C. Sun, A. Shrivastava, S. Singh, A. Gupta.《Revisiting Unreasonable Effectiveness of Data in Deep Learning Era.》.2017.

尽脑汁地思考从文章和问题中抽取哪些特征，模型本身可以利用大数据自动获得高效的文本表示。

　　第三，深度学习可以实现**端到端**（end-to-end）的学习。很多机器学习模型采用流水线形式的多步骤解法，如学习特征 → 特征归类 → 对每一类特征建立模型 → 合成预测结果。但是，这些步骤只能独立优化，很难进行统一规划以促进任务最终指标的提高。而且，一旦对其中一个步骤的模型进行改进，很可能导致下游的步骤需要重新进行训练，大大降低了使用效率。而深度学习的一大优势在于，可以利用神经网络强大的数据表征和处理能力实现端到端处理，即以原始数据作为输入，直接输出所需要的最终结果。这种处理方式可以统筹优化所有参数以提高准确率。例如，在机器阅读理解中，模型以文章和问题文本作为输入，可以直接输出答案文本，这大大简化了优化的过程，也非常易于使用和部署。

　　第四，硬件的更新换代，特别是 GPU 计算能力的不断进步。深度学习因为模型一般较为庞大，计算效率成为制约其发展的重要因素。而**图形处理器**（Graphics Processing Unit，GPU）技术的不断改进给深度学习发展带来了极大的加速。与中央处理器 CPU 相比，GPU 具有更强的浮点运算能力、更快的存储和读写速度，以及多核并行的特点。GPU 在最近十余年间的发展也符合早期 CPU 的摩尔定律，即运算速度和器件复杂度随时间呈指数级增长。以 NVIDIA 公司、Google 公司等为代表的 GPU 产业不断推陈出新，并为深度学习开发专门的 GPU 和机型，促进了整个深度学习领域的发展和其在工业界的落地。

　　第五，深度学习框架的出现和社区的繁荣。随着 TensorFlow、PyTorch、Keras 等框架的出现，神经网络可以实现自动优化，并且框架中实现了绝大多数常用的网络模块，这使得深度学习开发的难度大大降低。与此同时，深度学习社区蓬勃发展。每当新的研究成果产生时，都会有开发者第一时间实现、验证并开源模型，使得技术的普及应用达到了前所未有的速度。学术论文平台 arXiv、代码平台 GitHub 等极大地方便了研究者和开发者之间的交流，也降低了深度学习的研究和实现门槛。例如，2018 年 9 月自然语言处理的突破性研究成果 BERT（参见第 6 章中的介绍）的论文和开源代码面世之后，短短数月之内，借助 BERT 的网络模型，机器阅读理解竞赛榜单 SQuAD 和 CoQA 的最好成绩就被频频刷新（见图 1-3）。

Leaderboard

SQuAD2.0 tests the ability of a system to not only answer reading comprehension questions, but also abstain when presented with a question that cannot be answered based on the provided paragraph. How will your system compare to humans on this task?

Rank	Model	EM	F1
	Human Performance *Stanford University* (Rajpurkar & Jia et al. '18)	86.831	89.452
1 Mar 20, 2019	BERT + DAE + AoA (ensemble) *Joint Laboratory of HIT and iFLYTEK Research*	**87.147**	**89.474**
2 Mar 15, 2019	BERT + ConvLSTM + MTL + Verifier (ensemble) *Layer 6 AI*	86.730	89.286
3 Mar 05, 2019	BERT + N-Gram Masking + Synthetic Self-Training (ensemble) *Google AI Language* https://github.com/google-research/bert	86.673	89.147

图 1-3   机器阅读理解竞赛 SQuAD 2.0 的前三名均基于 BERT

1.3.2   深度学习的成果

自深度学习问世以来取得了许多举世瞩目的成果，在语音、图像、文本等多个领域均有非常优异的表现。

2009 年，深度学习之父 Geoffrey Hinton 在与微软研究院合作期间，通过深度信念网络（deep belief network）模型大幅提高了语音识别系统的准确率，并很快由 IBM、谷歌、科大讯飞等行业和学术团体通过实验证实。这也是深度学习最早的成功案例之一。7 年之后，微软进一步利用大规模深度学习网络将语音识别系统的词错率降低至 5.9%，首次达到与专业速记员持平的水准。

2012 年，在 ImageNet 组织的大规模图像识别竞赛（ILSVRC2012）中，深度学习方法卷积神经网络 AlexNet 获得了 84.6% 的 Top-5 准确率，以超过第 2 名 10 个百分点的成绩获得冠军。

2016 年，斯坦福大学推出机器阅读理解数据集 SQuAD（Stanford Question Answering Dataset）。参赛模型需要阅读 500 多个文章段落并回答十万多条相关问题。短短一年后，Google 提出的 BERT 预训练深度学习模型就达到了精确匹配 87.4%、F1 指标 93.2% 的水平，一举超越了人类的得分（精确匹配 82.3%、F1 指标 91.2%），引发了业界的热议。

2018 年，微软研发的深度学习翻译系统在中英文通用新闻报道测试集上首次达到与人工翻译同等水平的翻译质量和准确率。

这些成就从不同方面证明了深度学习模型强大的学习能力，也为其在产业界的落地打下了坚实的基础。然而，我们也应该看到，深度学习仍存在着一些尚未解决的缺陷，如很多模型因其参数众多而被称为"黑盒模型"，即无法解释它对于特定输入产生输出的原理，也很难针对特定错误修改模型加以纠正。此外，深度学习模型还缺乏人类特有的推理、归纳与常识能力。这些都是科研的前沿问题。希望在不久的将来，更加强大的深度学习可以使计算机真正具有与人类一般的智能。

1.4　机器阅读理解任务的测评方式

机器阅读理解类似于人类的阅读理解任务，即考核阅读者 / 模型对文章内容的理解能力。和数学计算不同，阅读理解需要设计专门的指标来验证模型的语义理解能力。众所周知，测评人类阅读理解能力通常采用问答形式，即要求阅读者回答与文章相关的问题。因而测评机器阅读理解模型也可以采用相同的形式，让模型回答与文章相关的问题。本节将介绍机器阅读理解任务中常见的测评方式。

1.4.1　机器阅读理解的答案形式

当前，大部分机器阅读理解任务均采用问答式测评：设计与文章内容相关的自然语言式问题，让模型理解问题并根据文章内容作答。为了评判答案的正确性，一般有如下几种形式的参考答案。

❑ 多项选择式。即模型需要从给定的苦干选项中选出正确答案。

❑ 区间答案式。即答案限定是文章中的一个子句，需要模型在文章中标明正确的答案起始位置和终止位置。

❑ 自由回答式。即不限定模型生成答案的形式，允许模型自由生成语句。

❑ 完形填空式。即在原文中除去若干关键词，需要模型填入正确单词或短语。

此外，一些数据集还设计了"无答案"问题，即一个问题在文章中可能没有的答案，需要模型输出"无法回答"（unanswerable）。

在以上答案形式中，多项选择和完形填空属于客观类答案，测评时可以将模型答案直接与正确答案进行比较，并以准确率作为评测标准，易于计算。

区间式答案属于半客观类答案，可以将模型答案直接以字符串形式与标准答案进行比较，完全相同时得分为1，否则为0，这种衡量标准称为**精确匹配**（exact match）。如果标准答案为"上午 | 八点"，模型作答"是 | 上午 | 八点"，精确匹配分数为0分，但其实模型答案已非常接近标准答案。因此，对于区间式答案，还有一种衡量标准称为**F1**，它是单词**准确率**和**召回率**（recall）的调和平均数，即 $F_1 = 2 \times \dfrac{\text{precision} \times \text{recall}}{\text{precision} + \text{recall}}$。准确率是指在模型给出的答案中有多大比例的单词在标准答案中出现；召回率是指在标准答案中有多大比例的单词在模型给出的答案中出现。表1-2所示为计算答案精确匹配和F1分数的示例。从中可以看出，F1分数可以在答案部分正确时给出部分分。

表 1-2 机器阅读理解答案的精确匹配和 F1 计算示例

标准答案	模型答案	精确匹配	单词准确率	单词召回率	F1
今天 | 八点	是 | 今天 | 九点	0	1/3=0.33	1/2=0.5	0.4
今天 | 八点	今天 | 八点	1	1	1	1

自由回答式答案是最为灵活的一种答案形式。理想的测评标准是，当模型答案和标准答案语义完全相同时得满分，否则得部分分或不得分。但是，要判断两段语句是否表达相同的语义，其本身就是很复杂的课题，没有很好的解决方法。而如果完全采用人工评分，效率又太低，而且标准难以统一。因此，一般采用单词水平的匹配率作为自由式答案的评分标准。常见的标准有 ROUGE、BLEU 和 METEOR 等。下面我们先来看评测标准 ROUGE。

1.4.2　自由回答式答案评分标准 ROUGE

ROUGE（Recall-Oriented Understudy for Gisting Evaluation）是一种基于召回率的文本相似性度量方法，用于衡量标准答案中的单词和短语在模型答案中出现的比例。因为一个问题的答案可能有多种表述方法[⊖]，ROUGE 允许同一个问题有多个标准答案。

⊖　Chin-Yew Lin.《Rouge: A package for automatic evaluation of summaries》. 2004.

ROUGE 评分有 ROUGE-N、ROUGE-S 和 ROUGE-L 等指标。

ROUGE-N 用来测评 N 元组（N-gram）的召回率，其公式如下：

$$ROUGE-N(M) = \frac{\sum_{A \in 所有标准答案} \sum_{s \in A中的N元组} \min\{count_s(A), count_s(M)\}}{\sum_{A \in 所有标准答案} \sum_{s \in A中的N元组} count_s(A)}$$

其中，M 为模型答案，N 元组是指答案中相邻的 N 个单词组成的短语，$count_s(A)$ 表示 N 元组 s 在标准答案 A 中出现的次数。ROUGE-N 以 N 元组 s 在标准答案 A 中出现的次数和在模型答案 M 中出现的次数的较小值作为分子，以 s 在标准答案中出现的次数作为分母，来测量 N 元组出现的召回率。

ROUGE-S 和 ROUGE-2（N=2）的定义非常类似，只是 ROUGE-S 中不要求两个词相邻，而是允许二元组中的两个词在答案中最多相隔 Skip 个词，其中 Skip 为参数。例如，"我 | 很 | 喜欢 | 晚上 | 跑步"中，如果 Skip=2，则"我 | 很"，"我 | 喜欢"，"我 | 晚上"都是 ROUGE-S 所考虑的二元组。

ROUGE-L 计算标准答案和模型答案的**最长公共子序列**（Longest Common Subsequence，LCS）的长度 L。这个子序列不一定要在原序列中连续出现。例如，"我 | 喜欢 | 这个 | 学校"和"我 | 在 | 这个 | 学校 | 时间 | 很 | 长"的最长公共子序列是"我 | 这个 | 学校"，长度为 3。然后，ROUGE-L 计算 L 和标准答案单词个数的比值 R_{LCS}、L 和模型答案单词个数的比值 P_{LCS}，以及它们的调和平均数 F_{LCS}。其中 F_{LCS} 即为 ROUGE-L 的分值：

$$R_{LCS} = \frac{LCS（标准答案，模型答案）}{标准答案单词个数}$$

$$P_{LCS} = \frac{LCS（标准答案，模型答案）}{模型答案单词个数}$$

$$F_{LCS} = \frac{(1+\beta^2)R_{LCS}P_{LCS}}{R_{LCS} + \beta^2 P_{LCS}}$$

其中，β 为 ROUGE-L 的参数。表 1-3 通过一个示例总结了 ROUGE-N、ROUGE-S 和 ROUGE-L 的计算标准。

表 1-3   ROUGE 评测标准示例

标准答案	我｜喜欢｜这个｜学校		
模型答案	我｜也｜喜欢｜那个｜学校		
ROUGE-1	3 / 4 = 0.75（我，喜欢，学校）		
ROUGE-2	0 / 3 = 0		
ROUGE-S Skip=1	2 / 5 = 0.4（我｜喜欢，喜欢｜学校）		
ROUGE-L $\beta=1$	最长公共子序列：我｜喜欢｜学校		
	$R_{LCS} = 3/4 = 0.75$	$P_{LCS} = 3/5 = 0.6$	$F_{LCS} = 0.67$

通过比较 ROUGE 分值和人工评测得分，研究者发现 ROUGE 值和评测者的主观评价之间有一定关联性，但也有许多不一致的地方。因此，除 ROUGE 指标外，通常也对自由式答案进行人工评价，包括答案的正确性和流畅度等。

1.5   机器阅读理解数据集

自然语言处理的许多领域中有大量的公开数据集。在这些数据集上的客观评测可以检验模型的质量，比较模型的优劣。这在很大程度上推动了相关研究的发展。机器阅读理解作为 NLP 中的热门课题，有许多大规模数据集和相关竞赛。根据数据集中阅读文章的形式，可以将这些数据集分为单段落、多段落和可检索的文本库 3 种类型。单段落和多段落类型的文章因为其长度有限，可以直接在给定段落中建模获取答案。而文本库规模庞大，一般需要先建立信息检索模块。算法根据给定的问题信息通过检索找到文本库中最相关的若干段落或语句，大幅缩小阅读范围，然后在检索结果中找到回答问题的线索。下面分别对这 3 种类型的机器阅读理解数据集进行介绍。

1.5.1   单段落式数据集

单段落式机器阅读理解数据集要求模型在阅读一个给定的文本段落之后，回答与之相关的问题。在此过程中，模型不需要参考任何该段落以外的信息。单段落式数据集的构造比较简单，而且只考察模型的核心阅读能力，是机器阅读理解中最常见的数据集类型。

1. RACE

RACE[⊖]是 CMU 大学于 2017 年推出的大规模英语机器阅读理解数据集。数据来源为中国中学生的英语考试。RACE 中包含 28 000 篇文章和近 10 万个多项选择问题。模型需要在选项中选择正确的答案，如图 1-4 所示。RACE 数据分为面向初中生的 RACE-M 数据集和面向高中生的 RACE-H 数据集。值得一提的是，在采集答案的过程中，RACE 使用了光学字符识别系统对公开的答案图像信息进行识别。

Passage:
In a small village in England about 150 years ago, a mail coach was standing on the street. It didn't come to that village often. People had to pay a lot to get a letter. The person who sent the letter didn't have to pay the postage, while the receiver had to.
"Here's a letter for Miss Alice Brown," said the mailman.
" I'm Alice Brown," a girl of about 18 said in a low voice.
Alice looked at the envelope for a minute, and then handed it back to the mailman.
"I'm sorry I can't take it, I don't have enough money to pay it", she said.
A gentleman standing around were very sorry for her. Then he came up and paid the postage for her.
When the gentleman gave the letter to her, she said with a smile, " Thank you very much, This letter is from Tom. I'm going to marry him. He went to London to look for work. I've waited a long time for this letter, but now I don't need it, there is nothing in it."
"Really? How do you know that?" the gentleman said in surprise.
"He told me that he would put some signs on the envelope. Look, sir, this cross in the corner means that he is well and this circle means he has found work. That's good news."
The gentleman was Sir Rowland Hill. He didn't forgot Alice and her letter.
"The postage to be paid by the receiver has to be changed," he said to himself and had a good plan.
"The postage has to be much lower, what about a penny? And the person who sends the letter pays the postage. He has to buy a stamp and put it on the envelope." he said . The government accepted his plan. Then the first stamp was put out in 1840. It was called the "Penny Black". It had a picture of the Queen on it.

Questions:

1): The first postage stamp was made _.
A. in England B. in America C. by Alice D. in 1910

2): The girl handed the letter back to the mailman because _.
A. she didn't know whose letter it was
B. she had no money to pay the postage
C. she received the letter but she didn't want to open it
D. she had already known what was written in the letter

3): We can know from Alice's words that _.
A. Tom had told her what the signs meant before leaving
B. Alice was clever and could guess the meaning of the signs
C. Alice had put the signs on the envelope herself
D. Tom had put the signs as Alice had told him to

4): The idea of using stamps was thought of by _.
A. the government
B. Sir Rowland Hill
C. Alice Brown
D. Tom

5): From the passage we know the high postage made _.
A. people never send each other letters
B. lovers almost lose every touch with each other
C. people try their best to avoid paying it
D. receivers refuse to pay the coming letters

Answer: ADABC

图 1-4　RACE 数据集中的文章与问答

2. NewsQA

NewsQA[⊖]是 Maluuba 公司于 2016 年推出的新闻阅读理解数据集，其中包含 12 000

⊖　G. Lai, Q. Xie, H. Liu, Y. Yang, E. Hovy.《 Race: Large-scale reading comprehension dataset from examinations 》. 2017.

⊖　T. Wang, X. Yuan, J. Harris, A. Sordoni, P. Bachman, K. Suleman.《 NewsQA: A Machine Comprehension Dataset 》. 2016.

多篇 CNN 新闻稿以及近 12 万个人工编辑的问题，均采用区间式答案。NewsQA 数据集的重点考核目标之一是模型的推理和归纳能力，即从多个不同位置的信息得到最终答案。并且，模型需要对无法确定答案的问题输出"无法回答"。图 1-5 所示为 NewsQA 的样例文章和相关问答。

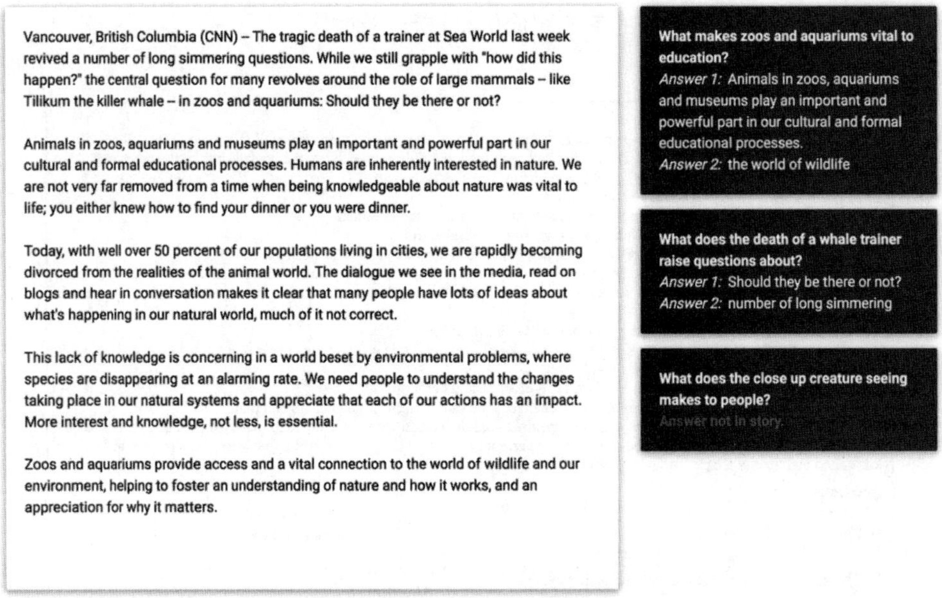

图 1-5　NewsQA 数据集中的文章与问答

3. CNN/Daily Mail

CNN/Daily Mail⊖是 DeepMind 于 2015 年推出的阅读理解任务。该任务中的文章来源于媒体 CNN 和 Daily Mail。数据集中共包含约 140 万个样例。每个样例包括一篇文章、一个问题和相应答案。CNN/Daily Mail 数据集采用完形填空式答案。为了使模型更关注于对语义的理解，文章中的实体信息，如人名、地名等，均用编号代替。模型需要根据问题从文章中选出正确的实体编号填入 @placeholder 处正确的实体编号，如图 1-6 所示。

⊖ K. M. Hermann, T. Kocisky, E. Grefenstette, L. Espeholt, W. Kay, M. Suleyman, P. Blunsom.《Teaching machines to read and comprehend》. 2015.

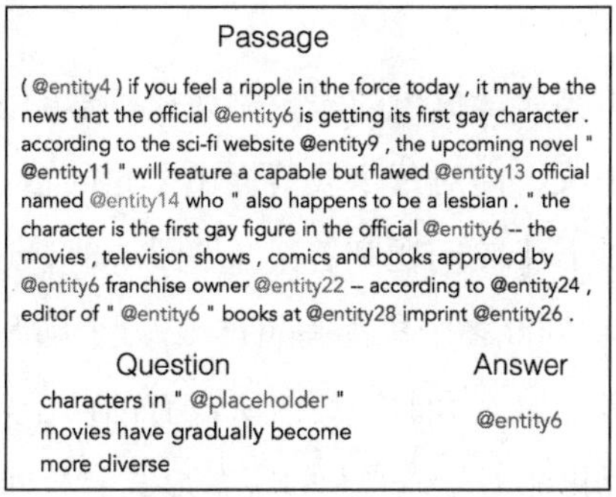

图 1-6　CNN/Daily Mail 数据集中的文章与问答

4. SQuAD

SQuAD[⊖]是影响力最大、参与者最多的机器阅读理解竞赛，由斯坦福大学于 2016 年推出。SQuAD 一共有 10 万多个问题，来源于 536 篇维基百科的文章，采用区间式答案。2018 年上线的 SQuAD2.0 版本中加入了大量"无法回答"的问题，问题总数量达到 15 万个。图 1-7 所示为 SQuAD 中的文章和问答示例。SQuAD 数据集规模大且质量高，获得了很高的关注度。截至 2019 年 12 月，来自全球的研究机构和团队已经在 SQuAD 竞赛中提交模型 294 次之多。2018 年 10 月 5 日，Google 提交的 BERT 模型在 SQuAD1.1 版本竞赛中第一次获得了超过人类水平的得分，引起了空前反响。

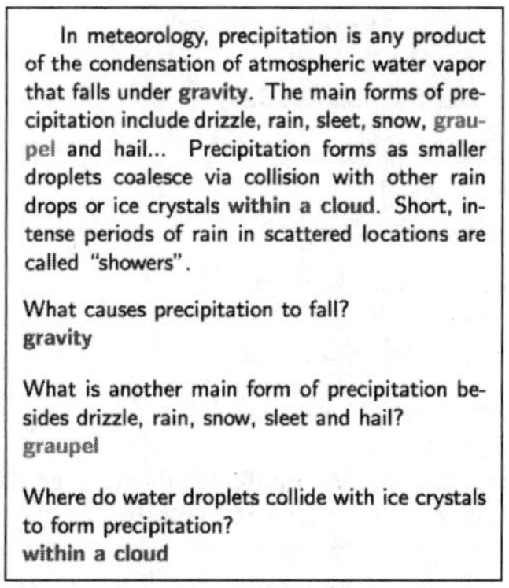

图 1-7　SQuAD 数据集中的文章与问答

⊖ P. Rajpurkar, J. Zhang, K. Lopyrev, P. Liang.《SQuAD: 100,000+ questions for machine comprehension of text》. 2016.

5. CoQA

CoQA[⊖]是 2018 年斯坦福大学提出的多轮对话式机器阅读理解竞赛。其最大的特点是在问答过程中加入了上下文，即对每个段落提出多轮问题。模型回答每轮问题时，均需要理解该段落以及之前的若干轮问题和答案（见图 1-8），这就要求模型具有理解上下文的能力。该数据集中共有 8000 多个段落和超过 12 万个问题，平均每个段落有 15 轮问答。此外，CoQA 在测试集中加入了训练集内所没有的两个领域的问答（Reddit 论坛和科学问题）以测试模型的泛化能力。CoQA 的答案形式有区间式、"是 / 否""无法回答"以及少量自由式回答。2019 年 3 月，来自微软的研究团队提出了 MMFT 模型，并获得了 89.4% 的 F1 分数，首次超过了人类水平 88.8%，再一次证明了机器阅读理解模型的有效性。

The Virginia governor's race, billed as the marquee battle of an otherwise anticlimactic 2013 election cycle, is shaping up to be a foregone conclusion. Democrat Terry McAuliffe, the longtime political fixer and moneyman, hasn't trailed in a poll since May. Barring a political miracle, Republican Ken Cuccinelli will be delivering a concession speech on Tuesday evening in Richmond. In recent ...

Q_1: What are the candidates **running** for?
A_1: Governor
R_1: The Virginia governor's race

Q_2: **Where**?
A_2: Virginia
R_2: The Virginia governor's race

Q_3: Who is the democratic candidate?
A_3: Terry McAuliffe
R_3: Democrat Terry McAuliffe

Q_4: Who is his opponent?
A_4: Ken Cuccinelli
R_4 Republican Ken Cuccinelli

Q_5: What party does he belong to?
A_5: Republican
R_5: Republican Ken Cuccinelli

Q_6: Which of them is winning?
A_6: Terry McAuliffe
R_6: Democrat Terry McAuliffe, the longtime political fixer and moneyman, hasn't trailed in a poll since May

图 1-8　CoQA 数据集中的文章与多轮问答

⊖　S. Reddy, D. Chen, C. D. Manning.《CoQA: A conversational question answering challenge》.2018.

1.5.2　多段落式数据集

多段落式机器阅读理解数据集要求模型阅读给定的多个文本段落，并回答与之相关的问题。其中，一种形式为某个段落中含有正确答案，这可以考察模型建立问题与每个段落的相关性的能力；另一种形式为模型需要在多个段落中寻找线索并推理得出答案，这可以考察模型的多步推理能力。

1. MS MARCO

MS MARCO [⊖] 是 2016 年由微软公司推出的大型机器阅读理解数据集，其中包含超过 100 万个问题和 800 多万篇文章。该数据集中的问题来自真实用户提交的查询，而相关的多个段落来自 Bing 搜索引擎对查询的检索结果（见图 1-9），并采用自由回答式答案。MS MARCO 一共提供了 3 个竞赛任务：

- ❑ 判断是否可以从给定段落的信息中得到问题的答案；
- ❑ 生成答案语句；
- ❑ 按照与问题的相关性对给定的多个段落进行排序。

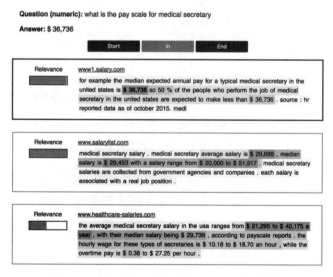

图 1-9　MS MARCO 数据集中的文章与问答

⊖　T. Nguyen, M. Rosenberg, X. Song, J. Gao, S. Tiwary, R. Majumder, L. Deng.《MS MARCO: A Human-Generated MAchine Reading COmprehension Dataset》. 2016.

2. DuReader

DuReader[⊖]是百度公司于 2017 年推出的中文阅读理解数据集。DuReader 的数据来自百度搜索引擎的用户查询和相关文档。和 MS MARCO 类似，DuReader 利用搜索引擎的查询结果提供与问题相关的文章，但文章是以全文的形式给出，而非 MS MARCO 的段落式，从而加大了模型处理的难度。此外，由于文章的立场和观点不尽相同，DuReader 对一些问题提供了多个标准答案，这也更加符合真实的问答情景（见图 1-10）。DuReader 共包含 20 万个问题和 100 万篇相关文档，答案包括自由回答式及"是 / 否"类型。

Question	智慧牙一定要拔吗/ Do I have to have my wisdom teeth removed
Question Type	*YesNo-Opinion*
Answer 1	[Yes]因为智齿很难清洁的原因，比一般的牙齿容易出现口腔问题，所以医生会建议拔掉/
	[Yes] The wisdom teeth are difficult to clean, and cause more dental problems than normal teeth do, so doctors usually suggest to remove them
Answer 2	[Depend]智齿不一定非得拔掉，一般只拔出有症状表现的智齿，比如说经常引起发炎... /
	[Depend] Not always, only the bad wisdom teeth need to be removed, for example, the one often causes inflammation ...
Document 1	为什么要拔智齿？智齿好好的医生为什么要建议我拔掉?主要还是因为智齿很难清洁...
...	
Document 5	根据我多年的临床经验来说,智齿不一定非得拔掉.智齿阻生分好多种...

图 1-10   DuReader 数据集中的文章与问答

3. QAngaroo

QAngaroo[⊜]是 2017 年伦敦大学学院推出的多文档推理阅读理解数据集。它由两个数据集组成：WikiHop 和 MedHop。WikiHop 来源于维基百科，MedHop 来源于医疗论文库 PubMed 的论文摘要。QAngaroo 最大的特点是问题的答案并不能从一个段落中单独得出，其中的线索分散在多个段落中寻找线索并推理得出。因此，QAngaroo 对于算法理解和分析多段落的能力提出了很高的要求，需要模型利用多跳推理（multi-hop reasoning）获得答案。该数据集中共包含 5 万多个问题和相关文档，采用多项选择式答案。图 1-11 所示为 QAngaroo 数据集中的样例文章、问题及答案选项。

⊖ W. He, et. al.《 Dureader: A Chinese machine reading comprehension dataset from real-world applications 》. 2017.

⊜ J .Welbl, P. Stenetorp, S. Riedel.《 Constructing datasets for multi-hop reading comprehension across documents 》. 2017.

The Hanging Gardens, in [Mumbai], also known as Pherozeshah Mehta Gardens, are terraced gardens … They provide sunset views over the [Arabian Sea] …

Mumbai (also known as Bombay, the official name until 1995) is the capital city of the Indian state of Maharashtra. It is the most populous city in India …

The Arabian Sea is a region of the northern Indian Ocean bounded on the north by Pakistan and Iran, on the west by northeastern Somalia and the Arabian Peninsula, and on the east by India …

Q: (Hanging gardens of Mumbai, country, ?)
Options: {Iran, India, Pakistan, Somalia, …}

图 1-11　QAngaroo 数据集中的文章与问答

4. HotpotQA

HotpotQA[⊖]是 2018 年由卡耐基·梅隆大学、斯坦福大学、蒙特利尔大学和 Google 公司等共同推出的多段落推理阅读理解数据集。与 QAngaroo 类似，HotpotQA 要求模型在多个文档中寻找线索并经过多步推理得出答案，如图 1-12 所示。HotpotQA 中共包含 11 万个问题和相关的维基百科段落，采用区间式答案。

Paragraph A, Return to Olympus:
[1] *Return to Olympus is the only album by the alternative rock band Malfunkshun.* [2] *It was released after the band had broken up and after lead singer Andrew Wood (later of Mother Love Bone) had died of a drug overdose in 1990.* [3] Stone Gossard, of Pearl Jam, had compiled the songs and released the album on his label, Loosegroove Records.

Paragraph B, Mother Love Bone:
[4] *Mother Love Bone was an American rock band that formed in Seattle, Washington in 1987.* [5] The band was active from 1987 to 1990. [6] *Frontman Andrew Wood's personality and compositions helped to catapult the group to the top of the burgeoning late 1980s/early 1990s Seattle music scene.* [7] *Wood died only days before the scheduled release of the band's debut album, "Apple", thus ending the group's hopes of success.* [8] The album was finally released a few months later.

Q: What was the former band of the member of Mother Love Bone who died just before the release of "Apple"?
A: Malfunkshun
Supporting facts: 1, 2, 4, 6, 7

图 1-12　HotpotQA 数据集中的文章与问答

⊖ Z. Yang, P. Qi, S. Zhang, Y. Bengio, W. W. Cohen, R. Salakhutdinov, C. D. Manning.《Hotpotqa: A dataset for diverse, explainable multi-hop question answering》. 2018.

1.5.3　文本库式数据集

文本库式数据集一般提供一个大型文本语料库（corpus）。阅读理解模型需要首先根据问题在文本库中利用检索方法找到相关的段落或文章，然后进一步分析确定答案。这也是最贴近在线搜索问答等实际应用的一种数据集形式。由于这种形式基于大规模文本资源，未限定答案的来源，也被称为**开放域机器阅读理解**（open-domain machine reading comprehension）。

ARC

ARC（AI2 Reasoning Challenge）[⊖]是艾伦人工智能研究院于 2018 年推出的关于科学知识的文本库式机器阅读理解数据集。ARC 中的问题来自于约 7800 道美国三到九年级学生的科学课试题。所有问题均采用多项选择式答案（见图 1-13）。此外，数据集中还提供了一个大型科学文本库，来源于搜索引擎对科学问题的查询结果，共包含 1400 多万个句子。模型可以使用文本库中的信息回答问题，也可以通过其他途径获得相关信息。

Knowledge Type	Example
Definition	What is a worldwide increase in temperature called? (A) greenhouse effect (B) global warming (C) ozone depletion (D) solar heating
Basic Facts & Properties	Which element makes up most of the air we breathe? (A) carbon (B) nitrogen (C) oxygen (D) argon
Structure	The crust, the mantle, and the core are structures of Earth. Which description is a feature of Earth's mantle? (A) contains fossil remains (B) consists of tectonic plates (C) is located at the center of Earth (D) has properties of both liquids and solids
Processes & Causal	What is the first step of the process in the formation of sedimentary rocks? (A) erosion (B) deposition (C) compaction (D) cementation
Teleology / Purpose	What is the main function of the circulatory system? (1) secrete enzymes (2) digest proteins (3) produce hormones (4) transport materials
Algebraic	If a red flowered plant (RR) is crossed with a white flowered plant (rr), what color will the offspring be? (A) 100% pink (B) 100% red (C) 50% white, 50% red (D) 100% white
Experiments	Scientists perform experiments to test hypotheses. How do scientists try to remain objective during experiments? (A) Scientists analyze all results. (B) Scientists use safety precautions. (C) Scientists conduct experiments once. (D) Scientists change at least two variables.
Spatial / Kinematic	In studying layers of rock sediment, a geologist found an area where older rock was layered on top of younger rock. Which best explains how this occurred? (A) Earthquake activity folded the rock layers...

图 1-13　ARC 数据集中的问题和答案选项

⊖　P. Clark, I. Cowhey, O. Etzioni, T. Khot, A. Sabharwal, C. Schoenick, O. Tafjord.《Think you have solved question answering? try arc, the ai2 reasoning challenge》. 2018.

1.6　机器阅读理解数据的生成

1.5 节中介绍了机器阅读理解的数据集和竞赛。为了保证数据的准确性，所有数据集的生成和答案的采集都需要经过人工处理与核验。常采用的处理方式为**众包**（crowdsourcing）模式，即雇用标注者生成数据集。

1.6.1　数据集的生成

机器阅读理解数据集的 3 个核心概念是文章、问题和答案。由于答案可以根据问题从文章中推理得出，因此如何收集文本和问题是生成数据集的重要任务。在少数阅读理解数据集中，文本和问题均可自动生成，如通过随机删除关键词得到完形填空数据集、通过收集英语阅读理解考试题得到问答数据集。但是，在大部分情况下，设计者只有公开的文本或问题数据，需要利用标注者或算法得到其他信息。下面来分析两种常见的数据集生成方式：从文本生成问题和从问题生成文本。

1. 从文本生成问题

机器阅读理解数据集常使用公开的文本数据作为文章的来源，如维基百科的文章、新闻报道、论文摘要等，而这些文本往往并没有相关的问题。因此，数据集的作者需要通过众包让标注者根据文章生成相关问题。标注者可以自行决定问题的语言形式，但要保证问题的质量、难度和与文章的相关度。例如，SQuAD 数据集采用维基百科的段落作为文章，并使用众包平台（Amazon Mechanical Turk）雇用标注者对每个段落生成 1 ~ 5 个问题。为了保证标注质量，每个标注者的历史标注批准率需要达到 97%，并且至少标注过 1000 条数据。标注者可以看到高质量问题和低质量问题的样例，并被事先告知生成问题的规范，如需要使用自己的语言生成问题，而不能直接从文章中拷贝语句。成本方面，可以按照时间或生成问题个数计算标注者报酬。在 SQuAD 数据集的生成过程中，每个标注者的时薪是 9 美元，并且需要每小时为 15 个段落生成问题。

从文本生成问题的优势在于，问题和文本十分相关，不会涉及给定段落以外的信息，适用于生成单段落或多段落式机器阅读理解数据集。但是，由于标注者根据文本人工产生问题，很可能造成问题语言不自然，导致生成的问题和实际应用中用户提出的问题的关注点和语言习惯不同。

2. 从问题生成文本

随着问答论坛和搜索引擎的普及，许多用户每天都会发出大量的问题或查询。因此，可以从问答论坛的历史问题和搜索引擎的历史查询中筛选出合适的问题用于机器阅读理解任务。然后，采用搜索引擎对网络或给定文本库进行搜索，将前若干条搜索结果的文档和段落整合，作为机器阅读理解任务的文本部分。

从问题生成文本的优势在于，问题来源于用户的真实查询，有很强的应用价值并且文章由搜索引擎自动检索得到。但是这种方法无法保证一定可以从文本中得到正确答案，因此需要标注者进行验证和处理。

1.6.2　标准答案的生成

大多数机器阅读理解数据集需要人工生成答案，因此标准答案的产生也通常采用众包形式。标注者需要根据答案类型的要求，如区间式、自由答案式等，给出简洁、正确的答案。为了保证答案质量，需要由多个人对同一个问题标注答案。但是，由于每个人的主观偏见不同，很难保证所有答案的一致性。解决方法有两种：一种是进行投票（majority vote），选出多数人同意的一组答案；另一种是保留所有答案，然后选择与模型答案最接近的标准答案进行评分。如果标注者给出的答案分歧过大，就需要重新进行标注。答案之间的吻合度可以通过 1.4 节中提到的精确匹配、F1 和 ROUGE 等指标进行估算。

标注者一般在给定的软件或网页环境中根据规范和答案形式标注出问题的答案。图 1-14 所示为机器阅读理解数据集 CoQA 收集标注答案的网页界面，其中包括文章、前轮问题答案、当轮问题、答案规范（倾向于短答案、复用文章中的单词等）和报酬信息。

由于机器阅读理解问题答案的标注者是人类，我们常可以在相关报道中见到"人类表现"或"人类水平"这样的描述。在一些数据集（如 SQuAD、CoQA）上，最优秀的机器学习模型已经达到了超越人类水平的表现。那么，人类水平是如何定义的？

首先，我们不可能使所有问题都获得绝对正确的答案。因为标注者存在主观偏见，所以答案的长短、概括程度等不一致，因此即使采用多个标注者投票的方式，也无法保证所得答案一定准确。因此，绝对正确的答案，即真实准确率为 100% 的答案是无法获得的。

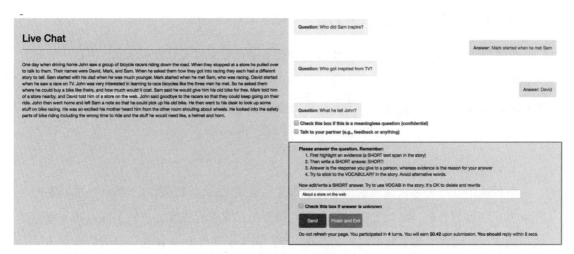

图 1-14　CoQA 数据集收集标注者答案的网页界面

因此，在所有需要人工标注答案的机器阅读理解数据集中，一般采用多个标注者的答案集合或投票结果作为准确率为 100% 的标准答案，而**人类水平是指单个标注者的正确率**。例如，SQuAD1.1 中采用 3 个标注者对每个问题生成答案，人类水平是指将第一、第三个标注者的答案作为标准答案，计算第二个标注者答案的准确率。

由于单个标注者给出答案时产生误差的可能性大于多个标注者，因此人类水平的得分一般不是 100%，这也就意味着优秀的机器学习模型有可能超越人类水平。图 1-15 给出了机器模型与人类水平的对比示例。如果标注者个数产生变化，或者标注者发生变动，都有可能改变数据集的正确答案定义，而人类水平和机器模型的准确率也会相应发生变化。

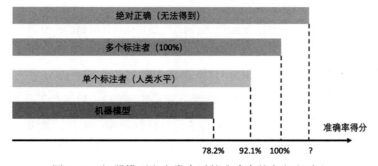

图 1-15　机器模型和人类水平的准确率的定义和对比

1.6.3　如何设计高质量的数据集

一个成功的机器阅读理解数据集要能准确地考察模型是否具有人类的阅读能力并对不同模型能力的强弱进行有效的甄别和比较。一个高质量数据集可以很大程度上推动机器阅读理解研究的良性发展。本节将分析一个高质量的机器阅读理解数据集应该具备哪些特点。

1. 区分基于理解和匹配的模型

各种模型在机器阅读理解数据集上取得优异成绩之后，研究者对于模型生成答案的机制做了细致的分析。结果发现，机器学习模型的答案很大程度上依赖于问题和文章中文字的匹配，而并非基于真正理解文章和问题的内容。图 1-16 所示为一个专门针对某文章人工设计的具有误导性的问题。文章中提到法案通过几乎没有遇到反对意见，但是对于第一个问题"哪个法案的通过遇到反对意见"，模型错误地给出了法案的名称。究其原因，是因为"反对"一词在文章中出现在该法案的附近。同理，第二个问题询问 1937 年条约的名称，但是文章中并未提到它的名称，而模型错误地选择了文章中"1937 年条约"附近的一个其他法案的名称作为答案。这说明，模型在寻找答案时过度依赖于问题和文章的文字匹配结果。

> **Article:** Endangered Species Act
> **Paragraph:** " ... Other legislation followed, including the Migratory Bird Conservation Act of 1929, a 1937 treaty prohibiting the hunting of right and gray whales, and the Bald Eagle Protection Act of 1940. These later laws had a low cost to society—the species were relatively rare—and little opposition was raised."
>
> **Question 1:** "Which laws faced significant opposition?"
> **Plausible Answer:** later laws
>
> **Question 2:** "What was the name of the 1937 treaty?"
> **Plausible Answer:** Bald Eagle Protection Act

图 1-16　模型因为依赖关键词匹配而错误回答问题的示例

研究者进一步发现，如果在 SQuAD 数据集中的每篇文章后添加一句包含问题中的关键词但与问题毫无关系的迷惑性语句，所有算法模型的 F1 指标会下降 20% ～ 40% 之多⊖。但这种误导性语句对于人类的表现几乎没有任何影响。因此，如果一个数据集中的

⊖　R. Jian, P. Liang.《Adversarial examples for evaluating reading comprehension systems》. 2017.

问题利用简单文本匹配就可以得出正确答案，就无法提高阅读理解模型理解语义的能力。所以一个高质量的机器阅读理解数据集需要能够避免让简单文本匹配方法在评测中获得高分。例如，在 SQuAD2.0 版本的数据集的生成过程中，标注者被要求利用文章中的关键词组合生成"无法回答"的问题，且这类问题在整个数据集中占比达到 35%，有效降低了依赖关键词匹配的模型的得分。这也成为许多新的阅读理解数据集的生成标准之一。

2. 考察模型的推理能力

人类阅读理解的另一个能力是推理和归纳，即可以根据文章中提到的多处线索进行总结，最终得到答案。例如，文章中一处提到"小张来自沈阳"，另一处提到"沈阳市是辽宁省的省会"，那么对于问题"小张来自哪个省"，应该可以推理得出答案"辽宁省"。显然，基于文本匹配的方法很难对这种问题得出正确答案。因此，多步推理也是阅读理解数据集应该重点考察的指标之一。

当前的推理数据集，如 1.5 节中提到的 HotpotQA 等，大多利用人工从多段落中生成问题，即要求标注者同时利用 2 个或更多段落中的信息，生成需要这些信息共同参与才能回答的问题。但是，这种生成方式可能导致问题不够自然，和现实生活中用户提出的问题有明显差别。另一种可行的办法是，从真实的用户问题中筛选出需要推理的问题，检索得到相关文档，然后将文本信息按照推理的每一步分成多个段落或部分。这样也可以达到考察模型综合推理能力的目的。

3. 考察模型的常识能力

常识（common sense）是人类重要的认知能力之一。常识包含如"大物体不能放进小空间"的空间常识、"2016 年在 2019 年之前"的时间常识、"生活中水加热到 100℃会沸腾"的物理常识等。而对常识的理解和运用恰恰是自然语言处理和机器学习的短板。这首先是因为常识知识的规模很大，定义比较模糊，很难完整总结；其次是因为很难将常识进行有效的表示和应用。

在阅读理解中，回答一个问题经常需要常识的介入。例如，文章提到"小明在家中款待了小红和小刚，过了一会小刚离开了"，问题是"现在小明家里有几个人？"。要回答这个问题首先需要模型知道"离开"代表小刚已经不在小明家里了，其次需要模型进行简单的数学运算得出答案为"2 个人"。又如"小明上午 9 点需要去公司面试，现在已经是午饭时间了，但是他还在家里"，问题是"小明有没有去面试？"。要回答这个问题需要模型知道"午饭时间"肯定是在"上午 9 点"之后，"在家里"说明"没有去公司"，从而得出正确答案"没有去面试"。

　　诸如此类基于常识的阅读理解问答在实际应用中十分常见，但是这方面的阅读理解数据集还很少见。2018 年特拉维夫大学和艾伦人工智能研究院基于概念网络 ConceptNet 推出了含有 12 000 个问题的常识问答数据集 CommonsenseQA，以考察模型对结构化知识的理解能力。在构建这类数据集时，也需要避免简单匹配或无须分析常识的模型获得较高的测评分数。一种可行的方法是，模型在作答时需要同时给出所运用到的常识，从而检验模型的解释能力。

　　4. 其他理解技能

　　2017 年，有学者指出机器阅读理解模型应该具有理解指代、逻辑推理、常识、数学知识等 10 种基本技能，如表 1-4 所示。

表 1-4　机器阅读理解模型应该具有的 10 项技能[⊖]

技能	解释
枚举和列举	追踪、记录并列出文章中重要概念和实体
数学运算	基本数学运算和几何理解能力
指代消除	理解文章中的指代关系
逻辑推理	归纳，推理，条件识别
类比和比喻	理解语言中的比喻和暗喻
时空关系	分析事件和物体的时间和空间关系
因果关系	理解事件之间的因果逻辑关系
常识推理	根据各种常识进行推演分析
修辞理解	理解各种分句和从句
特殊语言结构	理解语言形式、构造、标点等的含义

　　（1）枚举和列举

　　模型需要识别、归纳并顺序输出文章中提到的若干相关概念要点，如回答"文中提到地球上的生物可以分为哪些类别"这样的问题。

　　（2）数学运算

　　回答阅读理解问题有时需要涉及一些基本的数学知识。例如，文章提到"小明在一

⊖　S. Sugawara, H. Yokono, A. Aizawa.《 Prerequisite skills for reading comprehension: Multi-perspective analysis of mctest datasets and systems 》. 2017.

个人玩游戏，这时小芳和小刚也来玩。后来小芳的妈妈带小芳回家吃饭"，问题是"现在一共几个人玩游戏"。回答这种问题显然不能仅靠抽取文本内容，还要有一定的数学计算能力。

（3）指代消除

指代消除本身也是自然语言处理中的核心任务之一，即理解"这个""那个""他""她"等代词的指代对象，从而回答相关问题。

（4）逻辑推理

模型需要从文章内容推演得到结果，这也常常要有一定的常识。例如"我问小张去一楼还是二楼，他说想爬楼梯锻炼一下"，则可以从中推理出小张选择了二楼。

（5）类比和比喻

回答某些问题时需要模型能够理解写作中常见的比喻、类比、暗喻等修辞手法。

（6）时空关系

时间和空间关系是常见的问题类别。例如，"我让小王星期三去公司一趟，他因为家里有事，耽搁了一天才去"，则可以推出小王周四去了公司。

（7）因果关系

理解因果关系对于回答"为什么"（why）类型的问题非常重要。

（8）常识推理

所有应用人类常识和需要逻辑演算得出结论的问题都要求模型具有常识推理能力。

（9）修辞理解

分句、从句等语言结构蕴含了丰富的信息，如对实体的进一步描述，也常常包含指代，这些都给阅读理解模型带来了挑战。

（10）特殊语言结构

一些使用频率较低的语言结构，如倒装、虚拟语气等，往往会增加理解文章的难度。

可以看出，这些阅读理解技能涵盖了许多人类所掌握的阅读理解能力，既包括对于语言和修辞等方面的理解，也包括对于数学、常识等外部知识的掌握。因此，机器阅读理解任务应该设计相应的测评，从各个方面考察模型的技能。当前的研究，特别是与深度学习相关的研究，很大程度上还依赖于统计层面的模式识别和匹配，缺乏许多人类阅读理解必备的技能，而且很难像人类一样对答案给出合理的解释。这些都是机器阅读理解研究需要解决的课题。

1.7　本章小结

- ❑ **机器阅读理解**类似于人类的阅读理解任务，通过问答方式考核模型对文章内容的理解能力。
- ❑ 机器阅读理解在需要计算机自动处理大量文本数据，理解内容语义的场景，有着广阔的应用空间。
- ❑ **自然语言处理**的很多领域如信息检索、问答系统等都与机器阅读理解有着紧密的联系。
- ❑ **深度学习**是当前人工智能中研究热度最高的方向之一，它大幅提高了许多领域模型的准确度。绝大多数机器阅读理解模型均基于深度学习。
- ❑ 机器阅读理解的答案包括**多项选择式**、**区间答案式**、**自由回答式**和**完形填空式**等几种类型。
- ❑ 根据文章的形式，机器阅读理解数据集可以分为**单段落**、**多段落**、**可检索的文本库式**三大类。
- ❑ 机器阅读理解数据可以根据文本人工生成问题，也可以根据搜索引擎、问答论坛中的问题通过检索生成文本。
- ❑ **人类水平**是指以多人标注结果的简单多数作为标准答案，单人标注结果的得分。
- ❑ 一个高质量的机器阅读理解数据集要能有效地区分基于理解和基于匹配的模型，并考察模型的推理和常识能力。

第 2 章

自然语言处理基础

人类文明的重要标志之一是语言文字的诞生。数千年来，几乎人类所有知识的传播都是以语言和文字作为媒介。自然语言处理是使用计算机科学与人工智能技术分析和理解人类语言的一门学科。在人工智能的诸多范畴中，自然语言的理解以其复杂性、多义性成为难度最大也是最有价值的领域之一。随着机器学习、统计学、深度学习的飞速进步，自然语言处理方面的研究取得了许多突破性的进展。本章将介绍人工智能处理自然语言的基本工具和方法，为读者打开语言分析和认知的大门。本章以文本分析中最基本的分词操作为入口，并联系机器阅读理解算法的流程，介绍词向量、命名实体与词性标注、语言模型等自然语言处理中重要的概念和算法。

2.1 文本分词

单词是语言中重要的基本元素。一个单词可以代表一个信息单元，有着指代名称、功能、动作、性质等作用。在语言的进化史中，不断有新的单词涌现，也有许多单词随着时代的变迁而边缘化直至消失。根据统计，《汉语词典》中包含的汉语单词数目在 37 万左右，《牛津英语词典》中的词汇约有 17 万。理解单词对于分析语言结构和语义具有重要的作用。因此，在机器阅读理解算法中，模型通常需要首先对语句和文本进行单词分拆和解析。

分词（tokenization）的任务是将文本以单词为基本单元进行划分。由于许多词语存在词型的重叠，以及组合词的运用，解决歧义性是分词任务中的一个挑战。不同的分拆方式可能表示完全不同的语义。如在以下例子中，两种分拆方式代表的语义都有可能：

南京市 | 长江 | 大桥

南京 | 市长 | 江大桥

为了解决分词中的歧义性，许多相关算法被提出并在实践中取得了很好的效果。下面将对中文分词和英文分词进行介绍。

2.1.1　中文分词

在汉语中，句子是单词的组合。除标点符号外，单词之间并不存在分隔符。这就给中文分词带来了挑战。分词的第一步是获得词汇表。由于许多中文词汇存在部分重叠现象，词汇表越大，分词歧义性出现的可能性就越大。因此，需要在词汇表的规模和最终分词的质量之间寻找平衡点。这里介绍一种主流的中文分词方式——基于匹配的分词。

这种分词方式采用固定的匹配规则对输入文本进行分割，使得每部分都是一个词表中的单词。正向最大匹配算法是其中一种常用算法，它的出发点是，文本中出现的词一般是可以匹配的最长候选词。例如，对于文本"鞭炮声响彻夜空"，**鞭炮**和**鞭炮声**都是合理的单词，这里选择更长的**鞭炮声**，并最终分割成"鞭炮声 | 响彻 | 夜空"。

具体来说，正向最大匹配算法从第一个汉字开始，每次尝试匹配存在于词表中的最长的词，然后继续处理下一个词。这一过程无须每次在词表中查找单词，可以使用哈希表（hash table）或字母树（trie）进行高效匹配。

但是，正向最大匹配算法也经常会产生不符合逻辑的语句，如"为人民服务"，因为**为人**也是一个单词，所以算法会给出"为人 | 民 | 服务"的错误结果。

另一种改进的算法改变了匹配的顺序，即从后往前进行最大匹配。这种逆向最大匹配算法从文本末尾开始寻找在词表中最长的单词。读者可以发现，这种改进的算法能将"为人民服务"正确分词。统计结果表明，逆向最大匹配算法的错误率为1/245，低于正向最大匹配算法的错误率1/169。

下面给出逆向最大匹配算法的一个 Python 语言实现样例：

```
```
逆向最大匹配算法
输入语句 s 和词表 vocab，输出分词列表。
例子：
输入：s='今天天气真不错', vocab=['天气','今天','昨天','真','不错','真实','天天']
输出：['今天','天气','真','不错']
'''
def backward_maximal_matching(s, vocab):
    result = []
    end_pos = len(s)
    while end_pos > 0:
        found = False
        for start_pos in range(end_pos):
            if s[start_pos:end_pos] in vocab:
                # 找到最长匹配的单词，放在分词结果最前面
                result = [s[start_pos:end_pos]] + result
                found = True
                break
        if found:
            end_pos = start_pos
        else:
            # 未找到匹配的单词，将单字作为词分出
            result = [s[end_pos - 1]] + result
            end_pos -= 1
    return result
```

此外，中文分词还有基于统计的方法，这一方法将在 2.4 节中进行介绍。

## 2.1.2　英文分词

相比于中文分词，英文分词的难度要小得多，因为英文的书写要求单词之间用空格分开。因此，最简单的方法就是去除所有标点符号之后，按空格将句子分成单词。但是，使用这种方法有以下弊端：

❏ 标点符号有时需要作为词的一部分保留。例如：Ph.D.、http://www.stanford.edu；

❏ 英文中千分位的逗号表示。例如：123,456.78；

❏ 英文中缩写需要展开，例如：you're 表示 you are、we'll 表示 we will；

❏ 一些专有名词需要多个单词一起组成。例如：New York、San Francisco。

对于这些特例，可以使用正则表达式（regular expression）进行识别和特殊处理。此外，英文中很多词有常见变体，如动词的过去式加 -ed，名词的复数加 -s 等。为了使后续处理能识别同个单词的不同变体，一般要对分词结果提取词干（stemming），即提取出
```

单词的基本形式。比如 do、does、done 这 3 个词统一转化成为词干 do。提取词干可以利用规则处理，比如著名的 Porter Stemmer 就是采用一系列复杂的规则提取词干，如表 2-1 所示。

表 2-1　Porter Stemmer 提取词干示例

规则	单词	词干
sses→ss	classes	class
ies→i	ponies	poni
ative→	informative	inform

在 Python 语言中，中文分词功能可以用 jieba 软件包实现：

```
# 安装 Jieba
# pip install jieba
import jieba
seg_list = jieba.cut('我来到北京清华大学')
print('/ '.join(seg_list))
```

运行结果如下：

我 / 来到 / 北京 / 清华大学

英文分词功能可以通过 spaCy 软件包完成：

```
# 安装 spaCy
# pip install spacy
# python -m spacy download en_core_web_sm
import spacy
nlp = spacy.load('en_core_web_sm')
text = ('Today is very special. I just got my Ph.D. degree.')
doc = nlp(text)
print([e.text for e in doc])
```

运行结果如下：

```
['Today', 'is', 'very', 'special', '.', 'I', 'just', 'got', 'my', 'Ph.D.',
'degree', '.']
```

一般来说，中文分词的难度远大于英文分词。在英文阅读理解任务中，即使只采用最简单的空格分词也可以取得不错的效果。而在中文语言处理中，准确的分词模块是后续处理的关键。

2.1.3 字节对编码 BPE

前文中提到的分词方法均依赖预先准备的词表。一方面，如果词表规模很大，分词效率将会下降；另一方面，无论词表大小，都难免文本中出现 OOV（Out-of-Vocabulary，词表之外的词）。例如，在许多阅读理解文章中会出现一些新的人名、地名、专有名词等。一种简单的处理办法是将这些 OOV 单词全部以特殊符号 <OOV> 代替，但是这会造成单词中重要信息的丢失，影响机器阅读理解算法的准确性。例如在表 2-2 中，人名 Hongtao 和网站名 Weibo 并不在词表中，如果用 <OOV> 来表示就完全失去了相关信息。而采用不依赖于词表的分词，可以最大程度保留原有的单词信息。

表 2-2 使用词表和不依赖于词表的分词

原句	Hongtao is visiting Weibo website.
使用词表分词	<OOV> | is | visiting | <OOV> | website | .
不依赖于词表分词	Hong | #tao | is | visit | #ing | Wei | #bo | website | .

①其中 # 表示该子词和前面的子词共同组成一个单词

字节对编码（Byte Pair Encoder，BPE）就是一种常用的不依赖于词表的分词方法[⊖]。BPE 的原理是，找到常见的可以组成单词的子字符串，又称子词（subword），然后将每个词用这些子词来表示。最基本的子词就是所有字符的集合，如 {a, b, …, z, A, B, …, Z}。之后，BPE 算法在训练文本中统计所有相邻子词出现的次数，选出出现次数最多的一对子词 (s_1, s_2)。将这一对子词合并形成新的子词加入集合，这称为一次合并（merge）操作，而原来的两个子词仍保留在集合中。在若干次合并之后，得到常见的子词集合。然后，对于一个新词，可以按照之前的合并顺序得到新词的 BPE 表示。而从 BPE 表示变回原词可以按照合并的反向顺序实现。以下是构造字符对编码的程序示例：

```
// 训练文本
wonder ponder toner
// 按照当前子词分
w o n d e r
p o n d e r
t o n e r
```

⊖ R. Sennrich, B. Haddow, A. Birch.《Neural machine translation of rare words with subword units》.2015.

统计相邻子词出现的次数，**e r** 出现 3 次，出现次数最多。因此组成新子词 **er**。

```
// 按照当前子词分
w o n d er
p o n d er
t o n er
```

统计相邻子词出现次数，**o n** 出现 3 次，出现次数最多。因此组成新子词 **on**：

```
// 按照当前子词分
w on d er
p on d er
t on er
```

统计相邻子词出现次数，**on d** 出现 2 次，出现次数最多。因此组成新子词 **ond**：

```
w ond er
p ond er
t on er
```

合并 3 次后，子词集合为 {a, b, ···, z, er, on, ond}：

```
// 解码新词 fond
合并 e r: f o n d
合并 o n: f o n d
合并 on d: f ond
```

使用字节对编码分词有以下优点。

第一，由于 BPE 的子词表里含有所有单个字符，所以任何单词都可以分拆成 BPE 的子词，即没有 OOV 问题。

第二，BPE 可以通过调整合并次数动态控制词表大小。

因此，BPE 常被运用在机器翻译、语言模型等诸多自然语言处理算法中。例如，著名的 BERT 算法没有使用 BPE，而是使用了类似的 WordPiece 作为 tokenization 算法。但是，BPE 也存在着一定的缺陷，例如在不同训练文本上可能得到不一样的子词表，使得对应的模型无法对接。此外，BPE 生成的子词是完全基于频率的，可能并不符合语言中词根的划分。

在实际工程应用中，如果需要生成自然语言（如生成阅读理解问题的答案文本），一般推荐使用 BPE 等不依赖于词表的分词方法；如果任务不涉及文本生成（如在文章中划出答案），可以使用既有词表，例如 GloVe 或 Word2vec 等。

小贴士 在实际工程应用中，如果需要生成自然语言（如生成阅读理解问题的答案文本），一般推荐使用 BPE 等不依赖于词表的分词方法；如果任务不涉及文本生成（如在文章中找出答案），可以使用既有词表，例如 GloVe 或 Word2vec 等。

2.2　语言处理的基石：词向量

机器阅读理解模型的输入是文章段落和问题，但是计算机模型需要基于数值运算，不能将字符或字符串作为计算单元。为了便于计算和优化，需要将单词转化成为数字进行表示。常见的方式是用一串数字表示一个单词，即一个词向量（word vector）。本节将介绍词向量的几种常见生成方式。

2.2.1　词的向量化

在自然语言处理中，单词是最基本的单位之一。然而，计算机的设计决定了语言中的单词并不能直接存储，而是需要转化成计算机内部可以识别的二进制格式。以 C++ 语言为例，存储一个 ASCII 码字符需要占用一个字节（1byte），即 8 个二进制位（8bits）；而一个汉字需要占用更大的存储空间。例如，UTF-8 编码中，一个汉字用 4 个字节（4 bytes）表示，即 32 个二进制位（32 bits），也就是说，任何一个汉字都可以在 UTF-8 编码中用一个长度为 32 的 0-1 向量进行表示。表 2-3 给出了英文字符 A 的 ASCII 码表示和汉字"中国"的 UTF-8 编码表示。

表 2-3　英文与中文字符的存储表示

	字符	存储表示
ASCII（二进制）	A	01000001
UTF-8（十六进制）	中国	E4B8AD E59BBD

由于单词本质上是一个字符串，因此将单词的每个字符的向量化表示拼接起来就可以存储单词。然而，这种方式有两个弊端。

第一，存储信息仅能代表词形，与单词的意义没有联系。而在自然语言处理中，让计算机理解单词意义恰恰是理解语句、段落以及文档语义的关键。

第二，单词越长，占用的存储空间越大，这使得长单词的理解十分困难，而且不同单词的表示长度也不尽相同，给后续处理带来问题。

为了解决单词向量化中的这些问题，研究者提出了**独热编码**（one-hot embedding）和分布式表示。

1. 独热编码

独热编码的原理是将每个单词映射到词典中的一个位置，然后在此位置用数字 1 表示。简单举例来说，词典由 [苹果，梨子，香蕉，桃子] 组成。由于词典的大小为 4，独热编码给每个待表示的单词分配一个长度为 4 的向量。对于"梨子"一词，由于它在词典中处于第二位，其向量表示的第二位为 1，其余均为 0，如表 2-4 所示。

表 2-4　词典为 [苹果，梨子，香蕉，桃子] 的独热编码

单词	独热编码
梨子	(0, 1, 0, 0)
桃子	(0, 0, 0, 1)

独热编码的优势在于，词典确定以后，编码规则随即确定，不需要多余的计算。而且，独热编码可以解决编码长度不一的问题，所有单词，无论其长短，均可用统一长度的向量表示。

然而，独热编码并没有解决前文中所提到的单词语义问题，即无法从两个单词的独热编码中得出它们意义相近或无关的结论。例如，使用向量中的内积操作$^{\ominus}$，任何两个不同单词的独热编码向量的内积均为 0，只有相同单词的独热编码向量的内积为 1。而且随着词典的扩大，独热编码产生的向量长度也会随之增加，从而增加了后续处理的复杂度。

2. 分布式表示

在数学中，向量和几何有着密不可分的关系。例如，在二维平面中，向量 (x, y) 表示一个点的横坐标 x 和纵坐标 y。更常用的是，一个长度为 n 的向量 $(a_1, a_2, ..., a_n)$，可以表示 n 维空间中的一个点。因此，如果用一个长度为 n 的向量表示一个单词，就可以建立单词和 n 维空间中的点之间的一一对应的关系。

$\ominus$　向量 $\boldsymbol{a}=(a_1, a_2, ..., a_n)$、$\boldsymbol{b}=(b_1, b_2, ..., b_n)$ 的内积为 $a_1 b_1 + a_2 b_2 + \cdots + a_n b_n$，又记作 $\boldsymbol{a}^{\mathrm{T}}\boldsymbol{b}$。

由于单词的语义是一个复杂的概念，很难在 n 维空间中事先划分不同的区域表示不同类型的单词。但是，我们可以借助几何中的一个重要概念——距离。如果两个单词的意义相近，那么一个好的向量化方法应该可以把这两个单词映射到距离相较对近的两点；反之，如果两个单词的意义无关，那么一个好的向量化方法应该可以把这两个单词映射到距离相对较远的两点。因此，在分布式表示中，寻找一个词的近义词就变成在它的向量表示附近搜索其他词对应的向量。

除了在向量表示中加入语义外，分布式表示的另一个优势在于每个单词的向量长度都是固定的。这大大简化了对于短语和句子的向量化处理。因此，在绝大多数的自然语言处理中，词向量均采用分布式表示方法。

然而，一个高质量的分布式表示并不易获得，通常需要借助数学建模和大规模语料库。2.2.2 节将详细介绍一种流行的分布式表示方法——Word2vec。

2.2.2 Word2vec 词向量

Word2vec 是 2013 年由 Google 的 Tomos Mikolov 等人提出的一种分布式表示的模型[一]，一经问世便获得广泛关注和应用。Word2vec 计算单词分布式表示的原理是利用单词的上下文相关性，即一个单词的意义和它在语料中出现位置附近的单词的意义是有关联的。这是一个非常合理的推定，因为在日常语言中，短语和句子并不是由随机组合的单词形成的，只有上下文相关并且有关联意义的单词才会成组出现。基于这个推定，Word2vec 使用了 Skip-gram 模型。

1. Skip-gram 模型

在语言模型中，每个单词的出现都是有概率的。例如，"我们马上去"后面的词是"吃饭"的概率远远大于"苹果"的概率。这种概率也被称为**条件概率**，即给定上下文"我们马上去"这个先决条件，下一个词是"吃饭"或"苹果"的概率。语言模型的目标是通过定义一种概率形式，使得在该模型下，通顺和有意义的语句出现的概率大于不符合正常语法或罕见句子的概率。而 Skip-gram 模型就是一种基于邻近词的语言模型。

㊀ T. Mikolov, I. Sutskever, K. Chen, GS. Corrado, J. Dean.《Distributed representations of words and phrases and their compositionality》. 2013.

Skip-gram 模型的目标是，给定一个中心单词 w，最大化它周边的单词出现的概率。模型首先设定一个窗口的大小，如 5，然后以单词 w 为中心建立一个单词窗口。如果以"智能"为中心单词，它左右各延伸两个单词形成一个长度为 5 的窗口。这种情况下，Skip-gram 模型希望能最大化每个窗口中的单词出现的条件概率，即 P (用 | 智能)，P (人工 | 智能)，P (处理 | 智能)，P (人类 | 智能)，如图 2-1 所示。

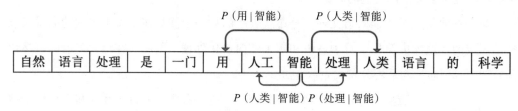

图 2-1　Skip-gram 中设置窗口长度为 5，中心单词为"智能"

那么条件概率如何计算呢？我们的最终目标是找到高质量的分布式表示，也就是每个词都有一个向量，这里记作 $v_{单词}$。首先，可以用这个向量给每个可能的单词打分，分数越高表示这个单词越有可能出现。Skip-gram 的打分使用内积操作，例如中心词是"智能"，"人工"这个词的打分是 $s_{人工} = v_{人工}^{T} v_{智能}$，"苹果"这个词的打分是 $s_{苹果} = v_{苹果}^{T} v_{智能}$。

现在，每个词都有一个分数，但是这些分数加起来并不一定等于 1，每个分数也不一定在 0 到 1 的范围之内，所以它们不能作为概率使用。因此，需要一种方法把它们变成合法的概率值。这里，Skip-gram 采用了 softmax 函数，它可以把一组输入的数字变成概率值并维持原有的大小关系。softmax 函数的定义如下：

给定 $a_1, a_2, \cdots, a_n$，$\mathrm{softmax}(a_1, a_2, \cdots, a_n) = \left(\dfrac{e^{a_1}}{Z}, \dfrac{e^{a_2}}{Z}, \cdots, \dfrac{e^{a_n}}{Z} \right)$，其中 $Z = e^{a_1} + e^{a_2} + \cdots + e^{a_n}$

将词典中所有词的分数 $a_1, a_2, \cdots, a_n$ 输入 softmax 函数，就得到了每个单词在"智能"这个词的窗口中出现的条件概率：P (人工 | 智能)，P (处理 | 智能)，……

根据 Skip-gram 模型的设定，一个高质量的分布式表示应该使得语料库中每个单词的窗口内其他单词出现的条件概率越高越好。通过附录 B.1.3 节介绍的反向传播，Word2vec 可以不断优化得到最终的向量表示⊖。

⊖　在 https://github.com/mmihaltz/word2vec-GoogleNews-vectors 页面中可以下载得到所有的英文词向量。

2. Word2vec 的实现细节

在 Word2vec 的实现中，每个单词由两个向量表示：一个是 $v_{单词}$，用在这个词是中心词的情况下，另一个是 $c_{单词}$，用在这个词是窗口中的词的情况下。因此一个窗口单词的打分是 $s_{人工} = c_{人工}^T v_{智能}$。最终的单词向量为 $v_{单词}$ 和 $c_{单词}$ 的平均。

Skip-gram 模型在计算窗口中的单词出现的条件概率时，使用 softmax 函数。而 softmax 函数的分母需要对词典中的所有词计算分数。实际词典的规模一般很大，这使得计算条件概率的效率十分低下。为了解决这个问题，Word2vec 的实现采用了负采样方法（negative sampling）。

首先，我们将 P(窗口单词|中心单词) 的条件概率计算转化成为一个二分类问题，即 $P_{分类}$ =P(u 是 w 的窗口单词|候选单词 u, 中心单词 w)，并用逻辑回归模型计算 $P_{分类}$：

$$P(u是w的窗口单词|候选窗口单词u,中心单词w) = \frac{1}{1+e^{-c_u^T v_w}}$$

但是，让窗口内单词的分类概率最大有一个平凡解：所有单词的向量都相同的 $[1, 1, \cdots]$，并且长度趋于无穷大，这样所有的分类概率都等于 1。这当然不是我们想要的。因此，负采样方法按照 1:K 的比例随机选取 K 倍数量的非窗口单词，并要求模型同时最小化这些非窗口单词的 $P_{分类}$。

因此，负采样方法需要最大化如下概率：

$$\Pi_{文档中的窗口单词u,中心单词w}[P(u是w的窗口单词|u,w)$$
$$*\Pi_{i=1}^{K}P(u_i'不是w的窗口单词|随机选取的单词u_i',w)]$$

例如，K=3，我们需要最大化 P(人工|智能)(1−P(苹果|智能))(1−P(飞机|智能))(1-P(鸡蛋|智能))。

Word2vec 的论文对于模型参数的选择有详细的描述，随机窗口单词 u_i' 的选取和其在文档中出现的频率的 3/4 方成正比。小规模数据中 K 值的取值范围为 5～20，大规模数据中 K 值取值范围为 2～5。Word2vec 模型在有 30 亿个单词的 Google 新闻语料库上进行训练，并得到了 300 万个单词的向量表示，每个单词的向量长度为 300。

小贴士　在机器阅读理解的工程应用中，对于单词的词向量有两种处理方式：一种是将词向量作为常数不进行更新，这样做的好处是训练速度快，模型规模相对较小；另一种是将词向量作为模型参数的一部分计算导数并更新，这样做的好处是在具体任务中有时可以提高模型的准确度，但速度相对第一种方法较慢。推荐读者在使用中结合工程运行的时空复杂度限制和对准确度的要求合理进行选择。

2.3 命名实体和词性标注

在机器阅读理解中，关于单词的类别信息可以提高回答的准确度。例如，如果问题是"居里夫人什么时候出生"，那么文章中与时间相关的单词和短语就应成为关注的焦点；如果问题是"这篇文章中提到了哪些药物"，那么文章中的名词实体就更可能成为答案。所以，对语句中的单词进行标注和分类可以便于模型提取有用的信息。机器阅读理解中最常用的单词标注有两种：命名实体识别和词性标注。

2.3.1 命名实体识别

命名实体（Named Entity，NE）是指语言中的专有名词，一般分为人名、地名和组织机构三大类。也有拓展分类包括时间、日期等。命名实体的抽取是指在语句中标注出代表以上类别的单词以及对应的分类。**命名实体识别**（Named Entity Recognition，NER）对于分析语句结构、信息抽取、语义理解等均有重要作用。下面是一个命名实体标注的例子，其中 ORG 代表组织，LOC 代表地名，PER 代表人名。

[ORG 清华大学] 是一所位于 [LOC 北京] 的综合性大学，现任校长是 [PER 邱勇] 院士。

由于大量专有名词与时代和社会有着很强的联系，如果仅仅依靠预先设定的列表，无法涵盖所有新出现的专有名词。因此，命名实体的识别方法一般有如下几种方式。

1. 基于规则的命名实体识别

基于人名、地名和组织机构名在语言中的特定用法，可以人工编辑识别规则。例如，如果一个单词出现在"教授"或"老师"之前，可以认为这是人名；如果一个单词出现在"我们来到了"之后，可以认为是地名；如果一个单词出现在"有限公司"之前，可以认为是组织结构名。一般情况下，基于规则的命名实体识别的精度较高，但是召回率很低，因为语言的多样性决定了这种识别方式不可能穷举所有可能的语言样式。但是在特定的语言环境下（如公司财报、法律条文），如果对语言的格式有很强的限定，那么基于规则的命名实体识别是一种可行的方法。

2. 基于特征的命名实体识别

在机器学习中，特征（feature）是描述一个样本各个方面的表述。由于命名实体识别本质上是对单词进行分类操作，在已有标注数据的情况下，可以作为有监督机器学习问题加以解决。由于语句是单词的序列，这种标注也称为序列标注。序列标注的特点是，下一个词的标注结果取决于之前单词的标注及相关特征。

一个单词的特征来源于这个单词本身的性质以及其周围单词的性质。例如，对一个单词可以抽取如下特征：

1）是否是名词；

2）这个词是否是特征词（如"有限公司""教授"）；

3）下一个词是否是特征词；

4）这个词是否被引号包含；

5）是否是句子结束；

6）（英文）单词的前缀和后缀作为特征。

对于每一个单词得到其特征 $(f_1, f_2, \cdots, f_n)$ 后，可以独立建模（如逻辑回归）学习命名实体标注，也可利用 CRF（Conditional Random Field，条件随机场）与所有语句中的单词一起学习标注。

3. 基于的深度学习的命名实体识别

关于深度学习我们将在第 3 章详细介绍。这里简要介绍一下深度学习如何应用在命名实体识别中。深度学习基于单词的词向量及字符级别的信息，建立各种形态的神经网络，最终在输出层设置给每一个单词分配一个多分类器，为每个单词是每种命名实体的可能性打分，如给"清华大学"打分：人名（PER）0.25 分，地名（LOC）1.26 分，组织结构名（ORG）15.33 分，非命名实体（O）0.98 分。将这些分数与训练集中给定的标注比较并计算误差，根据误差调整网络中的权重，从而不断优化识别精度。

使用深度学习可以实现端到端的识别流程，所有参数的调整均可以直接与最终识别精度相关。相对于多个步骤的流水线操作，如收集特征词列表 → 调整特征个数 → 序列标注，端到端学习可以大大减少误差的积累。而且深度学习可以根据模型复杂度要求调整网络大小，并可运用在大规模数据集上，能够有效提高命名实体识别精度。当前效果最好的命名实体识别算法均基于深度学习。

2.3.2　词性标注

词性标注（Part-of-Speech Tagging，POS Tagging）是指标识出文本中各个单词的词性。词性是语言学中的概念，它是以语法分类为依据并兼顾词汇意义对词进行分类的。汉语中的词分为两大类词性：实词与虚词。其中，实词可以分为名词、代词等 7 类；虚词可以分为冠词、副词等 7 类。表 2-5 给出了汉语中的所有 14 种词性分类。

表 2-5　汉语中的词性

实词	名词、代词、动词、形容词、数词、量词、区别词
虚词	冠词、副词、介词、连词、助词、叹词、拟声词

如果每个词的词性是固定的，那么词性的标注就可以用单词 – 词性表进行处理。然而，语言中的同一个词具有多个词性的现象非常普遍，这种词也称为兼类词。例如，在"这是一朵鲜花"中，"花"是名词，而在"我花了一个小时做完作业"中，"花"是动词。根据一个在 200 万个汉字的资料库中的统计[⊖]，兼类词的比例达到 11%，如果考虑出现频率，兼类词的总出现次数达到 47%。因此，词性的标注和单词在语句中的上下文有很大关系。

和命名实体标注类似，词性标注本质上是序列标注，即需要对每个词标注一个它在此语句中的词性。现今比较流行且效果较好的词性标注方法为 HMM（Hidden Markov Model，隐马尔科夫模型）。

HMM 的输入为一个分词后的语句 $w_1, w_2, \cdots, w_n$，输出词性 $q_1, q_2, \cdots, q_n$。在 HMM 中，词性是观察不到的信息，属于隐状态（hidden state），而单词是可以观察到的信息。因此，HMM 的目标是最大化隐状态的条件概率，即最大化标注词性的概率 $P(q_1, q_2, \cdots, q_n | w_1, w_2, \cdots, w_n)$。

根据贝叶斯公式，

⊖　参见张虎、郑家恒撰写的《基于分类的汉语语料库词性标注一致性检查》。

$$P(q_1,q_2,...,q_n|w_1,w_2,...,w_n) = \frac{P(w_1,w_2,...,w_n|q_1,q_2,...,q_n)P(q_1,q_2,...,q_n)}{P(w_1,w_2,...,w_n)}$$

因为我们的目标是寻找最有可能的一组词性 q_i，所以，

$$\operatorname*{arg\,max}_{q_1,q_2,\cdots,q_n} P(q_1,q_2,\cdots,q_n|w_1,w_2,\cdots,w_n) = \operatorname*{arg\,max}_{q_1,q_2,\cdots,q_n} \frac{P(w_1,w_2,\cdots,w_n|q_1,q_2,\cdots,q_n)P(q_1,q_2,\cdots,q_n)}{P(w_1,w_2,\cdots,w_n)}$$

$$= \operatorname*{arg\,max}_{q_1,q_2,\cdots,q_n} P(w_1,w_2,\cdots,w_n|q_1,q_2,\cdots,q_n)P(q_1,q_2,\cdots,q_n)$$

根据马尔科夫模型的假设，q_i 的设定只和 q_{i-1} 有关，即二元模型（bigram）。因此 $P(q_1,q_2,\cdots,q_n) \approx \prod_{i=1}^{n}P(q_i|q_{i-1})$。此外，HMM 算法假设每个词的生成都是独立的，所以 $P(w_1,w_2,\cdots,w_n|q_1,q_2,\cdots,q_n) \approx \prod_{i=1}^{n}P(w_i|q_i)$。因此，上述问题变为找到最可能的一组词性标注使得下式达到最大值：

$$\prod_{i=1}^{n}P(w_i|q_i)P(q_i|q_{i-1})$$

例如，对于输入"为 | 人民 | 服务"，我们希望找到"为"的词性 q_1，"人民"的词性 q_2，"服务"的词性 q_3，使得 $P(为|q_1)P(人民|q_2)P(q_2|q_1)P(服务|q_3)P(q_3|q_2)$ 的值最大。

这里有两个问题：第一，如何获得诸如 $P(人民|q_2)$、$P(q_2|q_1)$ 的概率值；第二，如何求得最优的词性标注序列。下面分别介绍解决这两个问题的方法。

1. 如何获得 HMM 的概率值

通常我们采用统计方法计算 HMM 涉及的概率值。在获得有词性标注的训练数据后，可以统计每一种词性下单词的频率作为 $P(w|q)$ 的估计值，即

$$P(w|q) = \frac{C(w;q)}{C(q)}$$

$C(w;q)$ 表示训练语料库中 w 单词作为 q 词性出现的次数，$C(q)$ 表示训练语料库中词性 q 出现的次数。

类似的是，将一种词性 q 之后各种词性出现的频率作为 $P(q_i|q_{i-1})$ 的估计值，即

$$P(q_i|q_{i-1}) = \frac{C(q_{i-1};q_i)}{C(q_{i-1})}$$

$C(q_{i-1}; q_i)$ 表示训练语料库中一个词性为 q_{i-1} 的单词的下一个单词的词性为 q_i 这种情况出现的次数，$C(q_{i-1})$ 表示训练语料库中词性 q_{i-1} 出现的次数，如表 2-6 给出了一个例子。

表 2-6　隐马尔科夫模型 HMM 中估计条件概率

C(花; 名词)	20	C(名词)	500	P(花|名词)	20/500=0.04
C(花; 动词)	10	C(动词)	300	P(花|动词)	10/300=0.03
C(动词; 名词)	240	C(动词)	300	P(名词|动词)	240/300=0.8
C(动词; 感叹词)	15	C(动词)	300	P(感叹词|动词)	15/300=0.05

①C(花; 名词) 表示语料库中"花"作为名词出现的次数。C(名词) 表示语料库中名词出现的次数。C(动词; 名词) 表示语料库中动词的下一个词是名词的次数。

2. 如何计算最大化 HMM 概率值的词性序列

如果可能的词性有 K 种，而一个语句的长度是 n，那么所有可能的词性序列有 K^n 种。所以，枚举所有词性序列的方法的计算效率过于低下。根据 HMM 的假设，词性序列需要最大化概率值：

$$P_{\mathrm{HMM}}(q_1, \cdots, q_n) = \prod_{i=1}^{n} P(w_i \mid q_i) P(q_i \mid q_{i-1})$$

而 Viterbi 算法可以通过动态规划 (dynamic programming) 在 $K^2 \times n$ 的时间内计算得到最优的词性序列。Viterbi 算法定义了状态 $f(i, j)$ 表示在所有 $q_i = j$ 的词性序列中能达到的前 i 位最大 HMM 概率值，即 $P_{\mathrm{HMM}}(q_1, \cdots, q_i = j)$ 的最大值。初始值为 $f(1, j) = P(w_1 \mid j)$。状态转移方程为

$$f(i+1, j) = \max_{1 \leqslant k \leqslant K} f(i, k) P(w_{i+1} \mid j) P(j \mid k)$$

计算完毕后，最大的 HMM 概率值为 $\max_{1 \leqslant k \leqslant K} f(n, k) = f(n, k^*)$。而最优的词性序列可以通过记录每个 $f(i+1, j)$ 选择的 k 值由 $f(n, k^*)$ 倒推得到。算法的时间复杂度仅为 $O(K^2 n)$。

在实际应用中，也常以三元模型（trigram）建模，即 $P(q_1, q_2, \cdots, q_n) \approx \prod_{i=1}^{n} P(w_i \mid q_i) P(q_i \mid q_{i-1}, q_{i-2})$，计算方法与二元模型类似。

3. 命名实体识别与词型标注的编程实现

在 Python 语言中，中文命名实体识别和词性标注功能可以用 jieba 软件包实现：

```
# 中文命名实体识别与词性标注
import jieba.posseg as pseg
words = pseg.cut("我爱北京天安门")
for word, pos in words:
    print('%s %s' % (word, pos))
```

运行结果如下:

```
我 r        # 代词
爱 v        # 动词
北京 ns     # 名词, s 表示地名
天安门 ns   # 名词, s 表示地名
```

英文命名实体识别和词性标注可以通过 spaCy 软件包完成:

```
# 英文命名实体识别与词性标注
import spacy
nlp = spacy.load('en_core_web_sm')
doc = nlp(u"Apple may buy a U.K. startup for $1 billion")
print('-----Part of Speech-----')
for token in doc:
    print(token.text, token.pos_)
print('-----Named Entity Recognition-----')
for ent in doc.ents:
    print(ent.text, ent.label_)
```

运行结果如下:

```
-----Part of Speech-----
Apple PROPN   # 专有名词
may VERB      # 动词
buy VERB      # 动词
a DET         # 冠词
U.K. PROPN    # 专有名词
startup NOUN  # 名词
for ADP       # 介词
$ SYM         # 符号
1 NUM         # 数字
billion NUM   # 数字
-----Named Entity Recognition-----
Apple ORG     # 组织结构名
U.K. GPE      # 政治相关地名
$1 billion MONEY  # 钱数
```

小贴士 在许多研究中，使用命名实体识别 NER 和词性标注 POS 可以有效帮助机器
阅读理解模型提高回答的准确度。具体方法是，如果一共有 m 种命名实体
和 n 种词性，则训练一个大小为 $m \times c$ 的命名实体编码表和一个大小为 $n \times d$
的词性编码表。每个单词除了词向量外，还使用其对应的 c 维命名实体编码
和 d 维词性编码表示。

需要注意的是，NER 和 POS 这两种编码都是以单词为基本单元。如果采用
非词表分词，如子词 BPE，需要将 NER 和 POS 信息与单词对齐，即若一个
单词分成了多个子词，每个子词均使用这个单词的 NER 和 POS 编码。

2.4　语言模型

人类语言经过数千年的发展，已经形成了一套成熟的语法体系来约束可能出现的语
言组合。假设所有可能出现的词汇一共有 10 000 个，那么对于一个长度为 10 个词的句
子，可能的单词排列一共有 $10\ 000^{10}$ 种。然而，绝大多数单词的排列并不符合语言的规
律。也就是说，如果我们给每个可能的句子中的单词排列赋一个概率，这 $10\ 000^{10}$ 个句
子并不是等概率的，只有很少一部分符合语法，其中更少的一部分符合逻辑与常识。因
此，自然语言处理的一个重要任务（语言模型），就是给那些合法语句赋予较大的概率，
而给罕见或不可能出现的句子赋予很小的概率。如果这个概率分配得当，计算机就可以
像人类一样识别与生成合乎语法、符合正常思维的语句。

例如，一些机器阅读理解任务需要模型生成语句作答。如果模型忽略语法和词语搭
配的规律，就会生成诸如"文章这篇提了到小张公园去"这样不符合人类语言用法的句
子。因此，任何需要生成答案语句的机器阅读理解算法都必须建立语言模型，给语句赋
予合适的概率。

具体来说，如果一段文本由 m 个词组成，我们希望计算它出现的概率，即
$P(w_1 w_2 \cdots w_m)$。根据条件概率链式法则，可以得到：

$$P(w_1 w_2 \cdots w_m) = P(w_1)P(w_2|w_1) \cdots P(w_n|w_1 \cdots w_{m-1}) = \prod_{i=1}^{m} P(w_i \mid w_1 \cdots w_{m-1})$$

这里，$P(w_i | w_1 \cdots w_{i-1})$ 代表给定前 $i-1$ 个词，第 i 个词是 w_i 的概率。

2.4.1　N 元模型

语言模型在计算下一个词的概率时，如果使用 $P(w_i | w_1 \cdots w_{i-1})$ 公式，需要用到文本中之前的所有单词，这使得计算的复杂度非常高。因此，研究者提出了 N **元模型**（n-gram model）。N 元模型的出发点是，下一个词的概率只和之前 $n-1$ 个单词有关。例如：

- ❏ unigram（一元模型）：$P(w_i | w_1 \cdots w_{i-1}) \approx P(w_i)$；
- ❏ bigram（二元模型）：$P(w_i | w_1 \cdots w_{i-1}) \approx P(w_i | w_{i-1})$；
- ❏ trigram（三元模型）：$P(w_i | w_1 \cdots w_{i-1}) \approx P(w_i | w_{i-2} w_{i-1})$；
- ❏ n-gram（N 元模型）：$P(w_i | w_1 \cdots w_{i-1}) \approx P(w_i | w_{i-n+1} \cdots w_{i-1})$。

以二元模型为例，$P($ 我们 $|$ 今天 $|$ 去 $|$ 看 $|$ 电影 $)=P($ 我们 $) P($ 今天 $|$ 我们 $) P($ 去 $|$ 今天 $) P($ 看 $|$ 去 $) P($ 电影 $|$ 看 $)$。

那么，如何获得诸如 $P($ 去 $|$ 我们 $)$ 这样的概率值呢？这里可以使用类似于 2.3.2 节中使用的统计估计 HMM 中的条件概率的方法。

一般而言，训练一个领域（domain）的语言模型需要使用该领域内的文本资料，如用于医疗的语言模型需要使用医学论文、病历、医学用书等资料。

给定文本后，计算一元概率 $P($ 我们 $)$，可以统计"我们"这个词在文本中所有词里出现的比例。如果要计算二元概率 $P($ 去 $|$ 今天 $)$，可以通过计数得到文本中"今天"这个词之后的单词有多大可能性是"去"。用 $C($ 语句 $)$ 代表文本中语句出现的次数，则可以得到 $P($ 去 $|$ 今天 $)$ 的概率值：

$$P(去 | 今天) = \frac{C(今天去)}{C(今天)}$$

注意到分母 $C(今天) = \sum_{v \in 所有单词} C(今天v)$，所以这其实是将文本中所有"今天"之后出现的词进行计数，并计算其概率。表 2-7 给出了一个例子。

但是，因为句子的长度不是固定的，N 元模型计算出 $P(w_1 w_2 \cdots w_m)$ 之后，所有句子的概率之和并不等于 1。例如，假设词表中有 3 个词，$P($ 我们 $)=0.3$，$P($ 今天 $)=0.2$，$P($ 你们 $)=0.5$，则含有一个词的语句概率之和就已经是 1 了。因此，在实际计算中，N 元模型

需要在每个句子前后加上开始和结束标识符，如将"我们今天来吃饭"变成"<s>| 我们 | 今天 | 来 | 吃饭 |</s>"。<s> 和 </s> 表示句子的开始和结束，也作为词汇表的一部分。可以证明，在加入句子结束的标识符 </s> 后，所有长度的句子的语言模型概率总和等于 1。例如，只有一个词的句子的概率如下：

$P(<s>)P($ 我们 $|<s>)P(</s>|$ 我们 $) + P(<s>)P($ 今天 $|<s>)P(</s>|$ 今天 $) + P(<s>)$ $P($ 你们 $|<s>)P(</s>|$ 你们 $)<1$

其中 $P(<s>)=1$，即 <s> 始终是句子第一个单词。

表 2-7　计算二元模型中下一个词出现的概率

文本			
我们今天来吃饭。他今天会见到王先生。 我们今天去哪里？ 我们今天去看电影。			
计数		概率	
$C($ 今天 $)$	4	/	/
$C($ 今天来 $)$	1	$P($ 来 $\|$ 今天 $)$	0.25
$C($ 今天去 $)$	2	$P($ 去 $\|$ 今天 $)$	0.5
$C($ 今天会 $)$	1	$P($ 会 $\|$ 今天 $)$	0.25

另一个问题是，有些合法的语句在文本中从没有出现过。例如，表 2-7 中并没有"今天天气"这样的组合。但是"今天天气真好"是一个合法的句子。如果根据统计，$P($ 天气 $|$ 今天 $)=0$，就会得出"今天天气真好"不可能是合法句子的结论。此外，如果词典中有"他们"这个词，但是文本中并未出现，那么计算诸如 $P($ 今天 $|$ 他们 $)$ 的概率时，分母 $C($ 他们 $)=0$，就会造成概率没有定义。

为了解决上述问题，研究者提出了**拉普拉斯平滑**（laplace smoothing）的概念。拉普拉斯平滑的原理是，在计数中加上一个平滑项 1（也可以是一个给定的值 K，称为 add-k smoothing）。这样，所有词对应的概率都大于 0 就可以解决上述问题了。

例如，在二元模型中，如果词表中一共有 V 个词，则定义：

$$P(w_i) = \frac{C(w_i)+1}{\sum_w C(w)+V}$$

$$P(w_i|w_{i-1}) = \frac{C(w_{i-1}w_i)+1}{C(w_{i-1})+V}$$

表 2-8 给出了一个计算拉普拉斯平滑的例子。从中可以看到，使用平滑项后，原本概率值为 0 的 $P($ 昨天 $|$ 我们 $)$ 等都有了大于 0 的概率。

表 2-8　拉普拉斯平滑

文本 (词汇表 =[我们，今天，昨天，来，划船]，V=5)			
我们 | 今天 | 来 我们 | 今天 | 划船			
计数		拉普拉斯平滑 (K=1)	
C(我们)	2	P(我们)	(2+1)/(6+5)=0.273
C(我们今天)	2	P(今天 | 我们)	(2+1)/(2+5)=0.429
C(我们昨天)	0	P(昨天 | 我们)	(0+1)/(2+5)=0.143
C(我们我们)	0	P(我们 | 我们)	(0+1)/(2+5)=0.143
C(我们划船)	0	P(划船 | 我们)	(0+1)/(2+5)=0.143

下面是一段利用计数和拉普拉斯平滑的二元模型代码：

```
'''
假设输入文本 A 已经分词并加入标识符 <s>、</s>，每句话为一个列表。vocab 为所有单词的列表，K 为
拉普拉斯平滑的参数
例子：
  输入：
  A=[['<s>', '今天', '天气', '不错', '</s>'],
     ['<s>', '我们', '今天', '去', '划船', '</s>'],
     ['<s>', '我们', '今天', '去', '开会', '</s>']]
  vocab=['<s>', '</s>', '今天', '我们', '天气', '不错', '去', '划船', '开会']
  调用 bigram(A, vocab, 1)
  输出：
   P(<s>|<s>)=0.083
   P(</s>|<s>)=0.083
   P( 今天 |<s>)=0.167
   ...
'''
def bigram(A, vocab, K):
    cnt = {word: 0 for word in vocab}
    cnt2 = {word: {word2: 0 for word2 in vocab} for word in vocab}
    # cnt[word] 是 word 在文本中出现的次数，cnt2[word][word2] 是 word、word2 在文本中出现
    的次数（word2 在后）
    for sent in A:
        for i, word in enumerate(sent):
            cnt[word] += 1
            if i + 1 < len(sent):
                cnt2[word][sent[i + 1]] += 1
        for word in cnt2:
        for word2 in cnt2[word]:
            # 拉普拉斯平滑
            prob = (cnt2[word][word2]+K) / (cnt[word] +K * len(vocab) + 0.0)
            print('P({0}|{1})={2}'.format(word2, word, prob))
```

值得一提的是，利用 n-gram 模型也可以对文本进行分词操作。如果统计语料库中所有字串出现的频率（不止限于词表中的词），可以使用二元模型和 HMM 中的 Viterbi 算法[⊖]找到一个语句概率最大的分词方式 $w_1 \mid w_2 \mid \cdots \mid w_n$，使得 $P(w_1 \cdots w_n) = \prod_i P(w_i|w_{i-1})$ 最大，也被称为基于统计的分词方法。

2.4.2　语言模型的评测

语言模型建立了语句的概率模型 $P(w_1 w_2 \cdots w_m)$。语言模型的评测标准即为在真实文本数据集上最大化实际出现语句的概率。根据机器学习的原理，对于模型的评测不能在训练数据集上进行，因此通常将整个文本数据分成训练集、验证集和测试集三个部分。在确定语言模型的参数时（如拉普拉斯平滑参数 K），可以在训练集上优化并在验证集上选取最优参数。最终的测评必须在没有参与训练的测试集上进行，以防止参数过拟合（over-fitting）。

首先，将测试集中的所有语句连在一起，形成一个单词序列 $w_1, w_2, \cdots, w_N$，其中包括每个句子的 <s> 与 </s> 标识符。评测的标准是最大化 $P(w_1 w_2 \cdots w_N)$。为了抵消文本长度对于概率计算的影响，语言模型的评测采用 Perplexity（困惑度），即 $P(w_1 w_2 \cdots w_N)$ 的负 N 分之一次方：

$$\text{Perplexity}(w_1 w_2 \cdots w_N) = P(w_1 w_2 \cdots w_N)^{-\frac{1}{N}} = \sqrt[N]{\frac{1}{P(w_1 w_2 \cdots w_N)}}$$

例如，在二元模型中，$\text{Perplexity}(w_1 w_2 \cdots w_N) = \sqrt[N]{\prod_{i=1}^{N} \frac{1}{P(w_i \mid w_{i-1})}}$。

因为 Perplexity 是概率的负数次幂，为了最大化文本的概率，语言模型需要最小化 Perplexity。在国际公认的 Penn Tree Bank 数据集上，目前最好的语言模型可以做到 Perplexity 在 35.8 左右[⊖]。

值得一提的是，数据集的大小、是否预测标点等都会对 Perplexity 分值具有较大影响。因此语言模型的 Perplexity 分值只是其评测的一部分，经常要将语言模型作为其他自

⊖　设 $f(i,j)$ 表示将文本前 i 个字符划分成单词，且最后一个单词是 w_j 的最大二元模型概率。

⊖　A. Radford, J. Wu, R. Child, D. Luan, D. Amodei, I. Sutskever.《Language models are unsupervised multitask learners》. 2018.

然语言处理任务的一部分来检测是否对其他任务的结果有帮助。

2.5　本章小结

- ❑ **分词**是机器阅读理解等自然语言处理问题中的基本任务，中文分词可以采用正向或逆向**最大匹配算法**，英文分词相对容易，**字节对编码**是一种子词分词法。
- ❑ **词向量**用一个向量表示一个单词，有**独热编码**和 **Word2vec** 等算法。
- ❑ **命名实体识别**可以使用基于规则、特征和深度学习的方法。
- ❑ **词性标注**使用**隐马尔科夫算法**。
- ❑ **语言模型**刻画自然语言的生成概率，常见算法有 **N 元模型**等，可以用**困惑度**评测。

第 3 章

自然语言处理中的深度学习

深度学习在自然语言处理中取得了突破性的成就。这不仅源于整个深度学习领域的创新，还得益于许多为 NLP 量身定做的深度学习模型与模块。本章主要介绍自然语言处理任务中常见的深度学习模型与实战技巧，这些也是机器阅读理解模型的基石[⊖]。

3.1 从词向量到文本向量

第 2 章中介绍了词向量是计算机表示单词词义的一种方法。如果一段文本在分词后形成了 n 个单词，则一共有 n 个词向量。这些词向量如果经过全连接网络，可以获得 n 个新维度的向量；如果经过循环神经网络，则可以获得 n 个状态向量。但是，若最终的目标是对整个文本进行判断或分类，必须要将这 n 个向量变成一个表示整个文本的向量。此外，如果希望能用一个向量表示一个句子，也需要将若干个词向量变为一个向量。因此，下面我们介绍几种常用的将若干词向量变为一个向量的方法。

在深度学习实现中，数据一般被分批次（batch）处理，一个批次的数据可以统一计算并求导，从而加快运算速度。因此，首先定义词向量是维度为 batch × seq_len × word_dim 的 tensor（张量）表示，即一个三维矩阵。其中，批次大小为 batch，此批次中最长

⊖ 本章内容需要读者具备深度学习、神经网络和 PyTorch 的基本知识。附录 B 介绍了相关内容。

的句子由 seq_len 个单词组成，每个单词的词向量为 word_dim 维。我们希望输出一个维度是 doc_dim 的文本向量，即获得 batch × doc_dim 的 tensor。

注意，使用普通的全连接网络无法将不定个数的词向量浓缩为一个向量，因为每个句子词向量的个数以及每个批次的最长句子长度 seq_len 不固定，无法预先设立将词向量变成一个向量的 seq_len × 1 的全连接层。

3.1.1　利用 RNN 的最终状态

在循环神经网络 RNN 中，第 i 个单词的状态 h_i 包含了语句前 i 个词的信息。因此，最后一个词的状态 h_n 可以作为代表整段语句的向量。这样一来，文本向量的维度就是 RNN 的状态维度。一般采用双向 RNN 以获得每个词上下文的语义信息。下面这段代码是利用 RNN 获得一段文本的单向量表示。

```
import torch
import torch.nn as nn
class BiRNN(nn.Module):
    # word_dim 为词向量长度, hidden_size 为 RNN 隐状态维度
    def __init__(self, word_dim, hidden_size):
        super(RNN, self).__init__()
        # 双向 GRU, 输入的张量第一维是 batch 大小
        self.gru = nn.GRU(word_dim, hidden_size=hidden_size,
        bidirectional=True, batch_first=True)

    # 输入 x 为 batch 组文本, 长度为 seq_len, 词向量长度为 word_dim, 维度为 batch×seq_
    len×word_dim
    # 输出为文本向量, 维度为 batch×(2×hidden_size)
    def forward(self, x):
        batch = x.shape[0]
        # output 为每个单词对应的最后一层 RNN 的隐状态, 维度为 batch×seq_
        len×(2×hidden_size)
        # last_hidden 为最终的 RNN 状态, 维度为 2×batch×hidden_size
        output, last_hidden = self.gru(x)
        return last_hidden.transpose(0,1).contiguous().view(batch, -1)
```

3.1.2　利用 CNN 和池化

一个批次中每个句子的词向量均存储在 seq_len × word_dim 的矩阵中。我们可以借

鉴图像处理中的卷积神经网络 CNN，用一个大小为 window_size × word_dim 的过滤器依次扫过每连续 window_size 个词。这样，对于一个文本，一个过滤器可以得出一个长度为 (seq_len-window_size+1) 的向量。例如，窗口长度是 3，对于文本"我 | 非常 | 喜欢 | 体育 | 运动"，过滤器对于"我 | 非常 | 喜欢""非常 | 喜欢 | 体育""喜欢 | 体育 | 运动"均会产生一个卷积值，即输出一个长度为 5-3+1=3 的向量。

如果有 m 个过滤器，即 m 个输出通道，则每段窗口产生 m 个卷积值。所以 CNN 结果的维度为 batch × (seq_len-window_size+1) × m。但是，每个文本依然有 L=seq_len-window_size+1 个向量。为了得到一个文本向量，一种简单的方法是将每段文本的 L 个向量取平均值，即新向量的第 j 维是这 L 个向量的第 j 维的平均值。这种处理方法被称作**平均池化**（average pooling）。最终产生的向量维度为 batch × m，即每个文本由一个 m 维向量表示。

另一种方法是，对这 L 个向量的每一维求最大值，即新向量的第 j 维是这 L 个向量的第 j 维的最大值。这种方法被称为**最大池化**（max pooling）。最大池化的一个优势是，对于一段文本的理解和其中的重要单词的位置无关，即平移不变性（translation invariance）。例如，"我 | 非常 | 喜欢 | 体育 | 运动"中，"我"是一个重点词，我们希望关于这个词的信息能在文本向量中体现出来。假设"我"在窗口"我 | 非常 | 喜欢"中使得产生的卷积向量中第 3、5、12 维向量值远远大于其他窗口产生的这些维度的值，那么最大池化就可以保证无论"我 | 非常 | 喜欢"是在句子的开始、中间还是结束位置，文本向量的第 3、5、12 维向量值都来自"我"这个词，即保留了重要单词的信息。

图 3-1 是一个最大池化的例子。CNN 的窗口长度为 3，有 4 个输出通道，因此最大池化的输入是 $n-3+1$ 个 4 维向量。最后产生的文本向量也是 4 维，但是每一维的值可能来自不同的过滤器得到的卷积向量。

下面的代码实现了 CNN 和池化操作。因为 CNN 需要输入通道，而词向量只有一个通道，所以使用了 tensor.unsqueeze 函数，用于在指定的位置加入一个大小为 1 的维度，表示单通道。同理，对于 CNN 的结果使用 tensor.squeeze 函数删除大小为 1 的维度。这两个函数在 PyTorch 中经常用到。最大池化操作使用 tensor.max 函数完成。

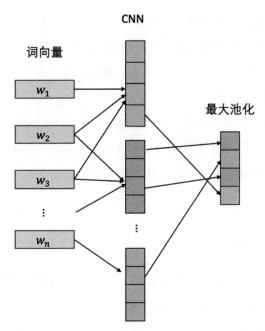

图 3-1　窗口长度为 3、有 4 个输出通道的 CNN 与最大池化

```
import torch
import torch.nn as nn
import torch.nn.functional as F
class CNN_Maxpool(nn.Module):
    # word_dim 为词向量长度, window_size 为 CNN 窗口长度, output_dim 为 CNN 输出通道数
    def __init__(self, word_dim, window_size, out_channels):
        super(CNN_Maxpool, self).__init__()
        # 1 个输入通道, out_channels 个输出通道, 过滤器大小为 window_size×word_dim
        self.cnn = nn.Conv2d(1, out_channels, (window_size, word_dim))

    # 输入 x 为 batch 组文本, 长度为 seq_len, 词向量长度为 word_dim,  维度为 batch×seq_
    len×word_dim
    # 输出 res 为所有文本向量, 每个向量的维度为 out_channels
    def forward(self, x):
        # 变成单通道, 结果维度为 batch×1×seq_len×word_dim
        x_unsqueeze = x.unsqueeze(1)
        # CNN, 结果维度为 batch×out_channels×new_seq_len×1
        x_cnn = self.cnn(x_unsqueeze)
        # 删除最后一维, 结果维度为 batch×out_channels×new_seq_len
        x_cnn_result = x_cnn.squeeze(3)
        # 最大池化, 遍历最后一维求最大值, 结果维度为 batch×out_channels
        res, _ = x_cnn_result.max(2)
        return res
```

CNN 和最大池化在自然语言处理中的另一个用途是**字符 CNN**（Character CNN）。如果我们把一个单词看成一个句子，将单词中的字符看作组成单元，就可以通过整合字符向量得到一个单词的向量表示。在 CNN 的过滤器移动的过程中，每次窗口里包含若干个连续的字符，称为**子词**。

Character CNN 可以有效应对拼写错误，因为如果一个单词有少数几个字母拼错，大部分子词仍然是正确的，不会太影响最终字符 CNN 的输出。实际运用中，经常将字典中的词向量和字符 CNN 的输出向量拼接成新的词向量。我们将在 4.2.2 节中介绍字符 CNN 的结构原理。

3.1.3　利用含参加权和

含参加权和也是一种将多个词向量变为一个文本向量的常用方法。如果输入为 n 个向量，$a_1, a_2, \cdots, a_n$，使用简单平均，即平均池化，相当于进行加权和操作 $a = \sum_{i=1}^{n} w_i a_i$，而每个向量的权重均为 $w_i = \dfrac{1}{n}$。但在有些情况下，我们希望权重 w_i 能根据向量之间的关系确定，并且可以优化，这就是含参加权和（parametrized weighted sum）。

首先，定义一个参数向量 b，使它的维度和词向量 a_i 一致。然后，通过内积操作给每个词向量赋一个分数：$s_i = b^{\mathrm{T}} a_i$。但是 s_i 的范围可能很大，不能直接作为权重。考虑到平均池化中权重的和为 1，这里使用 2.2 节中介绍的 softmax 操作将 s_i 归一化成和为 1 的权重：

$$(w_1, w_2, \cdots, w_n) = \mathrm{softmax}(s_1, s_2, \cdots, s_n), \ w_i = \frac{e^{s_i}}{e^{s_1} + e^{s_2} + \cdots + e^{s_n}}$$

最后，利用权重得到所有向量的加权和，即所求的文本向量：$a = \sum_{i=1}^{n} w_i a_i$。

由于该方法使用了可优化参数 b，在深度学习优化的过程中，参数会自动调整到对目标任务结果有所提升的取值。下面是代码示例：

```
import torch
import torch.nn as nn
import torch.nn.functional as F
class WeightedSum(nn.Module):
    # 输入的词向量维度为 word_dim
    def __init__(self, word_dim):
```

```
        super(WeightedSum, self).__init__()
        self.b = nn.Linear(word_dim, 1) # 参数张量

    # x: 输入 tensor, 维度为 batch×seq_len×word_dim
    # 输出 res, 维度是 batch×word_dim
    def forward(self, x):
        # 内积得分, 维度是 batch×seq_len×1
        scores = self.b(x)
        # softmax 运算, 结果维度是 batch×seq_len×1
        weights = F.softmax(scores, dim = 1)
        # 用矩阵乘法实现加权和, 结果维度是 batch×word_dim×1
        res = torch.bmm(x.transpose(1, 2), weights)
        # 删除最后一维, 结果维度是 batch×word_dim
        res = res.squeeze(2)
        return res
```

代码使用了全连接层 nn.Linear 实现向量内积。此外, torch.bmm 函数可以实现两个批次矩阵的相乘（维度分别是 batch×a×b 和 batch×b×c）, 得到最终的向量加权和。

值得一提的是, 这种含参加权和其实是一种自注意力机制（self-attention mechanism）, 我们将在 3.4 节详细介绍。

3.2　让计算机做选择题：自然语言理解

使用 3.1 节中介绍的方法得到文本向量后, 就可以进行文本任务的训练和学习了。自然语言处理中有一大类任务是进行文本分类, 例如：

- ❏ 机器阅读理解给定多项选择题, 判断答案应该是哪个选项；
- ❏ 给定新闻内容, 判断新闻的类别：政治、财经、体育等；
- ❏ 给定用户的文字评价, 判断是正面评价还是负面评价；
- ❏ 对话系统获得用户输入, 判断用户的情感类别, 如兴奋、沮丧、开心等。

分类问题可以抽象成有 K 个种类, 模型需要判定将每个输入文本分到哪个类别中。因此, 用于分类的深度学习网络也被称为**判定模型**（discriminative model）。而自然语言中与分类相关的任务被称为**自然语言理解**（Natural Language Understanding, NLU）。

3.2.1　网络模型

用于分类的神经网络一般由以下部分构成：首先对文本进行分词, 在获得词向量后,

经过全连接、RNN、CNN 等神经元层后，使用 3.1 节中介绍的方法得到一个文本向量 $\boldsymbol{d}$。这个网络被称为**编码器**（encoder）

接下来，利用这个文本向量的信息计算出 K 个数字，即模型认为这段文本属于每个类别的得分。

计算得分通常使用一个 d_dim × K 的全连接层实现，其中 d_dim 为文本向量 $\boldsymbol{d}$ 的维度。这个全连接层也是整个模型的输出层。因此，模型有 K 个输出分数 $\hat{y}_1, \hat{y}_2, \cdots, \hat{y}_K$。训练时可以用附录 B.1.2 节介绍的交叉熵 (cross entropy) 损失函数计算当前分数和标准答案之间的差异，并进行求导优化。关于文本向量 $\boldsymbol{d}$ 和对应真值分类 y 的损失函数为

$$f_{cross\_entropy}(\boldsymbol{\theta}) = -\log(p_y(\boldsymbol{d};\boldsymbol{\theta}))$$

其中，$\boldsymbol{\theta}$ 为网络参数，$p_1, \cdots, p_K = \text{softmax}(\hat{y}_1, \hat{y}_2, \cdots, \hat{y}_K)$。

3.2.2　实战：文本分类

下面是一段自然语言理解模型进行文本分类的程序。其中用到了 3.1.2 节中介绍的 CNN 和 Max pool 类。计算 K 分类的交叉熵时，代码使用了 PyTorch 自带的 nn.CrossEntropyLoss 函数，它同时包含 softmax 归一化概率以及交叉熵的计算。CrossEntropyLoss 函数的输入如下：

❑ 分数 tensor，维度为 batch × K，为 FloatTensor；
❑ 真值分类 tensor，维度为 batch，为 LongTensor，每个元素的取值在 0 到 $K-1$ 之间。

```
class NLUNet(nn.Module):
    # word_dim 为词向量长度，window_size 为 CNN 窗口长度，out_channels 为 CNN 输出通道数，
    K 为类别个数
    def __init__(self, word_dim, window_size, out_channels, K):
        super(NLUNet, self).__init__()
        # CNN 和最大池化
        self.cnn_maxpool = CNN_Maxpool(word_dim, window_size, out_channels)
        # 输出层为全连接层
        self.linear = nn.Linear(out_channels, K)

    # x: 输入 tensor，维度为 batch×seq_len×word_dim
    # 输出 class_score，维度是 batch×K
    def forward(self, x):
```

```
        # 文本向量，结果维度是batch×out_channels
        doc_embed = self.cnn_maxpool(x)
        # 分类分数，结果维度是batch×K
        class_score = self.linear(doc_embed)
        return class_score

K = 3        # 三分类
net = NLUNet(10, 3, 15, K)
# 共30个序列，每个序列长度为5，词向量维度是10
x = torch.randn(30, 5, 10, requires_grad=True)
# 30个真值分类，类别为0~K-1的整数
y = torch.LongTensor(30).random_(0, K)
optimizer = optim.SGD(net.parameters(), lr=0.01)
# res 大小为batch×K
res = net(x)
# PyTorch 自带交叉熵函数，包含计算 softmax
loss_func = nn.CrossEntropyLoss()
loss = loss_func(res, y)
optimizer.zero_grad()
loss.backward()
optimizer.step()
```

在测试阶段，对于一个待分类文本，计算它每一类的得分概率，然后选择拥有最大概率的类别输出。如果系统需要输出如"不属于任何一类"的情况，可以有两种解决办法。

第一，在验证数据上枚举得到最合适的阈值（threshold），当所有类别的得分概率都低于这个阈值时，输出"不属于任何一个类"。

第二，可以将"不属于任何一类"作为第 $K+1$ 类进行处理。

此外，自然语言理解任务还包括以下几种类型。

多标签分类（multilabel classification）任务中，一段文本可能同时有几个正确分类，如政治与财经类的新闻。一种简单易行的方法是，对于 K 个类建立 K 个二分类器，判断文本是否属于每个类。例如，训练一个二分类器判断新闻是否是体育类；训练另一个二分类器判断新闻是否是娱乐类……最后根据验证数据设立合适的阈值，并对一段文本同时输出多个标签。

序列标注（sequence labelling）是指对于文本中每个词进行分类的任务，常见任务有2.3 节中介绍的命名实体识别和词性标注。序列标注中，无须获得整个文本的向量，通常是采用循环神经网络 RNN 得到每个词包含上下文信息的状态向量，然后利用全连接网络

获得每个词属于每个分类的得分。

3.3　让计算机写文章：自然语言生成

除了分类任务外，自然语言处理中还有一个重要课题是如何让模型产生文本。文本生成可以用于机器翻译、自然语言回答形式的机器阅读理解、生成文章总结、自动补全句子或创作文章等。这一大类任务统称为**自然语言生成**（Natural Language Generation，NLG）。可以实现生成功能的深度学习网络称为**生成模型**（generative model）。

3.3.1　网络模型

自然语言生成通过分析给定文本的语义生成语句，例如机器阅读理解中根据文章和问题产生回答。对输入文本的分析可以采用 3.2 节中介绍的自然语言理解网络。生成文本的部分常使用循环神经网络 RNN，因为 RNN 可以处理变长的文本数据，而文本生成就是不断预测并加入新单词的过程。

首先，我们给所有文本加上开始标识符 <s> 和结束标识符 </s>。自然语言理解编码器模块将输入文本处理成一个维度为 h_dim 的文本向量 d。生成文本时，将 <s> 的词向量作为第一个单词输入 RNN 模块，初始状态 h_0 为 d。RNN 模块经过处理后得到新的状态 h_1。我们使用这个 RNN 的状态计算要生成的单词。设单词表一共有 |V| 个单词，其中包括标识符 <s> 和 </s>。这相当于一共有 |V| 个类别，正确的单词对应正确的类别。

我们将状态 h_1 经过一个大小为 h_dim × |V| 的全连接网络，就得到了一个 |V| 维的向量。这个向量可以看作网络在这一步对词表中每个单词的打分。可以选择打分最高的词 w_1 作为生成的单词。然后，将状态向量 h_1 和词向量 w_1 输入给下一个 RNN 模块，继续生成单词，直到生成单词为 </s>，标志文本生成结束。

因为这种生成文本的方式是将状态转化成单词的过程，所以这一网络结构被称为**解码器**（decoder）。需要注意的是，解码器必须使用**从左到右单向 RNN**，而不能使用双向 RNN，因为解码的过程是依次产生下一个词。使用双向 RNN 会导致模型在训练时"偷看"后面的词从而达到近 100% 的准确率，但是这样训练出的参数没有推广意义。图 3-2 给出了一个解码器的示例。

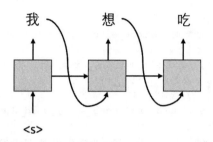

图 3-2　用于文本生成的 RNN 解码器，第一个输入单词是标识符 <s>

由于神经网络初始化采用随机生成的参数，在训练初期解码器的生成效果可能很差，这就会导致最开始生成的单词是错误的。由于生成的单词会作为输入进入下一个 RNN 模块，就会造成错误的积累。因此，在训练解码器时，一个常用的技巧为 teacher forcing（强制教学）。teacher forcing 策略在训练时并不会将解码器生成的单词输入下一个 RNN 模块，而是直接使用真值答案输入到 RNN 模块的。这样可以有效缓解解码器训练困难的问题。实际应用中，也可以采用 teacher forcing 和非 teacher forcing 交叉使用的策略。表 3-1 为 teacher forcing 的示例。从中可以看出，当非 teacher forcing 错误生成第二个单词 "经常" 后，之后的输出被完全误导。而由于 teacher forcing 训练时始终把真值作为 RNN 输入，参数训练难度小很多，易于更快地收敛得到高质量的解码器。在测试阶段，由于没有真值，一律采用非 teacher forcing 的策略。

表 3-1　teacher forcing 策略的输入输出

真值生成文本		<s>	我	喜欢	这里	的	天气	</s>
teacher forcing	RNN 输入	<s>	我	喜欢	这里	的	天气	</s>
	RNN 输出	我	讨厌	那里	的	天气	</s>	
非 teacher forcing	RNN 输入	<s>	我	经常	去	健身房	运动	
	RNN 输出	我	经常	去	健身房	运动	</s>	

3.3.2　实战：生成文本

下面给出使用 teacher forcing 策略的深度学习生成文本模型 NLGNet 的代码实现。

```
import torch
import torch.nn as nn
import torch.nn.functional as F
import torch.optim as optim
```

```python
class NLGNet(nn.Module):
    # word_dim 为词向量长度, window_size 为 CNN 窗口长度, rnn_dim 为 RNN 的状态维度,
    # vocab_size 为词汇表大小
    def __init__(self, word_dim, window_size, rnn_dim, vocab_size):
        super(NLGNet, self).__init__()
        # 单词编号与词向量对应参数矩阵
        self.embed = nn.Embedding(vocab_size, word_dim)
        # CNN 和最大池化
        self.cnn_maxpool = CNN_Maxpool(word_dim, window_size, rnn_dim)
        # 单层单向 GRU, batch 是第 0 维
        self.rnn = nn.GRU(word_dim, rnn_dim, batch_first=True)
        # 输出层为全连接层, 产生一个位置每个单词的得分
        self.linear = nn.Linear(rnn_dim, vocab_size)

    # x_id: 输入文本的词编号, 维度为 batch×x_seq_len
    # y_id: 真值输出文本的词编号, 维度为 batch×y_seq_len
    # 输出预测的每个位置每个单词的得分 word_scores, 维度是 batch×y_seq_len×vocab_
    # size
    def forward(self, x_id, y_id):
        # 得到输入文本的词向量, 维度为 batch×x_seq_len×word_dim
        x = self.embed(x_id)
        # 得到真值输出文本的词向量, 维度为 batch×y_seq_len×word_dim
        y = self.embed(y_id)
        # 输入文本向量, 结果维度是 batch×cnn_channels
        doc_embed = self.cnn_maxpool(x)
        # 输入文本向量作为 RNN 的初始状态, 结果维度是 1×batch×y_seq_len×rnn_dim
        h0 = doc_embed.unsqueeze(0)
        # RNN 后得到每个位置的状态, 结果维度是 batch×y_seq_len×rnn_dim
        rnn_output, _ = self.rnn(y, h0)
        # 每一个位置所有单词的分数, 结果维度是 batch×y_seq_len×vocab_size
        word_scores = self.linear(rnn_output)
        return word_scores

vocab_size = 100                          # 100 个单词
net = NLGNet(10, 3, 15, vocab_size)       # 设定网络
# 共 30 个输入文本的词 ID, 每个文本长度为 10
x_id = torch.LongTensor(30, 10).random_(0, vocab_size)
# 共 30 个真值输出文本的词 ID, 每个文本长度为 8
y_id = torch.LongTensor(30, 8).random_(0, vocab_size)
optimizer = optim.SGD(net.parameters(), lr=0.01)
# 每个位置词表中每个单词的得分 word_scores, 维度为 30×8×vocab_size
word_scores = net(x_id, y_id)
# PyTorch 自带交叉熵函数, 包含计算 softmax
loss_func = nn.CrossEntropyLoss()
# 将 word_scores 变为二维数组, y_id 变为一维数组, 计算损失函数值
loss = loss_func(word_scores[:,:-1,:].view(-1, vocab_size), y_id[:,1:].view(-1))
optimizer.zero_grad()
```

```
loss.backward()
optimizer.step()
```

这段代码采用了单词在字典中的编号作为输入，即输入文本的词编号为 x_id，真值输出文本的词编号为 y_id。模型使用 PyTorch 自带的词向量参数矩阵 nn.Embedding。它的作用是将词编号变为对应的词向量。获得词向量后，模型首先用 CNN 和最大池化将每段输入文本用一个向量表示，然后将这个向量作为初始状态输入 RNN。这里使用 GRU（Gated Recurrent Unit，门控循环单元）作为 RNN。由于使用了 teacher forcing，所以每一步 RNN 的输入是标准答案文本的词向量 y。

在计算交叉熵时，由于 nn.CrossEntropyLoss 函数默认第二维是类别分数，因此需要将 word_scores 这个三维张量 batch × y_seq_len × vocab_size 降为二维。Tensor.view 函数是 PyTorch 中常用的变换维度工具：word_scores.view(-1, vocab_size) 将 word_scores 变为两维，其中第二维大小是 vocab_size。由于变换维度不影响数组大小，因此 view 函数产生的张量的第一维大小是 batch × y_seq_len。同理，真值词编号张量 y_id 被变为一维。需要注意的是，预测的结果分数 word_scores 对应生成文本第 2、3、4……个词，所以我们用分数 word_scores[:, :-1, :] 和真值 y_id[:, 1:] 进行比较，即标准答案从第 2 个词开始的部分。

3.3.3　集束搜索

在测试阶段，解码器根据输入的文本 $x_1, x_2, \cdots, x_m$ 逐个生成单词 $\hat{y}_1, \hat{y}_2, \cdots, \hat{y}_n$。由于这里使用了单向 RNN，每一个词的生成都基于输入文本以及在这个词之前生成的单词，即第 i 个生成单词的概率是 $P(\hat{y}_i \mid \hat{y}_1 \cdots \hat{y}_{i-1}, x_1, x_2, \cdots, x_m)$。该公式和 2.4 节介绍的语言模型十分类似。事实上，整个解码的目标是使得所生成单词序列能够最大化条件语言模型的概率：

$$P(\hat{y}_1, \hat{y}_2, \cdots, \hat{y}_n \mid x_1, x_2, \cdots, x_m) = \prod_{i=1}^{n} P(\hat{y}_i \mid \hat{y}_1 \cdots \hat{y}_{i-1}, x_1, x_2, \cdots, x_m)$$

但是，所有可能的单词序列个数是指数级别的，即 $|V|^n$，如何快速找到最优的单词序列呢？

一个候选算法是 2.3 节的 Viterbi 动态规划算法，它可以高效地计算出最优的序列。Viterbi 算法定义了数组 $f(i, j)$ 表示在所有 $q_i = j$ 的词性序列中，前 i 个单词能达到最大的 HMM 概率值。然而，在自然语言生成模型中，每一步 DNN 产生的状态是一个向量，而不是 HMM 中的 K 个隐状态（如 K 个词性）中的一种。显然，我们不可能定义一个下标是实数向量的数组。

一个可行的办法是使用贪心算法：每一步选择当前可能性最大的单词，即

$$\hat{y}_i = \text{argmax}_w P(w \mid \hat{y}_1 \cdots \hat{y}_{i-1}, x_1, x_2, \cdots, x_m)$$

这正是 3.3.1 节中提到的每次选择概率最大的单词。但是，这种方法并不能保证全局最优。例如，在第一步中让 $P(\hat{y}_1 \mid x_1, x_2, \cdots, x_m)$ 最大并不能保证选出的词可以让全局概率 $P(\hat{y}_1, \hat{y}_2, \cdots, \hat{y}_n \mid x_1, x_2, \cdots, x_m)$ 最大。例如，如果给定问题"他擅长什么？"，正确答案是"他 | 踢球 | 很 | 厉害 </s>"。假如贪心算法成功生成第 1 个词"他"之后，正在选择第 2 个词。而训练数据中"他"之后出现"是"的概率远远大于"踢球"的概率，那么经过训练的 RNN 在这一步很可能赋予"是"更大的概率，即 $P($ 是 | 他；他擅长什么 $) > P($ 踢球 | 他；他擅长什么 $)$。但选择"是"之后生成的结果就可能和问题毫不相关，如"他 | 是 | 一个 | 老师 |</s>"。然而，全局概率 $P($ 他 | 踢球 | 很 | 厉害 </s>；他擅长什么 $) > P($ 他 | 是 | 一个 | 老师 |</s>；他擅长什么 $)$。因此，贪心算法最大的问题是"短视"，即当前局部最优不一定是全局最优。

集束搜索（beam search）是解决这个问题的一个好方法。Beam Search 的每一步并不只选取当前概率最大的下一个词，而是选取 B 个。参数 B 被称为集束宽度（beam width）。这样，第 1 步之后算法有了 B 个最可能的第一个单词。在第 2 步时，从这 B 个单词分别寻找最有可能的 B 个下一个单词，这样可以获得 B^2 个双词序列。在这些双词序列中选取当前概率最大的 B 个保留下来。然后继续第 3 步和第 4 步，… 因此，beam search 每一步都有 B 个当前保留下来的最优的序列，然后经过 RNN 拓展下一个单词，并保留其中最优的 B 个。

整个过程中，如果概率最大的前 B 名最新产生的单词中有 </s>，说明对应序列结束，可以将这个序列保存，然后用后面非 </s> 的单词递补。解码过程需要设置生成文本长度限制 L，一旦候选序列长度达到 L；即终止算法。最后在所有保存下来的输出文本序列中选择全局概率最大的输出。

图 3-3 所示为 beam search 的示例，其中 beam width=2，生成文本长度限制 L=4。输入文本为"他擅长什么"。第 1 步算法选择了"我"和"他"。第 2 步选出序列"我擅长"和"他踢球"。第四步时，"他踢球不错"生成的下一个词 </s> 排在前两名，因此"他踢

球不错"被选出。剩下两个候选"他踢球很厉害"和"他踢球很好"。由于 $L=4$,整个算法结束,在 3 个候选句中选择全局概率最大的作为输出,这里为"他踢球不错"。

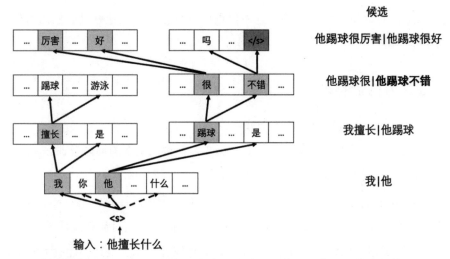

图 3-3 集束搜索 Beam Search 示例。集束宽度为 2。输入文本为"他擅长什么",生成
文本限制最长为 4 个词。实线箭头表示每个序列生成的概率排在前 2 名的下一个
词。深色方块单词表示所有序列生成的概率排在前 2 名的下一个词

在 beam search 的实现中,由于全局概率 $P(\hat{y}_1, \hat{y}_2, \cdots, \hat{y}_n \mid x_1, x_2, \cdots, x_m)$ 是所有单词条件概率的乘积,因此会出现越长的句子全局概率越小的情况。这会导致算法倾向于挑出很短的句子。常用长度归一化(length normalization)技巧解决这一问题,即使用平均全局概率:

$$P_{\text{norm}}(\hat{y}_1, \hat{y}_2, \cdots, \hat{y}_n \mid x_1, x_2, \cdots, x_m) = \frac{P(\hat{y}_1, \hat{y}_2, \cdots, \hat{y}_n \mid x_1, x_2, \cdots, x_m)}{n}$$

另外,beam width 越大,越可能找到更优的解,但是计算复杂度也会上升。所以 beam width 的选择需要在模型质量和效率间寻找平衡。

3.4 让计算机专心致志:注意力机制

注意力机制(attention mechanism)最早是在机器视觉领域被提出的。它基于一个直

观的想法，即人类在识别图像中的物体时并不是观察每个像素，而是集中注意力在图像中某些特定的部分，观察别的物体时，注意力又移动到另外的区域。同样的道理也可以推广到文本理解中。因此，深度学习在处理文本信息时，可以根据当前的需要将权重集中某些词语上，而且随着时间推移，这一权重可以自动调整。这就是自然语言处理中的注意力机制。

3.4.1　注意力机制的计算

注意力机制的输入包括以下两个部分：

1）被注意的对象，为一组向量 $\{a_1, a_2, \cdots, a_n\}$，如输入文本的词向量；

2）一个进行注意的对象，为一个向量 x。

向量 x 需要对 $\{a_1, a_2, \cdots, a_n\}$ 进行总结，但是 x 对每个 a_i 的注意力不一样。注意力取决于从向量 x 的角度给被注意的对象的打分，更高的分值代表该对象更应该被关注。然后，将打分用 softmax 归一化后并对 $\{a_1, a_2, \cdots, a_n\}$ 计算加权和，得到最终的注意力向量 c。

注意力机制中打分的过程通过注意力函数（attention function）实现。注意力函数没有固定的形式，只需要对两个输入向量得到一个相似度分数即可，例如使用内积函数：

$$s_i = f(x, a_i) = x^\mathrm{T} a_i ;$$

然后，用 softmax 函数对所有分数进行归一化，得到 $\beta_i = \dfrac{e^{s_i}}{\sum\limits_j e^{s_j}}$。最后，用归一化分数对被注意对象进行加权和，得到的注意力机制结果如下：

$$c = \beta_1 a_1 + \beta_2 a_2 + \cdots + \beta_n a_n$$

这里，向量 c 是 $\{a_1, a_2, \cdots, a_n\}$ 的线性组合，但是权重来自 x 和每个的 a_i 的交互，即注意力的计算。

当存在多个向量 x 时，可以分别进行注意力操作。我们用如下 Attention 函数表示每个 x_j 对 $\{a_1, a_2, \cdots, a_n\}$ 计算注意力向量。这里，输出的向量个数和 x 的个数相同，而维度和 a_i 的维度相同。

$$\mathrm{Attention}(\{a_1, a_2, \cdots, a_n\}; \{x_1, x_2, \cdots, x_m\}) = \{c_1, c_2, \cdots, c_m\},$$

$$c_j = \beta_{j,1} a_1 + \beta_{j,2} a_2 + \cdots + \beta_{j,n} a_n, 1 \leqslant j \leqslant m$$

3.4.2　实战：利用内积函数计算注意力

下面是利用内积函数计算注意力的代码实现：

```
...
  a：被注意的向量组，batch×m×dim
  x：进行注意力计算的向量组，batch×n×dim
...
def attention(a, x):
    # 内积计算注意力分数，结果维度为 batch×n×m
    scores = x.bmm(a.transpose(1, 2))
    # 对最后一维进行 softmax
    alpha = F.softmax(scores, dim=-1)
    # 注意力向量，结果维度为 batch×n×dim
    attended = alpha.bmm(a)
    return attended
```

上述代码通过 torch.bmm 函数计算得出内积值，然后用 softmax 将分数归一化成概率 alpha，最后与向量组 *a* 计算加权和。这样，每一个 *x* 中的向量 *x*[i, j] 都得到了一个对应的 dim 维注意力向量 attended[i, j]。

3.4.3　序列到序列模型

注意力机制的另一个重要应用是在解码器中。3.3 节提到，解码器以输入文本的单向量表示作为 RNN 的初始状态。而在一些应用中，解码器在生成单词时需要将注意力放在输入文本的某些特定部分。例如，在阅读理解中，当解码器尝试生成答案第 5 个单词时，其实只需要更多关注文章中某些部分即可。但是，从单个文本向量中很难提取出文本里不同部分的信息。因此，研究者提出了具有**注意力机制的序列到序列模型**（sequence-to-sequence（seq2seq）model with attention mechanism）。

seq2seq 模型使用**编码器**中的 RNN 处理输入词向量，并将最后一个 RNN 状态作为文本向量输入解码器。但是，RNN 中输入的每个单词的状态均保留下来：$a_1, a_2, \cdots, a_m$。接下来，在解码器的第 *t* 步生成中，用前一步的解码器 RNN 状态 h_{t-1} 计算关于编码器状态的注意力向量：

$$\text{Attention}(\{a_1, a_2, \cdots, a_n\}; h_{t-1}) = c_t$$

因为 c_t 表示当前的解码器观察到的输入信息的总结，因此也被称为**上下文向量**

（context vector）。然后将上下文向量输入解码器 RNN。这样，解码器在每一步就拥有了含注意力分布的输入信息。这种技术在许多应用中显著提高了生成文本的质量。图 3-4 给出了使用注意力机制的 seq2seq 模型的示意图。

其中，编码器获得输入文本的编码，然后解码器从特殊符号"＜开始＞"起，逐个生成下一个单词，每一步都使用上下文向量 c_t，直至生成特殊符号"＜结束＞"时停止。4.4.4 节将给出这种架构在机器阅读理解中使用的代码示例。

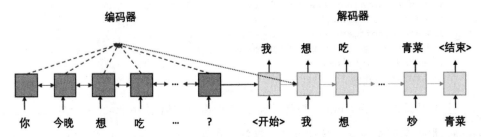

图 3-4　序列到序列模型和注意力机制。解码器 RNN 在每一步对编码器 RNN 状态使用注意力机制，得到上下文向量，并和词向量一起输入 RNN

3.5　本章小结

- 深度学习文本处理中一种常见的操作是将文本所有词的向量表示合并成为一个向量。这可以解决文本长度不固定的问题。我们可以通过 RNN 的最终状态、CNN+池化以及含参加权和等方式完成这一操作。
- **自然语言理解**是指文本分类任务，例如在机器阅读理解中回答多项选择题。相关模型为判定模型，即模型需要生成每种类别的分数。
- **自然语言生成**是指生成文本任务，例如根据阅读理解的问题生成答案文本。相关模型为生成模型，利用 teacher forcing 进行训练并用集束搜索产生候选答案。
- 深度学习中的语言生成模型大部分采用**编码器 – 解码器**架构。其中，编码器处理输入文本（如文章），解码器产生目标文本（如答案）。
- **注意力机制**使模型将权重动态地分配在文本中的不同部分，这可以使模型在生成每个单词时关注源文本的特定部分。注意力机制也可以应用在序列到序列模型中。

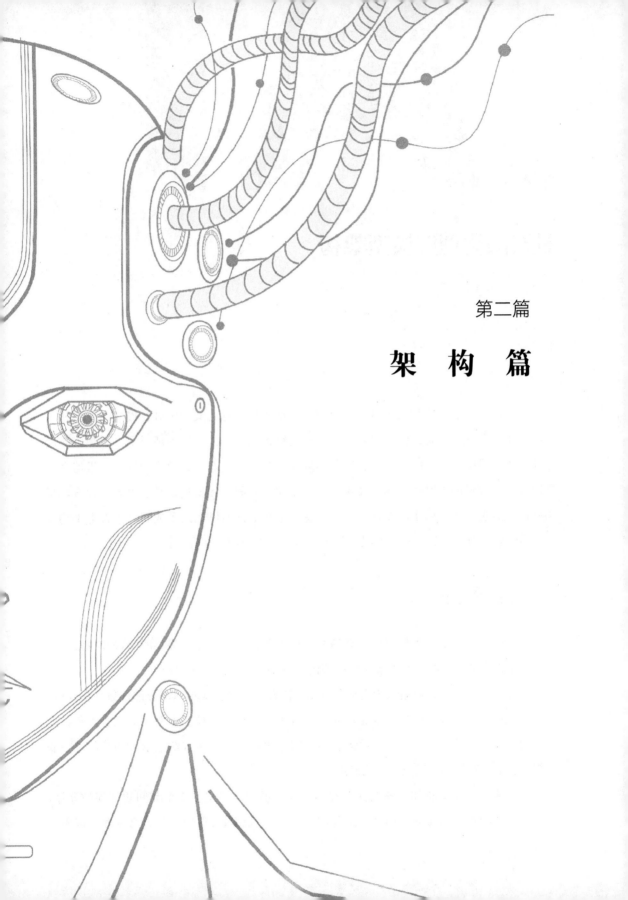

第二篇

架　构　篇

第 4 章

机器阅读理解模型架构

早期的阅读理解模型大多基于检索技术，即根据问题在文章中进行搜索，找到相关的语句作为答案。但是，信息检索主要依赖关键词匹配，而在很多情况下，单纯依靠问题和文章片段的文字匹配找到的答案与问题并不相关。随着深度学习的发展，机器阅读理解进入了神经网络时代。相关技术的进步使模型的效率和质量都有了很大的提升。机器阅读理解模型的准确率不断提高，在一些数据集上甚至已经达到或超过了人类平均水平。本章将介绍基于深度学习的机器阅读理解模型的架构，探究其提升性能的原因。

4.1 总体架构

虽然基于深度学习的机器阅读理解模型构造各异，但是经过多年的实践和探索，逐渐形成了稳定的框架结构。本节将介绍阅读理解模型共有的总体架构。

机器阅读理解模型的输入为文章和问题。因此，首先要对这两部分进行数字化编码，将其变成可以被计算机处理的信息单元。在编码的过程中，模型需要保留原有语句在文章中的语义。因此，每个单词、短语和句子的编码必须建立在理解上下文的基础上。我们把模型中进行编码的模块称为**编码层**。

接下来，由于文章和问题之间存在相关性，模型需要建立文章和问题之间的联系。例如，如果问题中出现关键词"河流"，而文章中出现关键词"长江"，虽然两个词不完全一样，但是其语义编码接近。因此，文章中"长江"一词以及邻近的语句将成为模型回答问题时的重点关注对象。这可以通过 3.4 节介绍的注意力机制加以解决。在这个过程中，阅读理解模型将文章和问题的语义结合在一起进行考量，进一步加深模型对于两者的理解。我们将这个模块称为**交互层**。

经过交互层，模型建立起文章和问题之间的语义联系，接下来就可以预测问题的答案了。完成预测功能的模块称为**输出层**。根据 1.4.1 节的介绍，机器阅读理解任务的答案有多种类型，如区间型、多项选择型等，因此输出层的具体形式需要和任务的答案类型相关联。此外，输出层确定模型优化时的评估函数和损失函数。

图 4-1 所示为机器阅读理解模型的一般架构。从图中可以看出，编码层可分别对文章和问题进行底层处理，将文本转化成数字编码。交互层可以让模型聚焦文章和问题的语义联系，借助于文章的语义分析加深对问题的理解，同时借助于问题的语义分析加深对文章的理解。输出层根据语义分析结果和答案的类型生成模型的答案输出，以输出层为区间式答案为例，机器阅读理解模型的总体架构如图 4-1 所示。

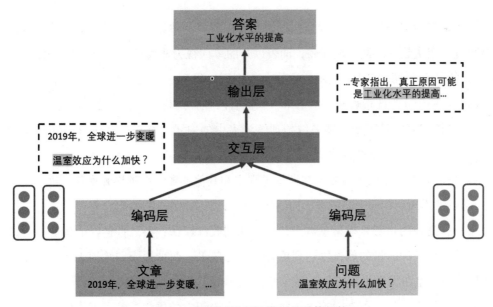

图 4-1　机器阅读理解模型的总体架构

在基本架构的框架下，不同的机器阅读理解模型在结构的每个计算层中设计和采用各种子结构，以不断提高模型的效率和答案的质量。值得注意的是，大部分阅读理解模型的创新集中在交互层，因为在这一层中对文章和问题语义的交叉分析有很多不同的处理方式，而且这也是使模型最终能产生正确答案的关键步骤。相比之下，编码层和输出层有着较为稳定的模式，但也在不断进行改良和创新。

4.2　编码层

与其他基于深度学习的自然语言处理模型类似，机器阅读理解模型首先需要将文字形式的文章和问题转化成词向量。在 2.1 节和 2.2 节中，我们介绍了 NLP 中常见的分词方式和将单词转化为词向量的方法，即分布式表示。编码层一般采用类似的算法对文本进行分词和向量化处理，然后加入字符编码等更丰富的信息，并采用上下文编码获得每个单词在具体语境中的含义。

4.2.1　词表的建立和初始化

首先，模型对训练文本进行分词以得到其中所有的单词。然后，根据阈值选取出现次数超过一定次数的单词组成词表，词表以外的单词视为**非词表词**（Out-Of-Vocabulary，OOV），用特殊单词 <UNK> 表示。这样，模型可以得到一个大小为 $|V|$ 的词表，每个词表中的词用一个 d 维向量表示。接下来，我们有两种方式获得词表中的单词向量：

❑ 保持词表向量不变，即采用预训练词表中的向量（如 Word2vec 的 300 维向量），在训练过程中不进行改变；

❑ 将词表中向量视为参数，在训练过程中和其他参数一起求导并优化。这里，既可以使用预训练词表向量进行初始化，也可以选择随机初始化。

第一种选择的优势是模型参数少，训练初期收敛较快；第二种选择的优势是可以根据实际数据调整词向量的值，以达到更好的训练效果。而采用预训练词表向量初始化一般可以使得模型在优化的最初几轮获得明显比随机初始化方法更优的结果。

在编码层中，为了更准确地表示每个单词在语句中的语义，除了词表向量外，还经常对命名实体（named entity）和词性（part-of-speech）进行向量化处理。如果命名实体共有 N 种，则建立大小为 N 的命名实体表，每种命名实体用一个长度为 d_N 的向量表示；如

果词性共有 P 种，则建立大小为 P 的词性表，每种词性用一个长度为 d_P 的向量表示。两个表中的向量均为可训练的参数。然后，用文本分析软件包，如 spaCy，获得文章和问题中的每个词的命名实体和词性，再将对应向量拼接在词向量之后。由于一个词的命名实体属性与词性和这个词所在的语句有关，因此用这种方式获取的向量编码可以更好地表示单词的语义，在许多模型中对性能都有明显的提升。

另一种在机器阅读理解中非常有效的单词编码是精确匹配（exact matching）编码。exact matching 编码适用于文章中的单词。对于文章中的单词 w，检查 w 是否出现在问题中：如果是，w 的精确匹配编码为 1，否则为 0，然后将这个二进制位拼接在单词向量后。由于单词可能有变体（单复数、时态等），也可以用另一个二进制位表示 w 的词干（stem）是否和问题中某些词的词干一致。如图 4-2 中，"ate"一词虽然未在问题中出现，但其词干"eat"在问题单词的词干中出现了，因此"ate"基于词干的精确匹配编码为 1。精确匹配编码可以使模型快速找到文章中出现了问题单词的部分，而许多问题的答案往往就在这部分内容的附近。

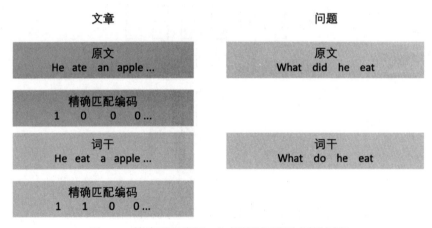

图 4-2　精确匹配编码，包括原词匹配和词干匹配

4.2.2　字符编码

文本处理中时常会出现拼写错误，即一个单词中大部分字符正确，但有几个字符的拼写或顺序与正确方式不同。这时通过字符组合，往往可以识别正确的单词形式。此外，

许多语言中存在词根的概念，即词的一部分字符是一个常见且有固定含义的**子词**，例如英语中"inter-"常表示中间、相互，"-ward"常表示方向。由此可以看出，在单词的理解中，字符和子词具有很强的辅助作用。

为了更好地利用字符信息，在编码层中可以采用字符编码，即每个字符用一个向量表示。但是，由于单词的长度不一，每个单词可能有不同个数的字符向量。为了产生一个固定长度的字符信息向量，可以采用 3.1 节中介绍的方法将多个字符向量合并成一个编码。最常用的模型是**字符 CNN**。

设一个单词有 K 个字符，且对应的 K 个字符向量为 $(c_1, c_2, ..., c_K)$，每一个向量维度为 c。字符 CNN 利用一个窗口大小为 W 且有 f 个输出通道的卷积神经网络，获得 $(K-W+1)$ 个 f 维向量。然后，用 3.1 节中介绍的**最大池化**方法求得这些向量每一个维度上的最大值，形成一个 f 维向量作为结果。图 4-3 所示为窗口大小为 3，输出通道个数为 3 的字符卷积神经网络，每个单词获得一个 3 维字符向量。

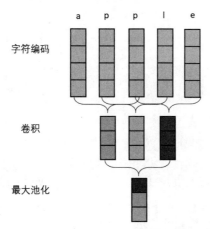

图 4-3　字符卷积神经网络，窗口大小为 3，输出通道数为 3

代码清单 4-1 是字符卷积神经网络的 PyTorch 代码实现。输入为文本中每个单词里的字符编码 char_ids，包括批量大小 batch，文本中单词个数 seq_len，单词中字符个数 word_len 以及字符向量长度 char_dim 共 4 维。因此，需要首先合并前两维 batch 和 seq_len 形成三维数据输入标准 CNN 网络，然后将输出中第一维展开回两维，得到 batch、seq_len 和 out_channels 三维，即每个单词得到一个 out_channels 维字符向量。

代码清单 4-1 字符卷积神经网络 Char-CNN

```
import torch
import torch.nn as nn
import torch.nn.functional as F
class Char_CNN_Maxpool(nn.Module):
    # char_num为字符表大小，char_dim为字符向量长度，window_size为CNN窗口长度，
    output_dim为CNN输出通道数
    def __init__(self, char_num, char_dim, window_size, out_channels):
        super(Char_CNN_Maxpool, self).__init__()
        # 字符表的向量，共char_num个向量，每个维度为char_dim
        self.char_embed = nn.Embedding(char_num, char_dim)
        # 1个输入通道，out_channels个输出通道，过滤器大小为window_size×char_dim
        self.cnn = nn.Conv2d(1, out_channels, (window_size, char_dim))

    # 输入char_ids为batch组文本，每个文本长度为seq_len，每个词含word_len个字符编号
    （0~char_num-1），输入维度为batch×seq_len×word_len
    # 输出res为所有单词的字符向量表示，维度是batch×seq_len×out_channels
    def forward(self, char_ids):
        # 根据字符编号得到字符向量，结果维度为batch×seq_len×word_len×char_dim
        x = self.char_embed(char_ids)
        # 合并前两维并变成单通道，结果维度为(batch×seq_len)×1×word_len×char_dim
        x_unsqueeze = x.view(-1, x.shape[2], x.shape[3]).unsqueeze(1)
        # CNN，结果维度为(batch×seq_len)×out_channels×new_seq_len×1
        x_cnn = self.cnn(x_unsqueeze)
        # 删除最后一维，结果维度为(batch×seq_len)×out_channels×new_seq_len
        x_cnn_result = x_cnn.squeeze(3)
        # 最大池化，遍历最后一维求最大值，结果维度为(batch×seq_len)×out_channels
        res, _ = x_cnn_result.max(2)
        return res.view(x.shape[0], x.shape[1], -1)
```

4.2.3 上下文编码

英国语言学家 J. R. Firth 在 1957 年提出"理解一个单词需要考虑它的上下文"（You shall know a word by the company it keeps）的观点。的确，很多具有多义性的单词需要根据它周围的语句才能确定其明确含义。

然而，基于词表的单词向量是固定的，不会随上下文变化。这就会导致同一个词在不同的语句中的语义不同但其向量表示完全相同的情况。因此，编码层需要对每个单词生成**上下文编码**（contextual embedding）。这种编码会随着单词的上下文不同而发生改变，从而反映出单词在当前语句中的含义。

在深度学习中，为了实现上下文语义的理解，通常采用单词之间的信息传递。循环

神经网络（RNN）是最常用的上下文编码生成结构，因为 RNN 利用相邻单词间的状态向量转移实现语义信息的传递。为了更有效地利用每个单词左右两个方向的语句信息，常采用**双向循环神经网络**（bidirectional RNN）获得上下文编码。而许多模型还采用了多层RNN，用于提取更高层级的上下文语义，获得了更好的效果。

代码清单 4-2 给出了多层双向 RNN 获得文本单词上下文编码的代码。RNN 的输入为每个单词的编码，维度是 word_dim。输出维度是 $2 \times$ state_dim，其中 2 表示 RNN 共有两个方向。

代码清单 4-2　多层双向 RNN 生成文本中每个单词的上下文编码

```
class Contextual_Embedding(nn.Module):
    # word_dim 为词向量维度, state_dim 为 RNN 状态维度, rnn_layer 为 RNN 层数
    def __init__(self, word_dim, state_dim, rnn_layer):
        super(Contextual_Embedding, self).__init__()
        # 多层双向 GRU, 输入维度为 word_dim, 状态维度为 state_dim
        self.rnn = nn.GRU(word_dim, state_dim, num_layers=rnn_layer,
        bidirectional=True, batch_first=True)

    # 输入 x 为 batch 组文本, 每个文本长度为 seq_len, 每个词用一个 word_dim 维向量表示, 输
    入维度为 batch×seq_len×word_dim
    # 输出 res 为所有单词的上下文向量表示, 维度是 batch×seq_len×out_dim
    def forward(self, x):
        # 结果维度为 batch×seq_len×out_dim, 其中 out_dim=2×state_dim 包括两个方向
        res, _ = self.rnn(x)
        return res
```

研究者进一步发现，在大规模自然语言处理任务上进行预训练，然后将预训练模型中的循环神经网络参数用于机器阅读理解，可以获得明显的性能提升。例如，CoVe 模型[⊖]在大量机器翻译数据上训练序列到序列模型，然后将编码器部分的循环神经网络用于SQuAD 数据集，F1 分数提高了近 4%。第 6 章将详细介绍预训练模型在机器阅读理解中的应用。

综上所述，在编码层中，每个问题单词由词表向量、命名实体向量、词性向量、字符编码、上下文编码组成，而每个文章单词除了以上 5 种向量外，还有精确匹配编码，如图 4-4 所示。

⊖　B. McCann, J. Bradbury, C. Xiong, R. Socher.《 Learned in translation: Contextualized word vectors 》. 2017.

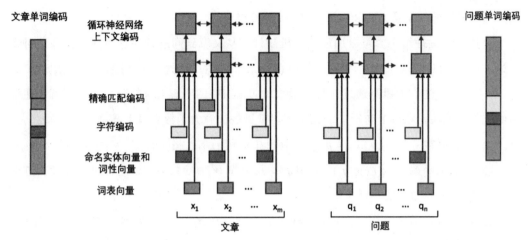

图 4-4　编码层生成单词编码包括词表向量、命名实体向量、词性向量、字符编码、精确
匹配编码和上下文编码

4.3　交互层

机器阅读理解模型在编码层中获得了文章和问题中单词的语义向量表示，但两部分的编码是基本独立的。为了获取最终答案，模型需要交互处理文章和问题中的信息。因此，模型在交互层中将文章和问题的语义信息融合，基于对问题的理解分析文章，并基于对文章的理解分析问题，从而达到更深层次的理解。

4.3.1　互注意力

交互层的输入是编码层的输出，即文章的单词向量 $(\boldsymbol{p}_1, \boldsymbol{p}_2, ..., \boldsymbol{p}_m)$ 和问题的单词向量 $(\boldsymbol{q}_1, \boldsymbol{q}_2, ..., \boldsymbol{q}_n)$。为了对两部分的语义进行交互处理，一般采用 3.4 节中介绍的**注意力机制**。注意力机制最初应用在序列到序列模型中，它的输入包括一个单词向量 $\boldsymbol{x}$ 和一个单词向量组 $\boldsymbol{A} = (\boldsymbol{a}_1, \boldsymbol{a}_2, ..., \boldsymbol{a}_n)$。注意力机制从向量 $\boldsymbol{x}$ 的角度对 $\boldsymbol{A}$ 进行总结，从而获得 $\boldsymbol{A}$ 所代表的语句与单词 $\boldsymbol{x}$ 相关的部分的信息。注意力机制的结果为向量 $\boldsymbol{x}^A$，是向量组 $\boldsymbol{A}$ 的线性组合。其中，与 $\boldsymbol{x}$ 相关的 $\boldsymbol{A}$ 中单词获得相对较大的权重。

例如，如果 $\boldsymbol{x}$ 为"踢球"的向量表示，$\boldsymbol{A}$ 为"我|喜欢|足球"的向量表示 $(\boldsymbol{a}_1, \boldsymbol{a}_2, \boldsymbol{a}_3)$，

则注意力机制的结果是 $x^A = 0.1 \times a_1 + 0.05 \times a_2 + 0.85 \times a_3$。

在机器阅读理解中，可以用注意力机制计算从文章到问题的注意力向量：基于对文章第 i 个词 p_i 的理解、对问题单词向量组 $(q_1, q_2, ..., q_n)$ 的语义总结，得到一个向量 p_i^q。

3.4 节中，注意力机制通过注意力函数对向量组中的所有向量打分。一般而言，注意力函数需要反映 p_i 和每个向量 q_j 的相似度。常见的注意力函数有以下几个：

- 内积函数 $s_{i,j} = f(p_i, a_j) = p_i^T q_j$，应用在 p_i 和 q_j 维度相同时；
- 二次型函数 $s_{i,j} = f(p_i, q_j) = p_i^T W q_j$，其中为 W 为参数矩阵，这样可以在计算过程中加入参数，便于优化；
- 加法形式函数：$s_{i,j} = f(p_i, q_j) = v^T tanh(W_1 p_i + W_2 q_j)$，其中为 W_1、W_2 为参数矩阵，v 为参数向量；
- 双维度转换函数 $s_{i,j} = f(p_i, q_j) = p_i^T U^T V q_j$，其中 $p_i \in R^{a \times 1}$，$U \in R^{d \times a}$，$V \in R^{d \times b}$，$q_j \in R^{b \times 1}$，而 $d < a$，$d < b$。此函数将文章和问题单词向量转化到低维度进行相乘，减少了参数个数。

获得每个 q_j 的分数后，使用 softmax 函数进行归一化，得到权重：

$$\beta_{i,j} = \frac{e^{s_{i,j}}}{\sum_{k=1}^{n} e^{s_{i,k}}}$$

最后，使用权重计算 $(q_1, q_2, ..., q_n)$ 的加权和，即注意力机制的结果：

$$p_i^q = \beta_{i,1} q_1 + \beta_{i,2} q_2 + ... + \beta_{i,n} q_n$$

我们用 Attention 函数来表示整个过程：

$$\text{Attention}((p_1, p_2, ..., p_m), (q_1, q_2, ..., q_n)) = (p_1^q, p_2^q, ..., p_m^q)$$

图 4-5 是从文章到问题的交互注意力机制的示意图。值得注意的是，交互注意力的结果向量个数是文章单词的个数 m，而维度是问题单词的编码长度 $|q_1|$。每个注意力向量 p_i^q 都是问题单词编码的线性组合，而系数来自文章和问题的语义关系相似度。以最简单的内积注意力函数为例，由于两个语义相近的词向量方向更为一致，所以注意力机制给予和文章单词 i 语义更相近的问题单词 j 更大的权重，从而达到交互信息的目的。

利用类似方法也可以获得从问题到文章的注意力向量，即 q_i^p，$1 \leqslant i \leqslant n$，这可以使模型在理解每个问题单词语义的同时兼顾对文章的理解。上述两种方式的注意力机制统称互注意力。

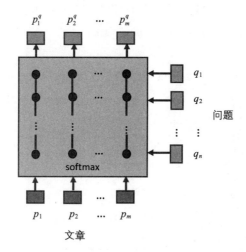

图 4-5 交互层的注意力机制,每个文章单词 p_i 通过计算注意力函数,获得问题向量的线性组合 p_i^q

4.3.2 自注意力

在计算上下文编码时,循环神经网络 RNN 以线性方式传递单词信息。在这个过程中,一个单词的信息随着距离的增加而衰减,特别是当文章较长时,靠前部分的语句和靠后部分的语句几乎没有进行有效的状态传递。但是在一些文章中,要获得答案可能需要理解文章中若干段相隔较远的部分。

为了解决这个问题,可以使用**自注意力**机制。自注意力计算一个向量组和自身的注意力向量:

$$\text{Self-Attention}((\boldsymbol{p}_1, \boldsymbol{p}_2, \ldots, \boldsymbol{p}_m), (\boldsymbol{p}_1, \boldsymbol{p}_2, \ldots, \boldsymbol{p}_m)) = (\boldsymbol{p}_1^{self}, \boldsymbol{p}_2^{self}, \ldots, \boldsymbol{p}_m^{self})$$

代码清单 4-3 是自注意力计算的代码示例,其中使用参数矩阵 $\boldsymbol{W}$ 将原向量映射到隐藏层,然后计算内积得到注意力分数,即 $f(\boldsymbol{p}_i, \boldsymbol{p}_j) = \boldsymbol{p}_i^{\mathrm{T}} \boldsymbol{W}^{\mathrm{T}} \boldsymbol{W} \boldsymbol{p}_j$。这样做的好处是可以在向量维度较大时通过控制隐藏层大小降低时空复杂度。

代码清单 4-3 计算自注意力机制

```
class SelfAttention(nn.Module):
```

```
        # dim 为向量维度, hidden_dim 为自注意力计算的隐藏层维度
        def __init__(self, dim, hidden_dim):
            super(SelfAttention, self).__init__()
            # 参数矩阵 W
            self.W = nn.Linear(dim, hidden_dim)

    '''
      x: 进行自注意力计算的向量组, batch×n×dim
    '''
    def forward(self, x):
        # 计算隐藏层, 结果维度为 batch×n×hidden_dim
        hidden = self.W(x)
        # 注意力分数 scores, 维度为 batch×n×n
        scores = hidden.bmm(hidden.transpose(1, 2))
        # 对最后一维进行 softmax
        alpha = F.softmax(scores, dim=-1)
        # 注意力向量, 结果维度为 batch×n×dim
        attended = alpha.bmm(x)
        return attended
```

在自注意力机制中，文本中所有的单词对 (p_i, p_j)，无论其位置远近，均直接计算注意力函数值。这使得信息可以在相隔任意距离的单词间交互，大大提高了信息的传递效率。而且每个单词计算注意力向量的过程都是独立的，可以用并行计算提高运行速度。而循环神经网络 RNN 因为其在线性结构导致其在信息传递过程中不能进行并行计算。

但是，自注意力机制完全舍弃了单词的位置信息，而单词的顺序和出现位置也会对其语义产生影响。因此，自注意力机制可以和循环神经网络同时使用。此外，6.4 节将介绍位置编码方法，为自注意力加入单词的位置信息。

4.3.3　上下文编码

在机器阅读理解的交互层中也常常使用编码层中的上下文编码技术。交互层可以交替使用互注意力、自注意力以及上下文编码。以文章部分为例，互注意力机制可以获得问题的信息，自注意力机制可以获得文章内部所有单词之间的信息，上下文编码则使用 RNN 基于文章单词的位置信息进行语义的传递。通过这些步骤的反复使用可以使模型更好地理解单词、短语、句子、片段以及文章的语义信息，同时融入对问题的理解，从而提高预测答案的准确度。

由于交互层对于注意力和上下文编码的使用比较灵活，也使其成为机器阅读理解模型发展中最多样、成果最丰富的一部分。例如，2016 年的机器阅读理解模型 BiDAF 在交互层中使用了 RNN →互注意力→ RNN 的结构；2017 年的 R-net 模型在交互层中使用了 RNN →互注意力→ RNN →自注意力→ RNN 的结构；2018 年的 FusionNet 模型在交互层中采用了互注意力→ RNN →自注意力→ RNN 的结构。

但是我们也应该注意到，随着交互层结构的复杂化，容易导致参数过多、模型过深，引起梯度消失、梯度爆炸、难以收敛或过拟合等不利于模型优化的现象。因此，一般建议可以从较少的层数开始，逐渐增加注意力和上下文编码的模块，并在验证数据上观察效果，同时配合采用 Dropout、梯度裁剪⊖（gradient clipping）等辅助手段加速优化进程。

4.4　输出层

输出层是机器阅读理解模型计算并输出答案的模块。经过编码层和交互层的计算，模型已经掌握了问题和文章的语义信息并进行了信息间的交互传递，具备了生成答案的条件。输出层的主要任务是，根据任务要求的方式生成答案，并构造合理的损失函数便于模型在训练数据集上进行优化。

4.4.1　构造问题的向量表示

在经过交互层的处理后，问题中的 n 个单词均得到向量表示，记作 $(q_1, q_2, ..., q_n)$。为了从文章中生成答案，通常将问题作为一个整体与文章中的单词进行匹配运算。因此，需要用一个向量 q 表示整个问题，以方便后续处理。

3.1 节中介绍了由词向量生成文本向量的 3 种方法：RNN 最终状态、CNN 和池化、含参加权和。这些方法都可以从问题中所有单词的向量表示 $(q_1, q_2, ..., q_n)$ 生成 q。以含参加权和为例，参数为一个向量 b，维度与 q_i 相同。首先，使用内积操作给每个词向量计算一个分数 $s_i = b^T q_i$。然后使用 softmax 操作将 s_i 归一化成和为 1 的权重：

⊖　梯度裁剪是指计算梯度后，将所有导数按比例缩小直到其平方和小于一个定值 R，或将绝对值大于定值 C 的导数全部设置为 C 或 $-C$。

$$(w_1, w_2, \ldots, w_n) = \mathrm{softmax}(s_1, s_2, \ldots, s_n), w_i = \frac{e^{s_i}}{e^{s_1} + e^{s_2} + \ldots + e^{s_n}}$$

最终，利用权重计算所有问题单词向量的加权和，得到一个代表问题的向量 $q = \sum_{i=1}^{n} w_i q_i$。经过交互层的处理，向量 q 中已包含问题中所有单词的上下文信息，也包括了文章的信息。

4.4.2　多项选择式答案生成

在答案为多项选择类型的阅读理解数据集中，除了文章和问题外，还以自然语言的形式提供了若干选项。为了预测正确选项，模型需要在输出层对每个选项计算一个分数，最后选取分数最大的选项作为输出。

设一共有 K 个选项，可以用类似于处理问题的方法分析每个选项的语义：对选项中每个单词进行编码，再和问题及文章计算注意力向量，从而得到一个向量 c_k 代表第 k 个选项的语义。然后，综合文章、问题与选项计算该选项的得分。这里，可以比较灵活地设计各种计算选项得分的网络结构。设输出层中文章单词由向量 $(p_1, p_2, \ldots, p_m)$ 表示，问题由向量 q 表示，第 k 个选项由向量 c_k 表示。下面给出两种计算选项得分的网络结构：

- 利用 4.4.1 节中介绍的方法得到一个表示文章的单一向量 p。选项得分为 $s_k = p^{\mathrm{T}} W_c c_k + p^{\mathrm{T}} W_q q$，其中 W_c 和 W_q 为参数矩阵。
- 对问题向量 q 和选项向量 c_k 进行拼接，得到 $t_k = [q; c_k]$。然后将 t_k 作为 RNN 的初始状态，计算 $(p_1, p_2, \ldots, p_m)$ 的 RNN 状态 $(h_1, h_2, \ldots, h_m)$。利用最后位置的 RNN 状态 h_m 和参数向量 b 的内积，得到选项得分 $s_k = h_m^{\mathrm{T}} b$。

在多个选项中选择正确答案是分类问题，属于自然语言理解的范畴，因此在优化时可以使用交叉熵作为损失函数。为此，输出层通过 softmax 得到分数 $\{s_k\}_{k=1}^{K}$ 对应的概率值 $\{p_k\}_{k=1}^{K}$。假设答案为第 k^* 个选项，则在这个问题上模型的损失函数值为 $f_{\mathrm{cross\_entropy}} = -\log(p_{k^*})$。

在整个计算过程中，模型不需要将网络复制 K 份，而是共用同一个网络计算每个选项的得分，如图 4-6 所示。

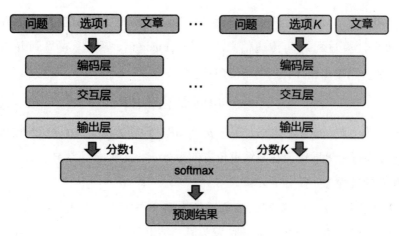

图 4-6　多项选择式答案的模型架构

4.4.3　区间式答案生成

区间式答案是指答案由文章中一段连续的语句组成。对于一篇长度为 m 个词的文章，可能的区间式答案有 $m(m-1)/2$ 种。在实际数据中，标准答案的长度不会太长。例如，在 SQuAD 阅读理解竞赛中，大部分参赛队伍根据训练数据将答案最长长度限定在 15 个单词。但是，即使限定答案的最长长度为 L，可能的区间答案仍有约 $L \times m$ 种。如果将答案的选择视作分类问题，会造成类别数太多而难以进行有效的优化。因此，对于区间型答案的机器阅读理解任务，模型的输出层应预测答案区间的开始位置和结束位置。

这里，输出层对所有单词计算两个得分，分别为第 i 个单词作为答案区间第一个词的可能性分数 g_i^S 以及其作为答案区间最后一个词的可能性分数 g_i^E。下面是一种常见的计算方法：

$$g_i^S = \boldsymbol{q}^\mathrm{T} \boldsymbol{W}_S \boldsymbol{p}_i$$
$$g_i^E = \boldsymbol{q}^\mathrm{T} \boldsymbol{W}_E \boldsymbol{p}_i$$

其中，$\boldsymbol{q}$ 为问题向量，$(\boldsymbol{p}_1, \boldsymbol{p}_2, ..., \boldsymbol{p}_m)$ 是文章单词向量，$\boldsymbol{W}_S$ 和 $\boldsymbol{W}_E$ 为参数矩阵。之后，利用 softmax 得出相应概率：

$$P_1^S, P_2^S ..., P_m^S = \mathrm{softmax}(g_1^S, g_2^S, ... g_m^S)$$
$$P_1^E, P_2^E ..., P_m^E = \mathrm{softmax}(g_1^E, g_2^E, ... g_m^E)$$

从中可以看出，计算答案开始位置和结束位置的过程是独立的。因此，也有模型尝试在两个计算过程之间传递信息。例如，FusionNet 模型[⊖]在得到开始位置概率 $P_1^S, P_2^S \ldots, P_m^S$ 后，用单步循环神经网络 GRU 计算：

$$\boldsymbol{v} = \text{GRU}(\boldsymbol{q}, \sum P_i^S \boldsymbol{p}_i)$$

其中，$\boldsymbol{q}$ 为 GRU 的初始状态，$\sum P_i^S \boldsymbol{p}_i$ 为 GRU 的输入。$\boldsymbol{v}$ 是 GRU 的输出状态。然后，利用 $\boldsymbol{v}$ 计算每个单词作为答案结束位置的得分 $g_i^E = \boldsymbol{v}^{\mathrm{T}} \boldsymbol{W}_E \boldsymbol{p}_i$。这样，计算答案开始位置和结束位置的过程之间就有了关联。

由于预测答案的开始位置和结束位置均为多分类任务，因此可以采用交叉熵损失函数。如果正确答案在文章中的开始位置为 i^*，结束位置为 j^*，则相应的损失函数值为 $f_{\text{cross_entropy}} = -\log(P_{i^*}^S) - \log(P_{j^*}^E)$，即两个多分类问题的交叉熵之和。

模型在预测时需要找到概率最大的一组开始位置和结束位置 i^R 与 j^R，并以这个区间中的所有单词组成的语句作为预测的答案，即

$$i^R, j^R = \underset{1 \leqslant i \leqslant j \leqslant m,\, j-i+1 \leqslant L}{\operatorname{argmax}} P_i^S P_j^E$$

其中，L 为答案区间的最大限定长度。如图 4-7 所示，限定答案最长长度为 L=2 个单词，则最终选取最优答案“太阳系中心”。

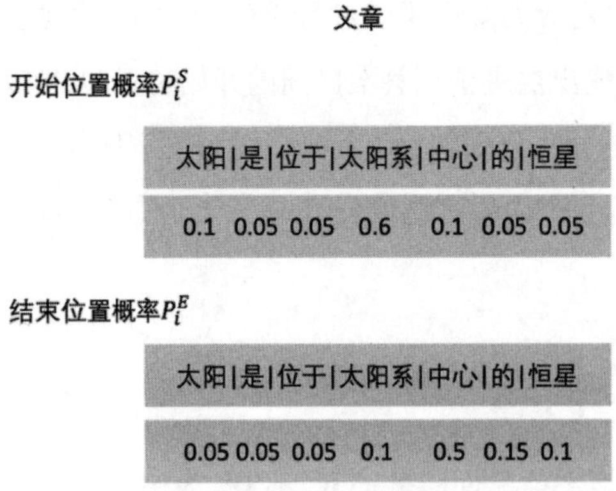

问题：太阳在什么位置？

候选答案	概率
太阳	0.1×0.05=0.005
是	0.05×0.05=0.0025
…	
太阳|是	0.1×0.05=0.005
是|位于	0.05×0.05=0.0025
位于|太阳系	0.05×0.1=0.005
太阳系|中心	**0.6×0.5=0.3**
中心|的	0.1×0.15=0.015
的|恒星	0.05×0.1=0.005

图 4-7　区间式答案的计算。答案最长长度限定为 L=2 个单词

⊖ H.-Y. Huang, C. Zhu, Y. Shen, W. Chen.《FusionNet: Fusing via Fully-Aware Attention with Application to Machine Comprehension》. 2018.

代码清单 4-4 根据开始位置概率和结束位置概率求出概率最大的区间。其中，prob_
s 大小为 m，表示文本中以每个单词作为答案开始位置的概率；prob_e 大小为 m，表示文
本中以每个单词作为答案结束位置的概率；L 是答案中最多可以包含的单词个数。

代码清单 4-4　答案区间生成

```
import torch
import numpy as np
# 设文本共 m 个词，prob_s 是大小为 m 的开始位置概率，prob_e 是大小为 m 的结束位置概率，均为一
维 PyTorch 张量
# L 为答案区间可以包含的最大的单词数
# 输出为概率最高的区间在文本中的开始位置和结束位置
def get_best_interval(prob_s, prob_e, L):
    # 获得 m×m 的矩阵，其中 prob[i,j]=prob_s[i]×prob_e[j]
    prob = torch.ger(prob_s, prob_e)
    # 将 prob 限定为上三角矩阵，且只保留主对角线及其右上方 L-1 条对角线的值，其他值清零
    # 即如果 i>j 或 j-i+1>L，设置 prob[i, j]←0
    prob.triu_().tril_(L - 1)
    # 转化成为 numpy 数组
    prob = prob.numpy()
    # 获得概率最高的答案区间，开始位置为第 best_start 个词，结束位置为第 best_end 个词
    best_start, best_end = np.unravel_index(np.argmax(prob), prob.shape)
    return best_start, best_end
```

这段代码中使用了 torch.ger 函数，可以从两个一维输入向量 x、y 生成矩阵 S，其中
$S[i, j]=x[i]×y[j]$。然后，代码利用 triu_ 函数获得上三角矩阵，保证开始位置不晚于结束
位置，并使用 tril_ 函数确保候选区间长度不大于 L。

4.4.4　自由式答案生成

自由式答案是指答案可以为任何自然语言形式，不需要其中所有单词均来自文章。
生成自由式答案的过程就是自然语言生成的过程。因此，对于这种任务，模型的输出层
基本采用 3.4 节中介绍的**序列到序列模型**，也称**编码器 – 解码器模型**。

编码器从交互层获得文本中每个单词的向量 $(p_1, p_2, \ldots, p_m)$，然后使用双向循环神经
网络处理文本的所有单词，第 i 个单词产生输出状态 h_i^{enc}。这里可以使用问题向量 q 作为
RNN 的初始状态 h_0^{enc}。

解码器使用单向循环神经网络依次产生答案的单词。RNN 初始状态 h_0^{dec} 为编码器最
后一个状态 h_m^{enc}。一般设置第一个答案单词为文本开始位置标识符 " <s>"，并使用它的

词表向量作为第一个 RNN 单元的输入 t_0。这个单元的输出状态 h_1^{dec} 用于产生模型预测的第一个答案单词。

设词表的大小为 $|V|$，词表向量维度是 d，建立大小为 $d \times |V|$ 的全连接层将 h_1^{dec} 转化成一个 $|V|$ 维向量[⊖]，表示模型对词表中每个单词的打分。这些分数经过 softmax 可以得到预测概率 $P_1, P_2, \ldots, P_{|V|}$。在训练时，如果标准答案的第一个单词是词表中的第 i 个词，则此位置的损失函数值为

$$f_{\text{cross\_entropy}} = -\log(P_i)$$

接下来，将 h_1^{dec} 状态传递到第二个 RNN 单元。这个 RNN 的输入单词向量 t_1 取决于是否使用 Teacher Forcing：如果使用 Teacher Forcing，则使用标准答案的第一个单词；否则使用分数最高的单词，即模型预测的第一个词。第二个 RNN 单元生成模型预测的第二个单词的概率，以此类推。

一般来说，编码器的词表、解码器的词表以及最终的全连接层共享其中的参数：大小均为 $d \times |V|$ 或 $|V| \times d$。这样做既可以减少参数个数，也可以大大提高训练效率和预测质量。

此外，词表一般采用特殊标识单词 <UNK> 代表词表以外的词，所以解码器也可能在某些位置生成 <UNK> 单词。一个提升准确度的技巧是，模型在最终输出答案时将所有生成答案里的 <UNK> 用在文章中随机选择的单词替换，这样可以在去除 <UNK> 的同时保证准确度不会下降。

1. 注意力机制的应用

答案生成的各个位置的单词有可能与文章中不同的片段有关。但是，生成单词的解码器所获得的唯一与文章相关的信息是其初始状态，即编码器最后一个 RNN 单元的状态向量。但是，单个向量很难精确保留文章中所有片段的信息。因此，注意力机制常被应用在解码器中，在生成单词时提供文章的信息。下面介绍解码时注意力机制的使用方法。

在解码器生成答案第 i 个位置的单词时，计算输入状态 h_{i-1}^{dec} 和编码器中所有状态 h_1^{enc}，$h_2^{enc}, \ldots,$ h_m^{enc} 的注意力向量 c_{i-1}：

⊖ 如果 h_1^{dec} 的维度不为 d，可以先经过另一个全连接层将其维度转化为 d。

$$\text{Attention}(\pmb{h}_{i-1}^{dec},(\pmb{h}_1^{enc},\pmb{h}_2^{enc},\ldots,\pmb{h}_m^{enc}))=\pmb{c}_{i-1}$$

由于 $\pmb{c}_{i-1}$ 是编码器中文章单词状态向量的线性组合，因此称 $\pmb{c}_{i-1}$ 为上下文向量，它代表了和当前解码步骤相关的文章信息。之后，将 $\pmb{c}_{i-1}$ 输入解码器 RNN 单元。由于解码器 RNN 的状态在每一步发生变化，所产生的上下文向量也随之发生改变，这就使得解码过程在生成答案的每一个单词时对文章的不同部分进行关注。

图 4-8 所示为一个基于注意力机制的编码器 – 解码器输出层。从中可以看出，解码器在每一步 RNN 均计算上下文向量，然后用于下一个状态的生成。

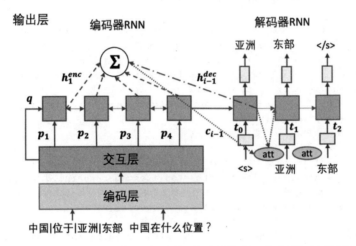

图 4-8　输出层采用基于注意力机制的编码器 – 解码器架构。解码器下方矩形块表示词表向量，上方矩形块表示用于单词生成的全连接层，圆圈 att 代表注意力机制

为了减少代码量，这里假设 RNN 的状态维度和单词词表向量维度 word_dim 相同，且编码器使用单向 RNN。实际使用中，可以用全连接层 nn.Linear 转化任何两个不同的维度。

代码清单 4-5　训练自由式答案生成网络的输出层

```python
import torch.optim as optim
class Seq2SeqOutputLayer(nn.Module):
    # word_dim 为交互层输出的问题向量和文章单词向量的维度，以及词表维度
    # embed 为编码层使用的词表，即 nn.Embedding(vocab_size, word_dim)
    # vocab_size 为词汇表大小
    def __init__(self, embed, word_dim, vocab_size):
```

```
        super(Seq2SeqOutputLayer, self).__init__()
        # 使用和编码层同样的词表向量
        self.embed = embed
        self.vocab_size = vocab_size
        # 编码器 RNN，单层单向 GRU，batch 是第 0 维
        self.encoder_rnn = nn.GRU(word_dim, word_dim, batch_first=True)
        # 解码器 RNN 单元 GRU
        self.decoder_rnncell = nn.GRUCell(word_dim, word_dim)
        # 将 RNN 状态和注意力向量的拼接结果降维成 word_dim 维
        self.combine_state_attn = nn.Linear(word_dim + word_dim, word_dim)
        # 解码器产生单词分数的全连接层，产生一个位置每个单词的得分
        self.linear = nn.Linear(word_dim, vocab_size, bias=False)
        # 全连接层和词表共享参数
        self.linear.weight = embed.weight

    # x: 交互层输出的文章单词向量，维度为 batch×x_seq_len×word_dim
    # q: 交互层输出的问题向量，维度为 batch×word_dim
    # y_id: 真值输出文本的单词编号，维度为 batch×y_seq_len
    # 输出预测的每个位置每个单词的得分 word_scores，维度是 batch×y_seq_len×vocab_size
    def forward(self, x, q, y_id):
        # 得到真值输出文本的词向量，维度为 batch×y_seq_len×word_dim
        y = self.embed(y_id)
        # 编码器 RNN，以问题向量 q 作为初始状态
        # 得到文章每个位置的状态 enc_states，结果维度是 batch×x_seq_len×word_dim
        # 得到最后一个位置的状态 enc_last_state，结果维度是 1×batch×word_dim
        enc_states, enc_last_state = self.encoder_rnn(x, q.unsqueeze(0))
        # 解码器的初始状态为编码器最后一个位置的状态，维度是 batch×word_dim
        prev_dec_state = enc_last_state.squeeze(0)
        # 最终输出为每个答案的所有位置各种单词的得分
        scores = torch.zeros(y_id.shape[0], y_id.shape[1], self.vocab_size)
        for t in range(0, y_id.shape[1]):
            # 将前一个状态和真值文本第 t 个词的向量表示输入解码器 RNN，得到新的状态，维度为
            batch×word_dim
            new_state = self.decoder_rnncell(y[:,t,:].squeeze(1), prev_dec_
            state)
            # 利用 3.4 节的 attention 函数获取注意力向量，结果维度为 batch×word_dim
            context = attention(enc_states, new_state.unsqueeze(1)).squeeze(1)
            # 将 RNN 状态和注意力向量的拼接结果降维成 word_dim 维，结果维度为
            batch×word_dim
            new_state = self.combine_state_attn(torch.cat((new_state, context),
            dim=1))
            # 生成这个位置每个词表中单词的预测得分
            scores[:, t, :] = self.linear(new_state)
            # 此状态传入下一个 GRUCell
            prev_dec_state = new_state
        return scores

# 100 个单词
```

```
vocab_size = 100
# 单词向量维度为 20
word_dim = 20
embed = nn.Embedding(vocab_size, word_dim)
# 共 30 个真值输出文本的词 id，每个文本长度为 8
y_id = torch.LongTensor(30, 8).random_(0, vocab_size)
# 此处省略编码层和交互层，用随机化代替
# 交互层最终得到：
# 1）文章单词向量 x，维度为 30×x_seq_len×word_dim
# 2）问题向量 q，维度为 30×word_dim
x = torch.randn(30, 10, word_dim)
q = torch.randn(30, word_dim)
# 设定网络
net = Seq2SeqOutputLayer(embed, word_dim, vocab_size)
optimizer = optim.SGD(net.parameters(), lr=0.01)
# 获得每个位置上词表中每个单词的得分 word_scores，维度为 30×y_seq_len×vocab_size
word_scores = net(x, q, y_id)
# PyTorch 自带交叉熵函数，包含计算 softmax
loss_func = nn.CrossEntropyLoss()
# 将 word_scores 变为二维数组，y_id 变为一维数组，计算损失函数值
# word_scores 计算出第 2、3、4... 个词的预测，因此需要和 y_id 错开一位比较
loss = loss_func(word_scores[:,:-1,:].contiguous().view(-1, vocab_size), y_
id[:,1:].contiguous().view(-1))
optimizer.zero_grad()
loss.backward()
optimizer.step()
```

代码清单 4-5 实现了生成自由式答案的网络输出层，包括编码器、解码器和注意力机制。这段代码中，解码器的词表和全连接层复用了编码层使用的词表 embed。在解码过程中，每一步均利用 3.4 节提供的 Attention 函数代码计算上下文向量 context，并与解码器 RNN 状态 new_state 合成新的状态。这个状态既传入下一个 RNN 单元，也用于解码得到该位置模型预测词表中每个单词的分数。同时，解码器使用 RNN 单元 GRUCell，因为每一步只需要预测下一个位置的单词。解码过程使用 teacher-forcing，即利用标准答案的单词预测下一个位置的单词。

2. 拷贝 - 生成机制

编码器 - 解码器架构可以运用在机器阅读理解、机器翻译、对话生成等自然语言生成任务中。但机器阅读理解有一个独特的特点，就是其答案一定和文章相关，而且经常会直接引用文章中出现的单词。另外，如果完全使用词表生成单词，一旦文章中的重要线索单词，特别是专有名词，不在预定词表中，模型就会产生 <UNK> 标识符，

从而降低准确率。为了解决这一问题，研究者提出了**拷贝 – 生成机制**（copy-generate mechanism）[⊖]，使得模型也可以生成不在预定词表中的文章单词。

拷贝 – 生成机制在生成单词的基础上提供了从文章中复制单词的选项。解码器除了生成下一个单词 w 在词表中的可能性分布 $P_g(w)$ ，还需要生成以下内容：

1）下一个单词是文章第 i 个词 w_i 的概率 $P_c(i)$ ；

2）下一个单词使用生成而非拷贝方式的概率 P_{gen} 。

然后，将两个分布合成得到最后的单词分布：

$$P(w) = (1 - P_{gen}) \sum_{w_i = w} P_c(i) + P_{gen} P_g(w)$$

$P_c(i)$ 本质上是文章中所有位置的一个分布，即文章中每个位置的单词在这一步被拷贝的概率。而解码器在计算注意力向量时用 softmax 获得了文章中每个位置单词的权重，我们可以直接将此权重作为 $P_c(i)$ 。

另外，P_{gen} 是一个实数，代表在这个位置使用生成机制的概率。这里，可以利用上下文向量 $\boldsymbol{c}_{i-1}$ 、前一个 RNN 单元的输出状态 $\boldsymbol{h}_{i-1}^{dec}$ 以及当前输入词向量 $\boldsymbol{t}_{i-1}$ 生成 P_{gen} ：

$$P_{gen} = \sigma(\boldsymbol{w}_c^{\mathrm{T}} \boldsymbol{c}_{i-1} + \boldsymbol{w}_h^{\mathrm{T}} \boldsymbol{h}_{i-1}^{dec} + \boldsymbol{w}_t^{\mathrm{T}} \boldsymbol{t}_{i-1} + b) \in R$$

其中，$\boldsymbol{w}_c^{\mathrm{T}}$ 、$\boldsymbol{w}_h^{\mathrm{T}}$ 、$\boldsymbol{w}_t^{\mathrm{T}}$ 均为参数向量，b 为参数，σ 为 sigmoid 函数。

使用拷贝 – 生成机制后，每一步产生的单词既可能来自词表，也可能来自文章中不在词表中的单词。这可以有效提高生成答案的语言丰富性和准确性。图 4-9 所示为一个拷贝 – 生成机制的示意图。从中可以看出，最终预测单词的概率分布来源于解码器生成和编码器单词的拷贝。

⊖ J. Gu, Z. Lu, H. Li, and V. O. Li.《 Incorporating copying mechanism in sequence-to-sequence learning 》. 2016.

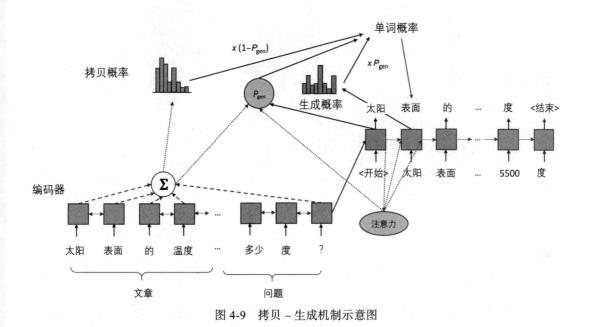

图 4-9　拷贝－生成机制示意图

4.5　本章小结

- 机器阅读理解模型的基本架构包括**编码层**、**交互层**与**输出层**。
- 编码层负责生成文本的单词编码、命名实体编码、词性编码、精确匹配编码、字符编码和上下文编码等。
- 交互层进行文章和问题之间的信息融合，一般通过**互注意力**机制实现。
- 输出层根据阅读理解任务的要求产生答案。多项选择与区间式答案按照多分类问题解决，自由式答案由**编码器－解码器**结构生成。
- **拷贝－生成机制**可以通过从文章中直接拷贝而产生不在预定词表中的文章单词。

第 5 章

常见机器阅读理解模型

最近几年，众多优秀的机器阅读理解模型脱颖而出。这些模型在网络架构、模块设计、训练方法等方面实现了创新，大大提高了算法理解文本和问题的能力以及预测答案的准确性，在诸多机器阅读理解数据集和竞赛中取得了非常优秀的成绩。理解这些模型的内在结构、处理技巧以及创新模块对构造新的阅读理解模型有很重要的指导意义。因此，本章选取近年来在各种机器阅读理解任务中表现优异的模型，对每个模型的特点、架构和创新之处等进行详细的分析。

5.1 双向注意力流模型

双向注意力流（Bi-Directional Attention Flow，BiDAF）模型是 2016 年提出的一种基于文本和问题间注意力构建的机器阅读理解模型[⊖]。作为阅读理解模型的开山之作之一，BiDAF 正式确立了**编码层 – 交互层 – 输出层**的结构，而且在交互层中对文本和问题实现注意力机制的方式成为之后众多机器阅读理解模型参照的典范。

5.1.1 编码层

BiDAF 在编码层使用了 4.2 节介绍的 3 种方式：词表编码、字符编码和上下文编码，

⊖ M. Seo, A. Kembhavi, A. Farhadi, H. Hajishirzi.《Bidirectional Attention Flow for Machine Comprehension》. 2016.

以获取文本和问题的单词信息、子词信息和上下文信息。词表编码使用公开的 GloVe 词表，并且对词表编码进行锁定，即每个单词的词向量在训练中保持不变，这样可以减少参与训练的参数个数。字符编码使用了字符 CNN 和最大池化。

BiDAF 将每个单词的词表编码和字符编码拼接得到一个 d 维的单词向量，然后经过一个**高速路网络**（Highway Network）。Highway Network 是 2015 年提出的一种门机制网络[⊖]。它的出发点是，随着网络层数的增加，训练网络时会出现梯度消失或梯度爆炸的情况。Highway Network 解决这一问题的方式是，提供向量越过一个网络层直接进入下一层的通道，相当于实现了一条信息的高速通道。

Highway Network 的具体形式是，输出 y 由两部分加权和组成：第一部分是输入 x 经过一个网络层 H 得到的结果；第二部分就是输入 x 本身。而这两部分的权重取决于关于 x 的函数 $T(x)$：

$$y = H(x) \odot T(x) + x \odot (1 - T(x))$$

这里，$\odot$ 操作是对两个向量对应维度的元素求乘积，例如：$[1,2,3) \odot [4,5,6) = [4,10,18]$。因此，Highway Networks 相当于对每一维选择性地使用原输入 x 以及网络层输出 $H(x)$，这使得进行网络求导时一部分对输出值的导数可以直接从输入得到，减小了求导时链式法则路径的平均长度，从而缓解了导数爆炸与导数消失的现象。

Highway Networks 中一般使用网络层 $H(x) = \tanh(W_H x + b_H)$ 和权重函数 $T(x) = \sigma(W_T x + b_T)$，其中 W_H、b_H、W_T、b_T 均为参数。从输出 y 的形式可以看出，Highway Network 的输出和输入维度相同，均为 d 维，这是它的一个重要特点。

BiDAF 将高速路网络的结果输入一个双向循环神经网络 LSTM，得到文章和问题中的每个单词的上下文编码。由于 RNN 有两个方向，编码层的最终输出为，文章和问题中的每个单词均由一个 $2d$ 维向量表示。

5.1.2　交互层

BiDAF 在交互层中使用注意力机制获得文章和问题语义的交互分析。在 BiDAF 模型问世之前，注意力机制在机器阅读理解模型中的使用方式仍没有统一，基本存在以下

⊖　R. K. Srivastava, K. Greff, J. Schmidhuber.《Highway Networks》. 2015.

3 种形式：

- ❑ 将文章用单个向量表示然后计算注意力，但一个向量很难表示较长文章中所有内容的语义；
- ❑ 使用多跳注意力（multi-hop attention），计算时间长，难以进行并行处理；
- ❑ 单向注意力，即只计算从文章到问题的注意力。

BiDAF 的创新之处在于，可以同时计算从文章到问题和从问题到文章的双向注意力，并始终保留文章中每个词的向量信息。此外，BiDAF 采用无记忆（memory-less）模式，使得注意力机制的计算不依赖于之前注意力机制的结果，从而避免了误差的累积。这些特点使得 BiDAF 的注意力机制能更有效地理解文章和问题之间的语义联系。

1. 文章到问题注意力

BiDAF 采用互注意力（参见 4.3 节）计算从文章到问题的交互信息，对于每个文章单词，模型重点关注与其语义相近的问题单词。BiDAF 的编码层得到文章的 m 个 $2d$ 维单词向量 $\boldsymbol{H} = (\boldsymbol{h}_1, \boldsymbol{h}_2, \ldots, \boldsymbol{h}_m)$ 和问题的 n 个 $2d$ 维单词向量 $\boldsymbol{U} = (\boldsymbol{u}_1, \boldsymbol{u}_2, \ldots, \boldsymbol{u}_n)$。接下来，模型计算每一对文章与问题单词之间的注意力函数值。其中，文章中第 i 个单词和问题中第 j 个单词的注意力分数为

$$s_{i,j} = \boldsymbol{w}_S^\mathrm{T}[\boldsymbol{h}_i; \boldsymbol{q}_j; \boldsymbol{h}_i \odot \boldsymbol{q}_j]$$

其中，$\boldsymbol{h}_i \odot \boldsymbol{q}_j$ 表示两个向量的每一个维度分别相乘形成的向量。从中可以看出，如果 $\boldsymbol{w}_S = [0, \ldots 0; 0, \ldots 0; 1, \ldots, 1]$，则 $s_{i,j}$ 就是 $\boldsymbol{h}_i$ 和 $\boldsymbol{q}_j$ 的内积。因此，$\boldsymbol{w}_S$ 的使用扩展了内积注意力函数。

得到 $s_{i,j}$ 以后，模型计算 softmax 值 $\beta_{i,j}$，并根据 $\beta_{i,j}$ 计算问题单词向量的加权和，得到注意力向量 $\tilde{\boldsymbol{u}}_i$：

$$\beta_{i,j} = \frac{\mathrm{e}^{s_{i,j}}}{\sum_{k=1}^{n} \mathrm{e}^{s_{i,k}}}$$

$$\tilde{\boldsymbol{u}}_i = \beta_{i,1}\boldsymbol{u}_1 + \beta_{i,2}\boldsymbol{u}_2 + \cdots + \beta_{i,n}\boldsymbol{u}_n, 1 \leq i \leq m$$

$$\tilde{\boldsymbol{U}} = [\tilde{\boldsymbol{u}}_1; \tilde{\boldsymbol{u}}_2; \cdots; \tilde{\boldsymbol{u}}_m]$$

2. 问题到文章注意力

BiDAF 在计算从问题到文章注意力（Query-to-Context Attention，Q2C）时，并不是简单地将文章到问题注意力中的参数对调。在该模块中，模型再次使用 C2Q 中的注意力函数结果 $s_{i,j}$。然后，对于文章中每个单词 w_i，计算和它最接近的问题单词的相似度 $t_i = \max\limits_{1 \leqslant j \leqslant n} s_{i,j}$。接着，对这些相似度进行 softmax 操作，并计算文章单词向量的加权和 $\tilde{h}$：

$$b_i = \frac{\mathrm{e}^{t_i}}{\sum\limits_{j=1}^{m} \mathrm{e}^{t_j}}$$

$$\tilde{h} = b_1 h_1 + b_2 h_2 + \ldots + b_n h_n$$

最后，将列向量 $\tilde{h}$ 重复 m 次得到矩阵 $\tilde{H} = \left[\tilde{h}; \tilde{h}; \ldots; \tilde{h}\right]$。整个过程如图 5-1 所示，其中文章共有 $m=4$ 个单词，问题中共有 $n=3$ 个单词。对于相似度矩阵 $s_{i,j}$ 的每一行计算最大值得到 4 维向量 t，然后 softmax 得出向量 b。用向量 b 对文章单词向量计算加权和得到 $\tilde{h}$，最后重复 4 次获得矩阵 $\tilde{H}$。

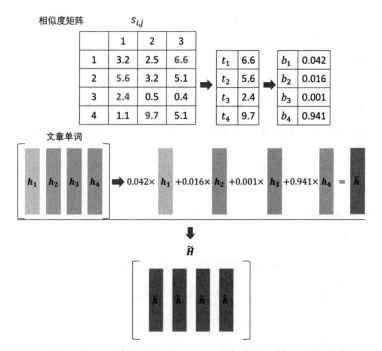

图 5-1　BiDAF 问题到文章注意力（Q2C）。文章共 4 个单词，问题共 3 个单词

可以看出，文章到问题和问题到文章的注意力结果 $\tilde{U}$ 和 $\tilde{H}$ 矩阵的维度均为 $2d \times m$。所以，它们本质上和 H 矩阵都是表示文章单词的语义，但其中包含了对问题语义的理解。

接下来，BiDAF 将这 3 个矩阵拼接起来得到注意力层的最终结果：

$$G = \beta(H; \tilde{U}; \tilde{H}) = [\, g_1; g_2; \ldots, g_m]$$

$$g_i = [h_i; \tilde{h}; h_i \odot \tilde{h}; h_i \odot \tilde{u}_i] \in R^{8d}$$

因此，每个文章的单词被一个 $2d+2d+2d+2d=8d$ 维向量 g_i 表示，其中包含了单词本身、文章上下文以及问题的语义。

3. 模型层

在模型层中，文章的词向量再次经过双向循环神经网络，输出每个文章单词的最终向量表示：$2d$ 维向量 m_i。与之前的上下文编码层不同，这一层的输入向量已经同时包含了文章和问题的信息，因此模型层对所有信息进行了更深层次的融合。

$$M = \mathrm{LSTM}(G) = [m_1; m_2; \ldots, m_m]$$

$$m_i \in R^{2d}$$

5.1.3　输出层

BiDAF 的输出为区间式答案。由于交互层只输出文章的单词表示，输出层利用文章词向量预测答案区间的开始位置和结束位置。其中，文章中每个单词作为答案开始位置的概率为

$$p_{\mathrm{begin}} = \mathrm{softmax}(w_{\mathrm{begin}}^{\mathrm{T}}(G; M))$$

即将 g_i 和 m_i 拼接得到一个 $10d$ 维向量，然后与参数向量 w_{begin} 计算内积，并利用 softmax 得到概率值。

接下来，BiDAF 将 M 作为输入向量通过 LSTM 循环神经网络，得到输出状态矩阵 M_2。然后采用和开始位置类似的方法得到结束位置的概率：

$$p_{\mathrm{end}} = \mathrm{softmax}(w_{\mathrm{end}}^{\mathrm{T}}[G; M_2])$$

BiDAF 在训练时采用交叉熵损失函数 $L(\theta)$：

$$L(\theta) = -\frac{1}{N}\sum_{i=1}^{N}[\log(p_{\text{begin}}^{i}(y_{\text{begin}}^{i})) + \log(p_{\text{end}}^{i}(y_{\text{end}}^{i}))]$$

其中，y_{begin}^{i} 和 y_{end}^{i} 分别表示第 i 个问题的标准答案在文章中的开始位置和结束位置。

BiDAF 的模型架构如图 5-2 所示。可以看出，在经过注意力层后，问题部分的编码不再进行处理，因为其中的信息已通过注意力机制融入了文章的单词向量中。

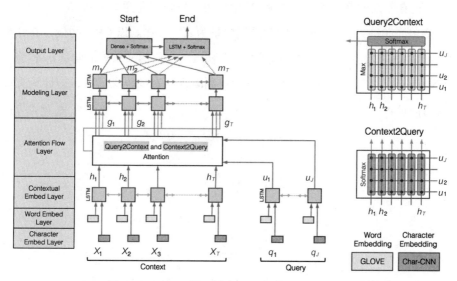

图 5-2　BiDAF 模型示意图（来自 BiDAF 论文）

BiDAF 是深度学习应用在机器阅读理解的早期模型之一。它的最大贡献有两点：

1）将阅读理解模型划分成编码层、交互层及输出层的架构；

2）建立了文章和问题交互注意力机制的模式。

BiDAF 算法在 SQuAD 阅读理解竞赛中取得了第一名的好成绩。更重要的是，BiDAF 所开创的阅读理解模型的基本架构以及注意力机制的使用引领了一批相关算法的问世，具有重要的影响力。

5.2　R-net

在 BiDAF 模型问世后，机器阅读理解模型的研究主要集中在交互层，特别是上下文

编码和注意力机制的创新。R-net[⊖]就是其中的典型代表。R-net 在注意力计算中加入了门
机制（gate mechanism），可以动态控制模型利用各部分的信息，取得了很好的实际效果。

5.2.1　基于注意力的门控循环神经网络

3.4 节介绍了基于注意力机制的序列到序列模型，可以在计算中动态关注输入序列的
不同部分。而在一般的循环神经网络 RNN 中，也可以使用注意力机制。

设文章单词向量为 $u_1^P,...,u_m^P$，问题单词向量为 $u_1^Q,...,u_n^Q$。以 GRU 为例，在计算文章
单词的上下文编码时，第 t 个 GRU 单元有两个输入：当前的文章单词向量 u_t^P 和前一步传
来的 RNN 状态 v_{t-1}^P。这里，可以使用注意力机制融入问题的语义信息，即计算文章到问
题的注意力向量 c_t：

$$s_j^t = v^{\mathrm{T}}\tanh(W_u^Q u_j^Q + W_u^P u_t^P + W_v^Q v_{t-1}^P)$$

$$\alpha_i^t = \frac{\exp(s_i^t)}{\sum_j \exp(s_j^t)}$$

$$c_t = \sum_{i=1}^n \alpha_i^t u_i^Q$$

然后，将注意力向量 c_t 和上一步的 RNN 状态 v_{t-1}^P 输入 GRU，得到下一步的 RNN 状
态 v_t^P：

$$v_t^P = \mathrm{GRU}(v_{t-1}^P, c_t)$$

可以看出，这种基于注意力的 RNN 既包含了文章的上下文信息，也融入了和当前单
词相关的问题信息。R-net 对这种 RNN 做了进一步的改进。首先，将当前单词的词向量
和注意力向量拼接起来作为 RNN 的输入向量：

$$v_t^P = \mathrm{GRU}(v_{t-1}^P, [u_t^P; c_t])$$

这种做法可以强化当前文章单词对 GRU 输出的影响。其次，R-net 提出了门机制的
概念。门机制的思想类似于 5.1.1 节的高速路网络，它的输入是一个向量 x，目的是选择

⊖　W. Wang, N. Yang, F. Wei, B. Chang, M. Zhou.《Gated Self-Matching Networks for Reading
　　Comprehension and Question Answering》. 2017.

性地控制 $\boldsymbol{x}$ 每一维分量通过计算门，因此其输出和输入的维度一样：

$$\text{gate}(\boldsymbol{x}) = \boldsymbol{g} \odot \boldsymbol{x}$$

$$\boldsymbol{g} = \sigma(\boldsymbol{W}_g \boldsymbol{x})$$

其中， $\boldsymbol{W}_g$ 是一个参数方阵，通过它计算得到门向量 $\boldsymbol{g}$ 。由于采用了 sigmoid 函数， $\boldsymbol{g}$ 的每一维都在 0 到 1 之间。然后将 $\boldsymbol{g}$ 与 $\boldsymbol{x}$ 对应的每一维相乘，相当于用许多"门"控制 $\boldsymbol{x}$ 每一维输出的幅度。例如，设 $\boldsymbol{g} = [0, 0.5, 1]$ ， $\boldsymbol{x} = [0.7, -0.5, 1.2]$ ，则 $\boldsymbol{g} \odot \boldsymbol{x} = [0, -0.25, 1.2]$ ，即 $\boldsymbol{x}$ 的第一维完全丢弃，第二维输出幅度减半，第三维完全保留。

将门机制使用在 RNN 中就可以得到 R-net 中使用的循环神经网络：

$$\boldsymbol{v}_t^P = \text{GRU}(\boldsymbol{v}_{t-1}^P, \text{gate}([\boldsymbol{u}_t^P; \boldsymbol{c}_t]))$$

使用了门机制后，R-net 可以在每一步动态控制 RNN 的输入中有多少信息来自当前单词 $\boldsymbol{u}_t^P$ ，有多少信息来自问题 $\boldsymbol{c}_t$ ，这使得网络的灵活性和表达性都大大增强。

5.2.2 网络架构

1. 编码层

R-net 用 300 维的 GloVe 向量表示文章和问题中的每个单词，得到 $\{\boldsymbol{e}_t^P\}$ 和 $\{\boldsymbol{e}_t^Q\}$ 。然后，R-net 使用双向字符 RNN 获得单词的字符编码 $\boldsymbol{c}_t^P$ 和 $\boldsymbol{c}_t^Q$ 。这里，字符 RNN 将词分拆成字符序列，并给每个字符分配一个向量编码，然后输入循环神经网络中。将最后一个 RNN 单元的输出状态作为整个单词的字符编码。和字符 CNN 一样，字符 RNN 可以帮助模型识别拼写错误，并从词型上识别不在 GloVe 字典中的词的语义。最后，R-net 利用双向 GRU 得到单词的上下文编码：

$$\boldsymbol{u}_t^P = \text{BiGRU}_{\text{P}}(\boldsymbol{u}_{t-1}^P, [\boldsymbol{e}_t^P, \boldsymbol{c}_t^P])$$

$$\boldsymbol{u}_t^Q = \text{BiGRU}_{\text{Q}}(\boldsymbol{u}_{t-1}^Q, [\boldsymbol{e}_t^Q, \boldsymbol{c}_t^Q])$$

2. 交互层

R-net 在交互层中再次使用门机制 RNN 层进行自注意力计算，得到每个文章单词的向量表示 $\boldsymbol{h}_t^P$ ：

$$h_t^P = \text{GRU}(h_{t-1}^P, \text{gate}([\mathbf{v}_t^P; \mathbf{c}_t]))$$

$$s_j^t = \mathbf{v}^{\text{T}} \tanh(W_v^P \mathbf{v}_j^P + W_v^{\tilde{P}} \mathbf{v}_t^P)$$

$$\alpha_i^t = \frac{\exp(s_i^t)}{\sum_j \exp(s_j^t)}$$

$$\mathbf{c}_t = \sum_{i=1}^{m} \alpha_i^t \mathbf{v}_i^P$$

可以看出，自注意力和互注意力的计算基本一致，只是被注意的对象是文章单词向量本身。这种方法可以解决相隔远距离的单词信息无法有效互通的问题。

3. 输出层

R-net 的输出为区间式答案。它使用注意力机制产生文章中每个单词作为答案开始位置结束位置的概率。首先，模型采用加权和方式得到一个问题的向量表示 $\mathbf{r}^Q$：

$$s_j = \mathbf{v}^{\text{T}} \tanh(W_u^Q \mathbf{u}_j^Q + W_v^Q V_r^Q)$$

$$\alpha_i = \frac{\exp(s_i)}{\sum_j \exp(s_j)}$$

$$\mathbf{r}^Q = \sum_{i=1}^{n} \alpha_i \mathbf{u}_i^Q$$

其中 V_r^Q 是参数向量。然后，R-net 依次计算文章中每个单词作为答案开始位置的概率 α_i^1 和结束位置的概率 α_i^2：

$$s_j^M = \mathbf{v}^{\text{T}} \tanh(W_h^P \mathbf{h}_j^P + W_v^a \mathbf{h}_{M-1}^a), M = 1, 2$$

$$\alpha_i^M = \frac{\exp(s_i^M)}{\sum_j \exp(s_j^M)}$$

$$\mathbf{c}_M = \sum_{i=1}^{m} \alpha_i^M \mathbf{h}_i^P$$

$$\mathbf{h}_M^a = \text{RNN}(\mathbf{h}_{M-1}^a, \mathbf{c}_M), \ \mathbf{h}_0^a = \mathbf{r}^Q$$

即 R-net 以问题向量 r^Q 作为 RNN 的初始状态 h_0^a。第一次计算答案开始位置的概率 α_i^1，第二次计算答案结束位置的概率 α_i^2。两次计算均使用注意力机制，而 h_M^a 作为问题信息向量，用 RNN 进行更新。整个 R-net 的网络架构如图 5-3 所示。

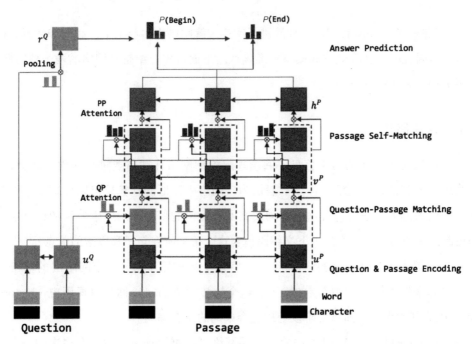

图 5-3　R-net 的网络架构，网络在互注意力和自注意力层两次使用门机制循环神经网络。（来自 R-net 论文）

R-net 训练时使用交叉熵作为损失函数 $L(\theta)$：

$$L(\theta) = -\frac{1}{N}\sum_{i=1}^{N}\log(\alpha_{y_{\text{begin}}^i}^1) + \log(\alpha_{y_{\text{end}}^i}^2))$$

其中，y_{begin}^i 和 y_{end}^i 分别表示第 i 个问题的标准答案在文章中的开始位置和结束位置。

R-net 最大的贡献在于改进了 RNN 在机器阅读理解中的应用，将注意力机制的结果融入了 RNN 的计算，并通过门机制动态地控制信息的取舍。这很类似于人类在阅读理解时对问题和文章的不同部分的交替关注过程。

2017 年 3 月，R-net 在 SQuAD 竞赛中取得了单模型和集成模型的第一名，并在榜单上占据第一名位置长达半年。2017 年 5 月，R-net 在 MS-MARCO 阅读理解竞赛中也取得了第一名的好成绩。

5.3 融合网络

融合网络（FusionNet）[一]是一种改进了阅读理解网络中多层上下文编码和注意力机制的模型，大幅提高了计算效率和模型的准确性。下面首先介绍融合网络的两个核心概念：单词历史和全关注注意力。

5.3.1 单词历史

为了提取更深层次的语义信息，阅读理解模型网络往往需要进行多次注意力计算、上下文编码及其他语义理解操作。一般认为，网络中较低的计算层可以处理文本的基本特征，输出的上下文编码包含这个单词及其所在短语的信息；网络中较高的计算层可以处理更高层次的语义，产生的上下文编码包含这个单词所在句子和段落的信息。

为了保留多个层次的信息，FusionNet 将每个单词第 1 至 $i-1$ 个网络层的输出向量表示拼接起来作为第 i 个网络层的输入。这个拼接而成的向量称为**单词历史**（history of word），因为其代表了之前每个阶段处理这个单词的所有编码。

一方面，History of Word 方法使得深层网络可以更好理解文章各个层次的语义，但另一方面，随着计算层数的增加，与每个单词相关的向量编码总长度也在增加。这使得相关操作占用的时间和空间不断增加，从而降低了处理效率。

以一个含有文章到问题互注意力层、双向循环神经网络层及自注意力层的阅读理解模型为例。若文章和问题中的每个单词的词向量长度为 300，经过互注意力层后，每个文章单词又获得了 300 维的向量表示，即一共 600 维。再经过一个双向循环神经网络，获得 400 维向量表示，总长度达到 1000 维。将结果输入自注意力层会再产生 1000 维，即每个文章单词由一个 2000 维向量表示。如果继续加入其他网络层，会造成网络参数的个数激增，运算效率下降，优化效果也会受到影响。

然而，如果仅仅为了保证效率而不对每层结果进行拼接，就会损失更低层次的信息。

㊀ H.-Y. Huang, C. Zhu, Y. Shen, W. Chen.《FusionNet: Fusing via Fully-Aware Attention with Application to Machine Comprehension》. 2018.

如图 5-4 所示，每个竖条表示一个单词对应的向量表示。深色块代表网络中更高层的输出及其代表的语义理解。例如，文章中"小明"一词在经过第一层后，模型理解为一个人名；经过第二层后，模型理解为一个球员；经过第三层后，模型理解为一个有号码的球员。由此可以看出，虽然文章和问题中的号码 10 与 12 截然不同，但网络中的较高计算层会认为这两个数字都是球队中的号码可以较好地匹配，从而错误预测答案"小明"。

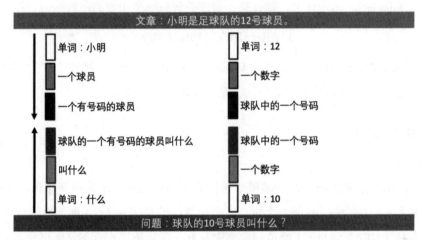

图 5-4　文章和问题的多层语义理解。每个竖条表示一个单词对应的向量表示。深色块代表网络中更高层的输出及代表的语义理解

为了同时保留多层次信息且不影响计算效率，FusionNet 提出了全关注注意力机制的概念。

5.3.2　全关注注意力

全关注注意力机制的输入是单词的历史向量 $X=(x_1, x_2,...,x_n)$，其中 x_i 代表第 i 个单词之前 K 层输出的拼接结果 $x_i=\left[x_i^{(1)}, x_i^{(2)},...,x_i^{(K)}\right]$。设我们要计算一个向量 y 对 X 的注意力向量。FusionNet 首先计算相似度分数 $s_i=x_i^\mathsf{T} y$ 和 softmax 结果 $\beta_i=\dfrac{e^{s_i}}{\sum_j e^{s_j}}$。接下来，FusionNet 利用 $\{\beta_i\}$ 计算每个 x_i 单词历史中某层结果的加权和，得到注意力向量 $\tilde{y}$：

$$\tilde{y}=\sum_{i=1}^n \beta_i x_i^{(K)}$$

这种维度压缩的方法不仅使得结果利用了单词的所有历史信息得到加权系数 β_i，还使得输出维度大大减小，只相当于之前某层的输出维度，达到一举两得的目的。

在实际应用中，全关注注意力机制可以灵活使用。例如，可以多次计算注意力，每次对不同的历史层进行加权和：$\widetilde{y}_1 = \sum_{i=1}^{n} \beta_i x_i^{(K)}$，$\widetilde{y}_2 = \sum_{i=1}^{n} \gamma_i x_i^{(K-1)}$。这样可以获得更丰富的语义交互信息。

此外，FusionNet 还设计了一种计算相似度分数的含参注意力函数。

$$s_i = \text{ReLU}(\mathbf{U}x_i)^\mathsf{T}\mathbf{D}\text{ReLU}(\mathbf{U}y)$$

这里，$x_i \in R^d$，$y \in R^d$，参数矩阵 $\mathbf{U} \in R^{c \times d}$，$\mathbf{D} \in R^{c \times c}$，$c < d$。这种注意力函数可以通过 $\mathbf{U}$ 进行降维，从而达到减少参数个数、提高计算效率的目的。

5.3.3　总体架构

1. 编码层

FusionNet 中，文章和问题中的每个单词均用 300 维 GloVe 词向量 g 和 600 维 CoVe 向量 c（参见 6.2 节）拼接表示。此外，每个文章中的单词加入 12 维词性（POS）向量、8 维命名实体（NER）向量、1 维单词频率向量和 1 维精确匹配向量（如果这个单词在问题中出现，值为 1，否则为 0）。因此，每个文章单词的向量表示为 $w_i^C \in R^{922}$，每个问题单词的向量表示为 $w_i^Q \in R^{900}$。

2. 交互层

（1）单词注意力层

单词注意力层计算从文章到问题的注意力，其中使用每个单词的 300 维 GloVe 向量。因此，每个文章中的单词获得 300 维的注意力向量，即问题 GloVe 向量的加权和。经过这一层后，每个文章单词向量 $\tilde{w}_i^C$ 的维度为 922+300=1222。

（2）阅读层

文章单词向量 $\tilde{w}_i^C$ 和问题单词向量 $\tilde{w}_i^Q$ 分别经过一个 2 层双向循环神经网络 LSTM，每一层均产生 RNN 状态，形成第一层输出 $h^l \in R^{250}$ 和第二层输出 $h^h \in R^{250}$：

$$h_1^{Cl},...h_m^{Cl} = \text{BiLSTM}(\tilde{w}_1^C,...,\tilde{w}_m^C), \quad h_1^{Ql},...h_n^{Ql} = \text{BiLSTM}(\tilde{w}_1^Q,...,\tilde{w}_n^Q),$$

$$h_1^{Ch},...h_m^{Ch} = \text{BiLSTM}(h_1^{Cl},...h_m^{Cl}), \quad h_1^{Qh},...h_n^{Qh} = \text{BiLSTM}(h_1^{Ql},...h_n^{Ql}),$$

（3）问题理解层

将阅读层产生的问题单词向量 $\boldsymbol{h}^{Ql}$ 与 $\boldsymbol{h}^{Qh}$ 拼接输入另一个双向循环神经网络 LSTM，得到每个问题单词的最终表示 $\boldsymbol{u}^{Q} \in R^{250}$：

$$\boldsymbol{u}_1^{Q}, \dots \boldsymbol{u}_n^{Q} = \text{BiLSTM}([\boldsymbol{h}_1^{Ql}; \boldsymbol{h}_1^{Qh}], \dots [\boldsymbol{h}_n^{Ql}, \boldsymbol{h}_n^{Qh}])$$

（4）全关注互注意力层

在全关注互注意力层中，FusionNet 将 5.3.2 节中介绍的全关注注意力机制应用在文章和问题的单词历史上。这里，单词历史是一个 300+600+250+250=1400 维向量：

$$\text{HoW}_i^{C} = [\boldsymbol{g}_i^{C}; \boldsymbol{c}_i^{C}; \boldsymbol{h}_i^{Cl}; \boldsymbol{h}_i^{Ch}], \ \text{HoW}_i^{Q} = [\boldsymbol{g}_i^{Q}; \boldsymbol{c}_i^{Q}; \boldsymbol{h}_i^{Ql}; \boldsymbol{h}_i^{Qh}]$$

这是一个非常高维的向量表示。因此，FusionNet 对维度进行压缩，融合 3 个不同层的注意力向量。

1）低层融合：$\hat{\boldsymbol{h}}_i^{Cl} = \sum_j \alpha_{ij}^{l} \boldsymbol{h}_j^{Ql}, \alpha_{ij}^{l} \propto \exp(S^{l}(\text{HoW}_i^{C}, \text{HoW}_j^{Q}))$；

2）高层融合：$\hat{\boldsymbol{h}}_i^{Ch} = \sum_j \alpha_{ij}^{h} \boldsymbol{h}_j^{Qh}, \alpha_{ij}^{h} \propto \exp(S^{h}(\text{HoW}_i^{C}, \text{HoW}_j^{Q}))$；

3）理解层融合：$\hat{\boldsymbol{u}}_i^{C} = \sum_j \alpha_{ij}^{u} \boldsymbol{u}_j^{Q}, \alpha_{ij}^{u} \propto \exp(S^{u}(\text{HoW}_i^{C}, \text{HoW}_j^{Q}))$。

其中，S^{l}、S^{h}、S^{u} 均为前文提到的注意力函数 $\text{ReLU}(\boldsymbol{U}\boldsymbol{x})^{\text{T}} \boldsymbol{D} \text{ReLU}(\boldsymbol{U}\boldsymbol{y})^{\text{T}}$，但各自有独立的参数。参数 α_{ij}^{l}、α_{ij}^{h}、α_{ij}^{u} 为 softmax 结果。可以看出，每次融合得到一个 250 维向量，远远小于单词历史。

之后，文章的单词历史进入另一个双向 LSTM 网络，得到本层的最终结果——250 维向量 $\{\boldsymbol{v}_i^{C}\}_{i=1}^{m}$：

$$\boldsymbol{v}_1^{C}, \dots \boldsymbol{v}_m^{C} = \text{BiLSTM}([\boldsymbol{h}_1^{Cl}; \boldsymbol{h}_1^{Ch}; \hat{\boldsymbol{h}}_1^{Cl}; \hat{\boldsymbol{h}}_1^{Ch}, \hat{\boldsymbol{u}}_1^{C}], \dots, [\boldsymbol{h}_m^{Cl}; \boldsymbol{h}_m^{Ch}; \hat{\boldsymbol{h}}_m^{Cl}; \hat{\boldsymbol{h}}_m^{Ch}, \hat{\boldsymbol{u}}_m^{C}])$$

（5）全关注自注意力层

到目前为止，每个文章单词的历史向量已达到 300+600+250×6=2400 维：

$$\text{HoW}_i^{C} = [\boldsymbol{g}_i^{C}; \boldsymbol{c}_i^{C}; \boldsymbol{h}_i^{Cl}; \boldsymbol{h}_i^{Ch}; \hat{\boldsymbol{h}}_i^{Cl}; \hat{\boldsymbol{h}}_i^{Ch}, \hat{\boldsymbol{u}}_i^{C}; \boldsymbol{v}_i^{C}] \in R^{2400}$$

FusionNet 再次使用全关注注意力机制计算文章单词的自注意力，通过维度压缩得到 250 维向量 $\hat{\boldsymbol{v}}_i^{C}$：

$$\hat{\boldsymbol{v}}_i^{C} = \sum_j \alpha_{ij}^{s} \boldsymbol{v}_j^{C}, \alpha_{ij}^{s} \propto \exp(S^{s}(\text{HoW}_i^{C}, \text{HoW}_j^{C}))$$

最后，将 $\boldsymbol{v}_i^{C}$ 和 $\hat{\boldsymbol{v}}_i^{C}$ 拼接输入一个双向 LSTM 层，得到每个文章单词的最终表示

$\boldsymbol{u}^C \in R^{250}$：

$$\boldsymbol{u}_1^C,\dots\boldsymbol{u}_n^C = \mathrm{BiLSTM}([\boldsymbol{v}_1^C;\hat{\boldsymbol{v}}_1^C],\dots,[\boldsymbol{v}_m^C;\hat{\boldsymbol{v}}_m^C])$$

可以看出，在交互层中，FusionNet 反复使用全关注注意力机制和循环神经网络，并控制生成向量的维度，从而减少了模型参数，提高了计算效率。交互层的网络架构如图 5-5 所示。

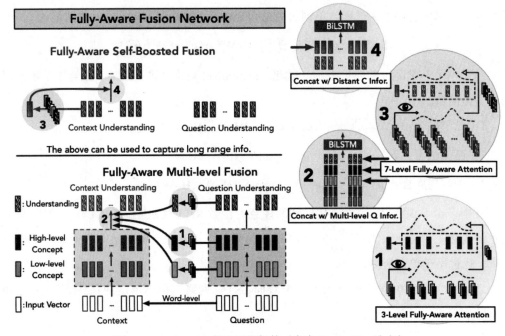

图 5-5　FusionNet 交互层的架构（来自 FusionNet 论文）

3. 输出层

FusionNet 输出的答案为区间式。区间的开始位置和结束位置由文章词向量 $\boldsymbol{u}_i^C$ 和问题词向量 $\boldsymbol{u}_i^Q$ 共同决定。首先，模型计算所有问题单词向量的含参加权和（见 3.1.3 节），得到问题编码 $\boldsymbol{u}^Q$：

$$\boldsymbol{u}^Q = \sum_i \beta_i \boldsymbol{u}_i^Q, \beta_i \propto \exp(\boldsymbol{w}^{\mathrm{T}}\boldsymbol{u}_i^Q)$$

接下来，计算文章中以第 i 个单词作为答案开始位置的概率：

$$P_i^S \propto \exp((\boldsymbol{u}^Q)^\mathrm{T} \boldsymbol{W}_S \boldsymbol{u}_i^C)$$

然后，FusionNet 用一个 GRU 单元将开始位置概率和问题向量进行融合，获得新的问题向量表示 $\boldsymbol{v}^Q$：

$$\boldsymbol{v}^Q = \mathrm{GRU}\left(\boldsymbol{u}^Q, \sum_i P_i^S \boldsymbol{u}_i^C\right)$$

最后，计算文章中以第 i 个单词作为答案结束位置的概率：

$$P_i^E \propto \exp((\boldsymbol{v}^Q)^\mathrm{T} \boldsymbol{W}_E \boldsymbol{u}_i^C)$$

其中，$\boldsymbol{w}$、$\boldsymbol{W}_S$、$\boldsymbol{W}_E$ 均为参数。模型训练使用交叉熵损失函数 $L(\theta)$：

$$L(\theta) = -\frac{1}{N} \sum_{i=1}^N \log(P_{y_{\mathrm{begin}}^i}^S) + \log(P_{y_{\mathrm{end}}^i}^E)$$

其中，y_{begin}^i 和 y_{end}^i 分别表示第 i 个问题的标准答案在文章中的开始位置和结束位置。

FusionNet 的主要贡献在于提高了深层机器阅读理解网络的效率。全关注注意力机制基于单词历史，但由于历史向量随网络深度增加而变长，会导致网络参数过多。维度压缩可以有效地解决这一问题，它既融合了单词的所有历史信息，也大大降低了注意力向量的维度，达到了化繁为简的目的。随着机器阅读理解模型的复杂化，维度压缩的重要性更加凸显。2017 年 10 月，FusionNet 获得了 SQuAD 竞赛单模型和集成模型两个榜单的第一名。

5.4　关键词检索与阅读模型

文本库式阅读理解任务一般包含一个大型语料库。由于任务中的问题没有对应的文章段落，模型需要首先对语料库进行检索得出相关片段，并在片段中找出问题的答案。因而此类阅读理解模型必须包含快速而有效的检索模块。

关键词检索与阅读模型（Essential-Term Retriever Reader Model，ET-RR）是 2019 年提出的一种文本库式阅读理解模型$^{\ominus}$。它专门解决建立在大规模文本库上的多项选择式机

$\ominus$　J. Ni, C. Zhu, W. Chen, J. McAuley.《Learning to Attend On Essential Terms: An Enhanced Retriever-Reader Model for Open-domain Question Answering》.2019.

器阅读理解任务。ET-RR 模型分为检索器（retriever）和阅读器（reader）两个模块。检索器利用关键词抽取技术大大提高了检索结果与问题的相关度。而阅读器中根据检索结果、问题和选项建立了网络模型。

5.4.1　检索器

由于文本库式阅读理解任务给定了一个大型语料库，阅读理解模型无法直接处理语料库中的所有文本。因此，需要首先在语料库上搭建搜索引擎，即**检索器**。对于给定的问题 Q，将 Q 作为查询输入检索器，得到最相关的 N 个语料库中的句子，将它们拼接成文章段落 P，从而将其转化成一般的阅读理解任务。

如果任务是多项选择形式，除了问题外，还提供 N 个选项 $C_1, \cdots, C_N$，一种常用的检索方法是，将问题 Q 和每个选项 C_i 拼接起来作为一个查询输入搜索引擎，得到检索结果 P_i。然后，阅读器模型计算得出 P_i 有多大概率证明 C_i 为 Q 的正确答案。最后，模型选择概率最大的选项输出。

由于阅读器只能看到文本库中 P_i 的部分，因此模型的准确性很大程度上取决于检索器返回的结果的质量，也就是段落与问题及选项的相关度。在很多文本库式阅读理解任务中，问题 Q 中包含问题背景、环境和条件，导致文本长度较长。而搜索引擎对于长查询的检索质量远低于短查询。因此，提高检索的质量是这一类阅读理解模型必须解决的问题。

ET-RR 模型提出了一种解决方案：在问题中选择若干**关键词**（essential term），然后将关键词与选项拼接起来作为查询。这样可以有效缩短查询的长度，而关键词也保留了问题中的重要相关信息。图 5-6 所示，将选项 1 和问题原文直接拼接形成长查询。但是，检索结果段落中并未给出问题中所提到的"水星表面温度极端"的真正原因。如果在问题中选出关键词水星（Mercury）和"极端表面温度"（extreme surface temperature），然后与选项拼接，检索结果中就包含了支持该选项为真正原因的证据。

那么，模型应该如何在一段文本中选取关键词呢？ET-RR 将此任务定义为分类问题：将文本分词成为 $w_1 | w_2 | \cdots | w_N$ 后，对每个单词进行二分类，以预测这个单词是否为关键词。为了提高二分类的准确度，ET-RR 设计了分类神经网络 ET-Net。

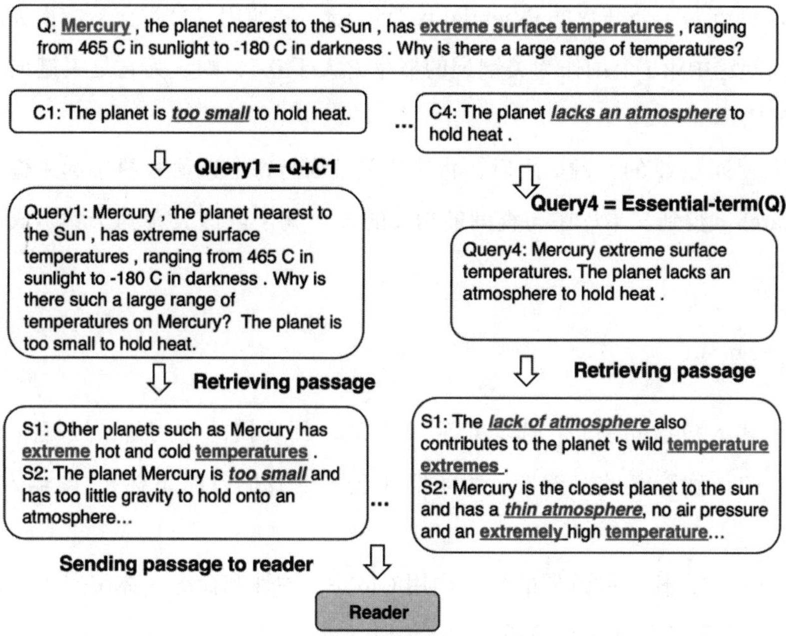

图 5-6　使用问题中的关键词作为查询（Query4）以及使用问题原文进行查询（Query1）的比较（选自 ET-RR 论文）

ET-Net 在编码层使用 GloVe、词性和命名实体编码得到问题和选项中所有单词的向量表示。设问题中所有单词的词向量组成矩阵 $Q \in R^{q \times d_Q}$，所有选项拼接而成的文本的词向量组成矩阵 $C \in R^{c \times d_C}$。ET-Net 计算从问题到选项的注意力向量如下：

$$M'_{QC} = QW_Q(CW_C)^{\mathrm{T}} \in R^{q \times c}$$

$$M_{QC} = \mathrm{softmax}(M'_{QC}) \in R^{q \times c}$$

$$W^C_Q = M_{QC}(CW_C) \in R^{q \times d}$$

其中，$W_Q \in R^{d_Q \times d}$ 和 $W_C \in R^{d_C \times d}$ 为参数矩阵，它们将原向量降至 d 维后进行内积操作得到 M'_{QC}。然后，ET-Net 使用双向循环神经网络 LSTM 得到上下文编码 H^Q：

$$H^Q = \mathrm{BiLSTM}([Q; W^C_Q])$$

最后，经过一个全连接层获得每个单词作为关键词的概率 P：

$$P = \mathrm{softmax}([H^Q; Q]w^s) \in R^{q \times 1}$$

ET-Net 的训练基于公开数据 Essentiality Dataset，并使用二分类交叉熵损失函数。如果模型预测到问题中第 i 个词作为关键词的概率 P_i 大于 0.5，则认为它是关键词，否则认为它不是关键词。

ET-Net 获得问题 Q 的关键词之后，将这些关键词与每个选项 C_i 拼接起来输入搜索引擎 Elastic Search，得到文本库中与查询最相关的 K 个句子。这 K 个句子就组成了阅读器的输入文章 P_i。

5.4.2　阅读器

阅读器的输入包括问题 Q、选项 C_i 和文章 P_i。阅读器的作用是，根据查询结果产生选项 i 是 Q 的正确答案的可能性。为了简化公式，我们省略下标 i，即输入为 Q、C 和 P。

与 ET-Net 类似，输入阅读器的每个词用 GloVe、词性和命名实体编码表示，而每个文章单词的向量表示还包括关系编码和特征编码。

（1）关系编码

ET-RR 利用大规模单词关系图 ConceptNet 来获得文章中的每个单词与问题及选项中的每个单词间的关系。例如，"汽车"与"行驶"之间的关系为"可以"，"卡车"与"汽车"之间的关系为"是一种"。然后，ET-RR 建立关系编码字典，每种关系有一个对应的 10 维参数向量。将文章单词 w 找到的关系 r 所对应的关系编码拼接在 w 的单词编码后。如果文章单词 w 和问题及选项中多个单词有多种关系，则随机选择一个。

（2）特征编码

根据文章 P 中的单词 w 是否在问题和选项中出现，ET-RR 给 w 加入了一维 0/1 精确匹配编码。此外，w 在文本中出现的频率的对数也作为一维编码。

（3）注意力层

经过编码后，问题中所有单词的词向量组成矩阵 $W_Q \in R^{q \times d_Q}$，所有选项拼接而成的文本的词向量组成矩阵 $W_C \in R^{c \times d_C}$，所有文章单词的词向量组成矩阵 $W_P \in R^{p \times d_P}$。然后，模型计算：①文章到问题的注意力向量 $W_P^Q \in R^{p \times d}$；②选项到问题的注意力向量 $W_C^Q \in R^{c \times d}$；③选项到文章的注意力向量 $W_C^P \in R^{c \times d}$。计算过程与检索器 ET-Net 中的注意力机制的计算过程类似。

（4）序列模型层

ET-RR 使用双向循环神经网络 BiLSTM 计算问题、选项和文章中每个单词的上下文编码：

$$\boldsymbol{H}^Q = \text{BiLSTM}([\boldsymbol{W}_Q]) \in R^{q \times l}$$

$$\boldsymbol{H}^C = \text{BiLSTM}([\boldsymbol{W}_C; \boldsymbol{W}_C^Q; \boldsymbol{W}_C^P]) \in R^{c \times l}$$

$$\boldsymbol{H}^P = \text{BiLSTM}([\boldsymbol{W}_P; \boldsymbol{W}_P^Q]) \in R^{p \times l}$$

（5）融合层

在融合层中，问题和选项经过单词向量加权和各自用一个向量 $\boldsymbol{q}$ 和 $\boldsymbol{c}$ 来表示：

$$\boldsymbol{\alpha}_Q = \text{softmax}([\boldsymbol{H}^Q; \boldsymbol{w}_e] \boldsymbol{w}_{sq}^T)$$

$$\boldsymbol{q} = \boldsymbol{H}^{QT} \boldsymbol{\alpha}_Q$$

$$\boldsymbol{\alpha}_C = \text{softmax}(\boldsymbol{H}^C \boldsymbol{w}_{sc}^T)$$

$$\boldsymbol{c} = \boldsymbol{H}^{CT} \boldsymbol{\alpha}_C$$

其中，$\boldsymbol{w}_{sq}$ 和 $\boldsymbol{w}_{sc}$ 为参数向量。$\boldsymbol{w}_e$ 向量是关键词选择模型 ET-Net 的输出，其中第 i 个分量代表问题中第 i 个单词是否为关键词，用 0 或 1 表示。

然后，将文章单词向量 $\boldsymbol{H}^P$ 与问题向量 $\boldsymbol{q}$ 进行融合，得到文章的最终表示 $\boldsymbol{p}$：

$$\boldsymbol{\alpha}_P = \text{softmax}(\boldsymbol{H}^P \boldsymbol{q})$$

$$\boldsymbol{p} = \boldsymbol{H}^{PT} \boldsymbol{\alpha}_P$$

（6）选项交互层

人类在解决多项选择题时，经常会通过选项文本之间的区别得到有用的信息以辅助解决问题。基于这一思路，ET-RR 将选项间的语义信息差异加入模型计算。设序列模型层产生的第 i 个选项的单词向量矩阵表示为 $\boldsymbol{H}^{C_i}$，通过下面的方法计算该选项和其他选项之间的差异信息：

$$\boldsymbol{c}_i^{inter} = \text{Maxpool}\left(\boldsymbol{H}^{C_i} - \frac{1}{N-1} \sum_{j \neq i} \boldsymbol{H}^{C_j}\right)$$

c_i^{inter} 的第 k 维意义如下：每个选项均由 c 个词组成（不足的用特殊符号补齐），观察每个选项第 1 个单词的词向量的第 k 维，计算选项 i 与其他 $N-1$ 个选项的平均值的差 d_1；然后观察第 2 个单词，得到 d_2……最后，取 $d_1,…, d_c$ 的最大值作为 c_i^{inter} 的第 k 维。这样，如果选项 i 和其他选项明显不同，c_i^{inter} 许多维度的值就会较大，反之就会接近 0。因此，c_i^{inter} 代表选项 i 与其他选项的差异度。最后，将 $c_i^{final} =[c_i^{inter};c_i]$ 作为选项 i 的最终表示。

（7）输出层

这一层的输入包括与问题、文章和选项对应的向量 $\{q, p_n, c_n^{final}\}_{n=1}^N$。输出层计算文章 p_n 支持第 n 个选项是问题的正确答案的概率，用分数 s_n 表示：

$$s_n^{pc} = p_n W^{pc} c_n^{final}, s_n^{qc} = q_n W^{qc} c_n^{final}$$

$$s_n = \frac{e^{s_n^{pc}}}{\sum_j e^{s_j^{pc}}} + \frac{e^{s_n^{qc}}}{\sum_j e^{s_j^{qc}}}$$

由于多项选项是分类问题，ET-RR 在训练时使用交叉熵函数作为损失函数。

图 5-7 是 ET-RR 检索器和阅读器的模型示意图。其中，每个选项、问题和对应的文章分别经过神经网络，最后汇总得到模型选择每个选项的概率。

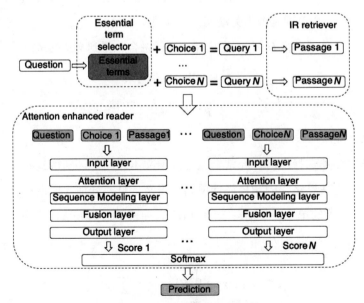

图 5-7　ET-RR 架构示意图

ET-RR 模型最大的贡献在于使用深度学习网络提取问题中的关键词。使用问题关键词作为查询可以有效提高检索结果与问题和选项的相关性，从而提高回答的准确度，这对于文本库式机器阅读理解任务至关重要。此外，ET-RR 针对多项选择式答案，模仿人类阅读解题的方式提出了选项交互的方法，并取得了良好的效果。2018 年 8 月，在艾伦人工智能研究所主办的科学知识机器阅读理解竞赛 ARC 中，ET-RR 以 36.36% 的准确率获得了第一名。

5.5　本章小结

- ❑ 双向注意力流模型 BiDAF 确立了阅读理解模型编码层—交互层—输出层的结构，其中交互层采用了文章到问题和问题到文章的互注意力机制。此后，机器阅读理解模型的研究主要集中在交互层，特别是上下文编码和注意力机制的创新。
- ❑ R-net 在注意力计算中加入了**门机制**动态地控制信息的取舍。
- ❑ FusionNet 使用**单词历史**和**全关注注意力**。为了压缩维度，FusionNet 使用单词历史计算注意力分数，但是输出是其中某一层或某几层的加权和。
- ❑ 关键词检索与阅读模型（ET-RR）是文本库式阅读理解模型，它分为检索器和阅读器两个模块。其中，检索器利用**关键词抽取技术**提高检索结果的质量。而阅读器融合选项之间的语义信息提升模型性能。

第 6 章

预训练模型

预训练模型是自然语言处理近几年间的研究热点。预训练方法源于机器学习中迁移学习的概念：为了完成一个学习任务，首先在其他相关任务上预训练模型，然后将模型在目标任务上进一步优化，实现模型所学知识的迁移。预训练模型最大的好处是，可以克服目标任务（如机器阅读理解）数据不足的问题，利用其他任务的大量数据建立有效的模型再迁移到目标任务，从而大大提高了模型的准确度。

本章首先介绍预训练模型和迁移学习的概念及历史，然后分析在机器阅读理解任务中卓有成效的几个预训练模型，最后重点介绍划时代的预训练模型 BERT 及其对机器阅读理解领域的颠覆性的影响。

6.1　预训练模型和迁移学习

预训练模型最早应用于机器视觉领域。2012 年，在大规模图像识别竞赛 ImageNet 中，基于卷积神经网络 CNN 的深度学习模型 AlexNet 横空出世，以远超第二名的成绩夺得冠军。此后，AlexNet 被广泛应用在众多的机器视觉任务中。然而，很多新的模型并非借鉴 AlexNet 架构从零开始训练，而是利用 AlexNet 在 ImageNet 上训练得到的网络和参数，再根据实际任务进行少量修改，然后在新的数据上训练和优化。实验结果表明，复用预训练模型可以显著增加目标任务的准确度，也大大缩短了新模型的训练时间。其根本原因是，预训练模型经过在原任务大规模数据上的优化，已经具有了很强的图像分析能力。这种将运用在一个问题中的模型转移到另一个问题上并进行针对性训练的方法称为**迁移学习**。

迁移学习模仿人类在多个相似领域中转化知识和技能的能力。例如，一个小汽车司机学开卡车所花费的时间往往比一个不会开车的人学开卡车所花费的时间要短得多，因为司机可以将开小汽车的技能进行迁移和调整，适应卡车的驾驶。而在机器学习中，迁移学习先在源问题 A 上优化得到预训练模型 M，然后将模型 M 的架构和参数在目标问题 B 上优化得到最终模型 M′，为了确保模型迁移的有效性，问题 A 和问题 B 需要有一定的相似度和关联性。

使用迁移学习的一大原因是，目标任务缺乏足够的数据。例如，在机器阅读理解任务中，问题与答案的生成需要人工标注，这就限制了数据集的规模。如果直接在目标数据集上从零开始训练模型，可能会导致训练不充分、过拟合现象严重、泛化能力差等现象。而迁移学习往往选择拥有充足数据的源问题 A，充分训练得到预训练模型 M，然后将其运用在目标问题 B 上。

使用迁移学习的另一个原因是，许多预训练模型已经开源，可以直接下载网络结构代码和参数。这样，使用者就无须花费大量的计算资源和时间重新训练模型，只需直接使用已有预训练模型 M 在目标问题 B 上进行优化即可。这样可以节省大量的时间和人力、物力成本。

但是，源问题 A 和目标问题 B 的求解任务往往不完全一致。例如，前文中提到的 AlexNet 预训练模型可以对 1000 种物体进行分类。但目标任务可能只需要对 10 种物体进行分类，所以不能直接使用 AlexNet 的全部架构和参数。这就需要我们在迁移预训练模型时进行修改，使其符合目标任务的要求。一种常见的修改方式是，将预训练模型的输出层（给 1000 类物体打分）换成适用于目标任务的输出层（给 10 类物体打分），而保留之前的图像编码层和图像理解层的架构和参数。另一种方式是，根据目标问题的特性加入更多的网络层进行训练。如图 6-1 所示，在问题 A 上预训练得到的模型的输出层被置换，并加入了一个 RNN 层。将修改后的模型在问题 B 的数据上进行训练，最终得到适用于目标问题的模型。

值得注意的是，使用预训练模型的方式与使用预训练词向量（如 GloVe、Word2vec

等）有本质上的区别，因为预训练词向量是一个向量字典，而预训练模型是一个计算模块，其中既包括网络架构，也包括网络中的参数。

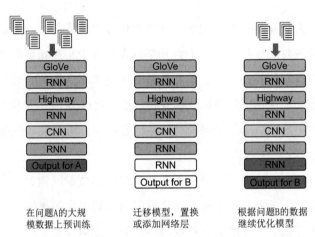

图 6-1   迁移学习预训练模型的模式

2015 年起，预训练模型开始出现在自然语言处理和机器阅读理解中。首先，Google 提出了利用自编码器和语言模型进行 RNN 的预训练[一]。之后，预训练模型 CoVe 和 ELMo 等提供预训练的上下文编码层。这些预训练模型作为编码层的一部分加入机器阅读理解网络结构，所以仍需要设计网络中的交互层和输出层。2018 年 10 月，BERT 模型横空出世，它是第一个真正意义上可以代替机器阅读理解编码层和交互层的预训练模型。因此，只需要替换 BERT 的输出层即可得到适用于各种机器阅读理解任务的模型，而且获得了非常惊人的效果。下面介绍上述预训练模型以及它们给机器阅读理解研究带来的革命性进步。

6.2   基于翻译的预训练模型 CoVe

2017 年，Salesforce 的研究者提出了基于翻译的预训练模型 CoVe[二]（Contextualized

    ⊖ A. M. Dai, Q. V. Le.《Semi-supervised Sequence Learning》, 2015.

    ⊜ B. McCann, J. Bradbury, C. Xiong, R. Socher.《Learned in Translation: Contextualized Word Vectors》. 2017.

Vector），并开源了代码和模型参数[⊖]。CoVe 基于在机器翻译领域中广泛应用的编码器 – 解码器结构：编码器求出源语言文本的向量表示，然后由解码器生成目标语言的语句。由于机器翻译需要用目标语言准确表达源语言文本的语义，所以编码器所生成的向量表示包含了对源文本语义的理解。因此，CoVe 提出，经过大规模翻译数据训练的编码器可以用在与源语言文本理解相关的任务中，即可以将预训练的机器翻译编码器作为其他 NLP 任务的编码层的一部分。

6.2.1　机器翻译模型

CoVe 采用的机器翻译模型是经典的序列到序列架构模型。CoVe 选取的任务是将英文翻译成德文。设输入英文语句分词为 $w^x = [w_1^x, \ldots, w_n^x]$。首先，使用 GloVe 得到每个词的向量表示 $\mathrm{GloVe}(w_i^x)$。之后，将 GloVe 编码输入双层双向循环神经网络 LSTM 中，得到编码器的输出——600 维上下文编码 $\boldsymbol{H}$：

$$\boldsymbol{H} = \mathrm{MT\text{-}LSTM}(\mathrm{GloVe}(w_1^x), \ldots, \mathrm{GloVe}(w_n^x)) = (\boldsymbol{h}_1, \boldsymbol{h}_2, \ldots, \boldsymbol{h}_n)$$

其中，MT-LSTM 表示这是一个应用于机器翻译（machine translation）的 LSTM。

解码器采用了双层单向循环神经网络 LSTM，用于对每一步生成的单词进行解码：

$$\boldsymbol{h}_t^{\mathrm{dec}} = \mathrm{LSTM}([\boldsymbol{z}_{t-1}; \tilde{\boldsymbol{h}}_{t-1}], \boldsymbol{h}_{t-1}^{\mathrm{dec}})$$

其中，$\boldsymbol{z}_{t-1}$ 为前一个目标单词的编码，$\tilde{\boldsymbol{h}}_{t-1}$ 为注意力向量，$\boldsymbol{h}_{t-1}^{\mathrm{dec}}$ 为前一个 LSTM 单元的状态输出。之后，计算新的注意力向量 $\tilde{\boldsymbol{h}}_t$：

$$\boldsymbol{\alpha}_t = \mathrm{softmax}(\boldsymbol{H}(\boldsymbol{W}_1 \boldsymbol{h}_t^{\mathrm{dec}} + \boldsymbol{b}_1))$$

$$\tilde{\boldsymbol{h}}_t = \tanh(\boldsymbol{W}_2[\boldsymbol{H}^T \boldsymbol{\alpha}_t; \boldsymbol{h}_t^{\mathrm{dec}}] + \boldsymbol{b}_2)$$

最后，模型利用解码器状态 $\tilde{\boldsymbol{h}}_t$ 生成对下一个目标语言单词 w_t^z 的预测：

$$p(\tilde{w}_t^z | w_1^x, \ldots, w_n^x, w_1^z, \ldots, w_{t-1}^z) = \mathrm{softmax}(\boldsymbol{W}_{\mathrm{out}} \tilde{\boldsymbol{h}}_t + \boldsymbol{b}_{\mathrm{out}})$$

其中，$\boldsymbol{W}_{\mathrm{out}}$ 和 $\boldsymbol{b}_{\mathrm{out}}$ 为参数。

⊖　https://github.com/salesforce/cove。

6.2.2　上下文编码

在机器翻译模型经过大规模数据预训练后，其编码器部分可以产生任何文本的上下文编码 CoVe(w)：

$$\text{CoVe}(w) = \text{MT-LSTM}(\text{GloVe}(w_1),\ldots,\text{GloVe}(w_n))$$

将这个上下文编码和 GloVe 编码拼接，然后输入目标任务的下游网络中：

$$\tilde{w} = [\text{GloVe}(w);\text{CoVe}(w)]$$

如图 6-2 所示，CoVe 在预训练机器学习任务后只保留其编码器。然后在具体任务中，将单词向量与编码器输出拼接，再由与任务相关的网络进行处理。

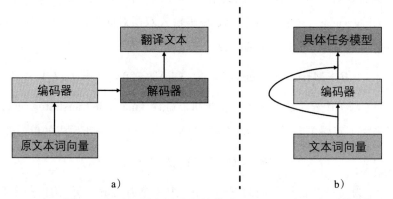

图 6-2　CoVe 中，图 6-2a 表示机器翻译预训练模式；图 6-2b 表示在具体任务中使用预训练得到的编码器

实验表明，使用机器翻译预训练模型 CoVe 后，在情感分析、问题分类、语句关系、机器阅读理解等任务中，相关表现均有所提升。这得益于机器翻译的预训练使得编码器可以对源语言进行有效的语义分析。例如，在 SQuAD 竞赛中，使用 CoVe 后，预测结果的 F1 分数提高了 3.9%。因此，许多机器阅读理解模型（如 FusionNet）均使用 CoVe 编码。

代码清单 6-1 展示了如何使用 CoVe 预训练模型。首先，需要从 GitHub 上下载 CoVe 的源代码库并安装所需的软件包。在使用时，给定 GloVe 词表以及每个句子中每个单词的编号。最后，得到相应的 CoVe 编码。

代码清单 6-1　CoVe 预训练模型的使用

```
# 下载 GitHub 上 CoVe 的源代码
$ git clone https://github.com/salesforce/cove.git
$ cd cove
# 安装所需软件包
$ pip install -r requirements.txt
# 安装 CoVe
$ python setup.py develop
# Python 代码
import torch
from torchtext.vocab import GloVe
from cove import MTLSTM
# GloVe 词表，维度为（2.1×10^6）×3
glove = GloVe(name='840B', dim=300, cache='.embeddings')
# 输入 2 个句子，每个句子中每个单词在词表中的编号
inputs = torch.LongTensor([[10, 2, 3, 0], [7, 8, 10, 3]])
# 2 个句子的长度分别为 3 和 4
lengths = torch.LongTensor([3, 4])
# CoVe 类
cove = MTLSTM(n_vocab=glove.vectors.shape[0], vectors=glove.vectors, model_
cache='.embeddings')
# 每个句子每个单词的 CoVe 编码，维度为 2×4×600
outputs = cove(inputs, lengths)
```

　　和词向量字典 GloVe 相比，CoVe 的编码网络在目标问题模型中仍可进行优化，可根据实际问题继续调整参数，这大大增加了模型的灵活性。

　　同时也应该指出，CoVe 预训练模型只能作为目标任务网络编码层的一部分使用。例如，机器阅读理解模型加入 CoVe 后，仍需要其他上下文编码层和注意力机制等与目标任务相关的特定网络层。所以，CoVe 并不能减小目标网络的复杂度。此外，CoVe 模型在预训练时同时优化编码器和解码器，但在其他任务中使用时只保留编码器。这在一定程度上舍弃了一部分预训练网络结构。而 6.3 节介绍的预训练模型 ELMo 可以实现对预训练模型参数的充分利用。

6.3　基于语言模型的预训练模型 ELMo

　　艾伦人工智能研究所和华盛顿大学在 2018 年联合提出了预训练模型 ELMo[⊖]，并开

⊖　M. E. Peters, M. Neumann, M. Iyyer, M. Gardner, C. Clark, K. Lee, L. Zettlemoyer.《Deep contextualized word representations》. 2017.

源了代码和预训练模型参数[⊖]。和 CoVe 相比，ELMo 的预训练任务是建立双向语言模型，并且 ELMo 的模型规模更大，运用起来也更加灵活。

6.3.1　双向语言模型

ELMo 的预训练是在大规模文本库上建立双向语言模型。对于一个分词后的文本 $(t_1,t_2,\ldots,t_N)$，前向语言模型刻画文本中每个词 t_k 在给定之前的单词 $t_1,\ldots,t_{k-1}$ 时出现的概率：

$$p(t_1,t_2,\ldots,t_N)=\prod_{k=1}^{N}p(t_k\mid t_1,t_2,\ldots,t_{k-1})$$

深度学习中的循环神经网络可以运用在语言模型中。首先，利用字符 CNN 和 Highway 网络获得每个词的上下义无关编码 $\boldsymbol{x}_k^{LM}$。然后，建立 L 层前向循环神经网络 LSTM：

$$\vec{\boldsymbol{h}}_{k,0}^{LM}=\boldsymbol{x}_k^{LM}$$

$$\vec{\boldsymbol{h}}_{1,j}^{LM},\vec{\boldsymbol{h}}_{2,j}^{LM},\ldots,\vec{\boldsymbol{h}}_{N,j}^{LM}=\text{LSTM}(\vec{\boldsymbol{h}}_{1,j-1}^{LM},\vec{\boldsymbol{h}}_{2,j-1}^{LM},\ldots,\vec{\boldsymbol{h}}_{N,j-1}^{LM}),\ 1\leqslant j\leqslant L$$

最后使用第 L 层的输出、d_{rnn} 维向量 $\vec{\boldsymbol{h}}_{k,L}^{LM}$，预测第 $k+1$ 个词：

$$p(t_{k+1}|t_1,t_2,\ldots,t_k)=\text{softmax}(\vec{\boldsymbol{h}}_{k,L}^{LM}\boldsymbol{M})$$

其中，$\boldsymbol{M}\in R^{d_{rnn}\times|V|}$，为参数矩阵，$|V|$ 为词汇表大小。

同样，可以使用后向循环神经网络计算 $\overleftarrow{\boldsymbol{h}}_{k,j}^{LM}$，$1\leqslant j\leqslant L$，刻画后向语言模型：

$$p(t_1,t_2,\ldots,t_N)=\prod_{k=1}^{N}p(t_k\mid t_{k+1},\ldots,t_N)$$

前向和后向语言模型共享编码层的参数 Θ_x 以及参数矩阵 $\boldsymbol{M}$，并各自优化 LSTM 参数 $\vec{\Theta}_{\text{LSTM}}$ 和 $\overleftarrow{\Theta}_{\text{LSTM}}$。预训练的目标是最大化两个方向上的语言模型概率：

$$\sum_{k=1}^{N}\log p(t_k|t_1,\ldots,t_{k-1};\odot_x,\vec{\odot}_{\text{LSTM}},\boldsymbol{M})+\log p(t_k\mid t_{k+1},\ldots,t_n;\odot_x,\overleftarrow{\odot}_{\text{LSTM}},\boldsymbol{M})$$

⊖　参见 https://github.com/allenai/allennlp。

6.3.2 ELMo 的使用

经过预训练，对于任何分词后的文本 $t_1, ..., t_n$，都可以使用 ELMo 产生每个词 t_k 的编码 R_k：

$$R_k = \{\boldsymbol{x}_k^{LM}, \vec{\boldsymbol{h}}_{k,j}^{LM}, \overleftarrow{\boldsymbol{h}}_{k,j}^{LM} \mid j = 1, ..., L\} = \{\boldsymbol{h}_{k,j}^{LM} \mid j = 0, ..., L\}$$

其中，$\boldsymbol{h}_{k,0}^{LM} = \boldsymbol{x}_k^{LM}$，是上下文无关编码，$\boldsymbol{h}_{k,j}^{LM} = [\vec{\boldsymbol{h}}_{k,j}^{LM}; \overleftarrow{\boldsymbol{h}}_{k,j}^{LM}]$，是第 j 层前向和后向 LSTM 的输出。因此，ELMo 可以给文本中每个词产生 $L+1$ 个向量。然后，将这 $L+1$ 个向量表示进行加权和，得到每个词的 ELMo 编码（见图 6-3）：

$$\mathrm{ELMo}_k = \gamma \sum_{j=0}^{L} s_j \boldsymbol{h}_{k,j}^{LM}$$

其中，γ 和 $s_0, ..., s_L$ 均为可训练的参数。开源的 ELMo 预训练模型中，共有 $L=2$ 层 LSTM，每个方向输出 512 维状态向量，即 $\boldsymbol{h}_{k,j}^{LM}$ 维度为 1024。编码层使用字符 CNN 和两个 Highway 层生成 1024 维的 $\boldsymbol{h}_{k,0}^{LM}$。因此，ELMo 编码的维度为 1024。

和 CoVe 编码类似，可以将 ELMo 编码与词表向量拼接起来作为每个单词的编码 $[\mathrm{GloVe}(t_k); \mathrm{ELMo}_k]$。此外，实验结果表明，将机器阅读理解模型交互层的输出 $\boldsymbol{h}_k$ 与 ELMo 编码进行拼接，作为输出层的输入，可以进一步提高模型的准确性。

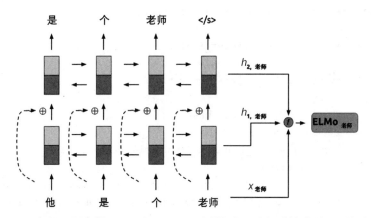

图 6-3 ELMo 编码。用字符 CNN 和 Highway 层得到上下文无关编码 $\boldsymbol{x}$，然后使用两层前后向语言模型获得 $\boldsymbol{h}_1$ 和 $\boldsymbol{h}_2$，经加权和得到 ELMo 编码

代码清单 6-2 是 ELMo 预训练模型的使用代码示例。ELMo 提供了将单词转化为字

符编码的函数 batch_to_ids。代码在获得所有层的 ELMo 编码 all_layers 后，利用加权和系数 s 和 γ 得到每个单词的 ELMo 编码。

代码清单 6-2　ELMo 预训练模型的使用

```
# 安装 allennlp 软件包
pip install allennlp
# Python 代码（必须使用 Python 3.6 版本）
import torch
from torch import nn
import torch.nn.functional as F
from allennlp.modules.elmo import Elmo, batch_to_ids
from allennlp.commands.elmo import ElmoEmbedder
from allennlp.nn.util import remove_sentence_boundaries
# 预训练模型下载地址
options_file = "https://allennlp.s3.amazonaws.com/models/elmo/2x4096_512_2048c
nn_2xhighway/elmo_2x4096_512_2048cnn_2xhighway_options.json"
weight_file = "https://allennlp.s3.amazonaws.com/models/elmo/2x4096_512_2048cn
n_2xhighway/elmo_2x4096_512_2048cnn_2xhighway_weights.hdf5"
# 获得 ELMo 编码器的类
elmo_bilm = ElmoEmbedder(options_file, weight_file).elmo_bilm
elmo_bilm.cuda()
sentences = [['Today', 'is', 'sunny', '.'], ['Hello', '!']]
# 获得所有单词的字符 ID，维度为 batch_size(2)×max_sentence_len(4)×word_len(50)
character_ids = batch_to_ids(sentences).cuda()
# 获得 ELMo 输出
bilm_output = elmo_bilm(character_ids)
# ELMo 编码
layer_activations = bilm_output['activations']
# 每个位置是否有单词
mask_with_bos_eos = bilm_output['mask']
# 去掉 ELMo 加上的句子开始和结束标识符
without_bos_eos = [remove_sentence_boundaries(layer, mask_with_bos_eos) for
layer in layer_activations]
# 获得三层 ELMo 编码，每层 1024 维，维度为 3×batch_size(2)×max_sentence_len(4)×1024
all_layers = torch.cat([ele[0].unsqueeze(0) for ele in without_bos_eos],
dim=0)
# 求加权和时每层的权重参数
s = nn.Parameter(torch.Tensor([1., 1., 1.]), requires_grad=True).cuda()
# 权重和为 1
s = F.softmax(s, dim=0)
```

```
# 求加权和时的相乘因子 γ
gamma = nn.Parameter(torch.Tensor(1, 1), requires_grad=True).cuda()
# 获得 ELMo 编码，维度为 batch_size(2)×max_sentence_len(4)×1024
res = (all_layers[0]*s[0]+ all_layers[1]*s[1]+ all_layers[2]*s[2]) * gamma
```

经过大规模语言模型预训练，ELMo 获得了有效的上下文表示。与基于机器翻译的 CoVe 相比，ELMo 能够充分利用预训练模型的参数。在 ELMo 出现后相当长的一段时间里，ELMo 编码基本取代了 CoVe 编码成为机器阅读理解模型中的上下文编码标配，并在命名实体识别、语句相似度等自然语言理解任务中得到了广泛应用。

6.4　生成式预训练模型 GPT

2018 年 6 月，OpenAI 提出了生成式预训练模型 GPT[⊖]（Generative Pre-Training）。GPT 本质上是一个语言模型，但是它首次提出了用预训练模型加上少量网络层来完成目标任务的架构，这与之前的 CoVe、ELMo 等有着本质上的区别。

GPT 语言模型并没有采用传统的 RNN 架构，而是基于高级注意力模型 Transformer。本节首先介绍 Transformer 模型的构造，然后分析 GPT 的架构与使用方法。

6.4.1　Transformer

Transformer 是 Google 于 2017 年提出的一种高级注意力模型[⊖]，用于生成文本的上下文编码。传统的上下文编码一般由 RNN 完成。但是，RNN 存在一个缺点，即其计算过程是顺序的。以前向 RNN 为例，获得第 10 个词的 RNN 向量必须先完成对第 1 ～ 9 个词的处理。因此，RNN 难以被并行化。此外，由于信息的衰减，RNN 很难有效处理文本中相隔较远的单词之间的交互信息，这也是 RNN 与注意力机制配合使用的原因之一。

针对 RNN 的缺陷，Transformer 提出使用自注意力机制生成上下文编码。Transformer 还对这一机制进行了改进，提出了多头注意力、位置编码、层归一化和位置前向神经网

⊖　A. Radford, K. Narasimhan, T. Salimans, I. Sutskever.《Improving Language Understanding by Generative Pre-Training》. 2018.

⊖　A. Vaswani, N. Shazeer, N. Parmar, J. Uszkoreit, L. Jones, A. N. Gomez, L. Kaiser, I. Polosukhin.《Attention Is All You Need》. 2017.

络。下面我们逐一介绍这些机制的原理和作用。

1. 多头注意力

传统的注意力机制可以认为是计算一个单词（定义为查询）和序列中每个单词（定义为键）的注意力系数，经 softmax 后对其他单词的词向量（定义为值）进行加权和计算。如果查询单词的个数为 n，键的个数为 m，则自注意力机制可以定义如下：

所有查询单词的向量为 $\boldsymbol{Q} \in R^{n \times d_{\text{model}}}$，所有键向量为 $\boldsymbol{K} \in R^{m \times d_{\text{model}}}$。通过内积函数计算注意力系数，softmax 后得到值向量 $\boldsymbol{V} \in R^{m \times d_v}$ 的加权和：

$$\text{Attention}(\boldsymbol{Q}, \boldsymbol{K}, \boldsymbol{V}) = \text{softmax}\left(\frac{\boldsymbol{Q}\boldsymbol{K}^{\text{T}}}{\sqrt{d_{\text{model}}}}\right)\boldsymbol{V} \in R^{n \times d_v}$$

这里，d_{model} 为查询单词和键单词向量的维度，d_v 为值单词向量的维度。$\boldsymbol{Q}\boldsymbol{K}^{\text{T}}$ 代表用内积函数计算注意力系数，分母 $\sqrt{d_{\text{model}}}$ 用于控制维度对注意力系数大小的影响。以自注意力为例，则 $m=n$，$d_{\text{model}} = d_v$。

多头注意力（multi-head attention）是将以上的注意力机制计算 h 次，然后把得到的结果拼接起来。每次计算注意力时，首先使用 3 个矩阵参数 $W_i^Q \in R^{d_{\text{model}} \times d_k}, W_i^K \in R^{d_{\text{model}} \times d_k}, W_i^V \in R^{d_{\text{model}} \times d_v}$ 将 $\boldsymbol{Q}$ 和 $\boldsymbol{K}$ 映射到 d_k 维空间，将 $\boldsymbol{V}$ 映射到 d_v 维空间，然后拼接注意力结果并用 $W^O \in R^{hd_v \times d_{\text{model}}}$ 映射回 d_{model} 维空间：

$$\text{MultiHead}(\boldsymbol{Q}, \boldsymbol{K}, \boldsymbol{V}) = \text{Concat}(\text{head}_1, \ldots, \text{head}_h)W^O \in R^{n \times d_{\text{model}}}$$

$$\text{head}_i = \text{Attention}(\boldsymbol{Q}W_i^Q, \boldsymbol{K}W_i^K, \boldsymbol{V}W_i^V) \in R^{n \times d_v}$$

图 6-4 所示为多头注意力的计算过程。由于多头注意力包括 h 次含参注意力计算，因此大大增加了模型的灵活度。将多头注意力运用于自注意力机制就可以获得每个单词的上下文编码，且完全不受单词间距离的影响。

2. 位置编码

用自注意力取代 RNN 的弊端之一是，原有文本序列中单词的顺序不再重要，因为计算自注意力向量的过程与单词的顺序无关。然而，文本中单词的排列与文本语义有很大的联系，如主语常在宾语前、指代词代表之前较近的名词等。为了解决这个问题，Transformer 设计了位置编码（positional embedding）来保留单词的位置信息。每一个位置都分配一个独特的 d_{model} 维编码。位置编码有两种形式：函数型和表格型。

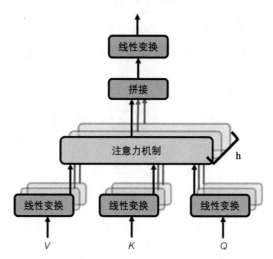

图 6-4　多头注意力包含 h 次线性变换，经过内积注意力函数计算后，通过拼接并线性变
换得到结果

函数型位置编码以单词位置和维度作为参数。以下是以三角函数定义的一种位置
编码：

$$\text{PE}_{\text{pos},2i} = \sin(\text{pos}/10000^{2i/d_{\text{model}}})$$

$$\text{PE}_{\text{pos},2i+1} = \cos(\text{pos}/10000^{2i/d_{\text{model}}})$$

其中，$\text{PE}_{\text{pos},j}$ 代表第 pos 个位置的单词的位置编码中第 j 维分量的值。函数型位置编
码的好处是，即使测试时出现比训练数据更长的语句，即 pos 值超出训练范围，依然可
以使用函数计算新位置的编码值。但函数型位置编码中并没有可以训练的参数，因而限
制了位置编码的自由度。

表格型位置编码根据训练数据中最长语句的长度 L 建立一个 $L \times d_{\text{model}}$ 的编码表，作
为参数进行训练。这种编码的优势是比较灵活，但是在测试时无法处理长度大于 L 的
语句。

3. 层归一化

神经网络中，每一层的计算结果会导致上层的输入分布发生变化。因此，在层数较

多的模型中，高层的输入往往会变化巨大，导致上层参数需要根据底层输入数据的分布不断进行调整，而且更高层的参数会对底层输入非常敏感。

要解决上述问题，可采用层归一化（layer normalization）对一层的输入 $(x_1,...,x_d)$ 进行归一操作，即计算该层输入的平均值 μ 和标准差 σ，将输入的每个维度标准化，得到 $(x_1^{'},...,x_d^{'})$：

$$\mu = \frac{1}{d}\sum_{i=1}^{d}x_i, \sigma = \sqrt{\frac{1}{d}\sum_{i=1}^{d}(x_i - \mu)^2 + \varepsilon}$$

$$x_i^{'} = f\left(g\frac{x_i - \mu}{\sigma} + b\right)$$

其中，g、b 为参数，f 为非线性函数。

4. 前向神经网络

Transformer 中包含一个前向神经网络。对于输入向量 $x \in R^{d_{model}}$ 进行两次线性变换，并使用 ReLU 激活函数，得到结果 FFN (x)：

$$\text{FFN}(x) = \text{ReLU}(xW_1 + b_1)W_2 + b_2$$

其中，$W_1 \in R^{d_{model} \times d_{hidden}}$，$b_1 \in R^{d_{hidden}}$，$W_2 \in R^{d_{hidden} \times d_{model}}$，$b_2 \in R^{d_{model}}$，均为参数。

整个 Transformer 的模型架构如图 6-5 所示。其中，输入单词获得单词向量后，与位置编码相加输入多头自注意力机制。然后将注意力机制的输出与输入相加，经过层归一化输入一个前向网络。前向网络的输出与输入相加，经过层归一化得到最终输出。这种将一个网络层的输出与输入相加的方法来自**残差网络**（residual network），目的是降低计算导数时链式法则路径的平均长度。

Transformer 有个重要的特性——输入和输出维度一致。设输入词向量为 $x_1, ..., x_n$，则输出为 Transformer$(x_1,...,x_n) = y_1,...,y_n$，$x_i$

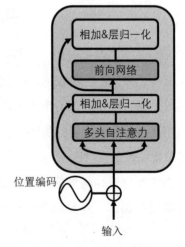

图 6-5　Transformer 层的结构示意图，其中包含位置编码，多头注意力，两次层归一化和一个前向网络

维度等于 y_i 维度。因此，可以将多个 Transformer 依次叠加形成更复杂的结构，如第二层为 Transformer$(y_1,...,y_n) = z_1,...,z_n$。和多层 RNN 类似，多层 Transformer 结构可以分析更深层次的语义信息。在许多自然语言处理任务中，多层 Transformer 架构取得了优于 RNN 的效果。

6.4.2　GPT 模型架构

GPT 使用了多层 Transformer 预训练语言模型。首先，模型利用字节对编码（BPE）对文本进行分词。然后，GPT 使用滑动窗口的概念，即通过文本中第 $i-1$，$i-2$，$\cdots$，$i-k$ 个词预测第 i 个词。如果输入文本的分词结果为 $U = \{u_1, u_2,...,u_m\}$，则预训练的损失函数为

$$L_1(U) = \sum_i \log P(u_i \mid u_{i-k},...,u_{i-1}; \Theta)$$

其中，k 为窗口大小，Θ 为参数。

GPT 的输入 h_0 为窗口中所有单词编码与位置编码的和，单词 i 用 d 维向量 h_0^i 表示：

$$\boldsymbol{h}_0 = (\boldsymbol{h}_0^{i-k},...,\boldsymbol{h}_0^{i-1}) = \boldsymbol{U}\boldsymbol{W}_e + \boldsymbol{W}_p$$

其中，$\boldsymbol{W}_e$ 为字典单词向量矩阵，$\boldsymbol{W}_p$ 为位置编码矩阵，此处将 $\boldsymbol{U}$ 视为独热矩阵。之后，$\boldsymbol{h}_0$ 依次经过 n 个 Transformer 层，利用最后一层的结果预测下一个词 u_i：

$$\boldsymbol{h}_l = \text{transformer}(\boldsymbol{h}_{l-1}) \in R^{k \times d}, \forall l \in [1, n]$$

$$P(u) = \text{softmax}(\boldsymbol{h}_n^{i-1} \boldsymbol{W}_e^{\mathrm{T}})$$

我们注意到 $P(u_i)$ 的计算复用了 $\boldsymbol{W}_e$，这也是语言模型中的常用技巧。开源的 GPT 预训练模型使用了 $n=12$ 层 Transformer，每个 Transformer 为 12-Head Attention，单词向量为 768 维，如图 6-6 所示。整个模型在 BooksCorpus 语料库上训练了 100 轮。

6.4.3　GPT 使用方法

与 CoVe、ELMo 不同，GPT 经过预训练后并非作为一个编码层加入目标问题模型。对于不同的自然语言处理任务，只需要在 GPT 模型后加入简单的输出层，然后在目标任务的数据上继续训练 3 轮左右即可。训练时，GPT 本身的模型和输出层的参数均被优化，

上述过程称为**微调**（finetune）。

设目标任务为文本分类。如果输入文本 $\mathcal{C}$ 分词后为 $\{u_1, u_2, \ldots, u_m\}$，且类别标签为 y，只需要在 GPT 模型后加入输出层 $\boldsymbol{W}_y$ 进行预测：

$$P(y|u_1, u_2, \ldots, u_m) = \mathrm{softmax}(\boldsymbol{h}_n^m \boldsymbol{W}_y) \in R$$

其中，$\boldsymbol{W}_y \in R^{d \times K}$，$K$ 为所有类别的个数，它将最后一层中最后一个词的 GPT 向量表示 $\boldsymbol{h}_n^m$ 转化成每一类的打分。微调阶段的损失函数为交叉熵 L_2：

$$L_2(\mathcal{C}) = \sum_{(u,y)} \log P(y \,|\, u_1, \ldots, u_m)$$

实验表明，在微调时加入语言模型损失函数能有效提高模型在目标任务上的准确度，即使用如下的损失函数 L_3：

$$L_3(\mathcal{C}) = L_2(\mathcal{C}) + \lambda \times L_1(\mathcal{C})$$

其中，λ 为加权系数，在实验中取值为 0.5。

GPT 可以应用在不同种类的目标任务上。如图 6-6 所示，对于判断两个句子相似度的任务，只需将两个句子拼接起来并在中间加入分隔符 Delim 作为输入语句。此外，所有输入都以标识符 Start 开始，以标识符 Extract 结束。

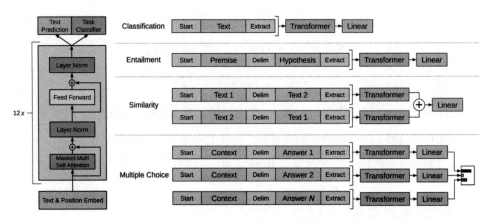

图 6-6   GPT 的多层 Transformer 结构及其在不同种类的目标任务上的微调过程

由于 GPT 的预训练任务语言模型属于无监督学习，它可以有效利用海量无标注语料库对模型进行充分训练，使模型具有很强的文本理解和分析能力。相较于 CoVe 和

ELMo，GPT 模型第一次做到了替代目标任务模型的主体部分，即只需要为 GPT 添加简单的输出层就可以在目标任务中达到很高的准确度。实验结果表明，GPT 在自然语言推理、问答、文本相似度、分类等多个任务中均取得了历史最好成绩。

2019 年 2 月，OpenAI 进一步推出了 GPT 的进化版 GPT-2。它的模型架构和 GPT 基本一致，但模型参数的个数和训练数据量均为 GPT 的 10 倍。GPT-2 的表现更加优异，而且展现了惊人的生成文本的能力，如可以根据任意给定的开头，利用语言模型生成一段逼真的新闻稿，这也引发了人们对人工智能的热议。

6.5　划时代的预训练模型 BERT

2018 年 10 月初，一篇来自 Google 的论文[⊖]在自然语言处理界引起了巨大反响。这篇论文提出的双向语言理解模型 BERT（Bidirectional Encoder Representations from Transformers）在 11 个自然语言理解任务中均取得了第一名的好成绩，结果远远超过了 6.4 节中介绍的 GPT 模型，并且在 SQuAD 1.0 竞赛和 SWAG 常识推理两个任务中超过了人类水平。当论文作者开源了代码和预训练模型后，BERT 立即被研究者运用在各种 NLP 任务中，并频繁地大幅刷新之前的最好结果。例如，在 SQuAD 2.0 竞赛中，排名前 20 名的模型全部基于 BERT；在 CoQA 竞赛中，排名前 10 名的模型全部基于 BERT。这两个竞赛中模型的最好表现已经超越了人类水平。

和 GPT 类似，BERT 本质上也是一种多层 Transformer 结构。它的输入是一段文本中每个单词的词向量（分词由 WordPiece 生成，类似于 BPE），输出是每个单词的 BERT 编码。一个单词的 BERT 编码包含了这个单词及其上下文信息。BERT 模型采用了两个预训练任务：双向语言模型和判断下一段文本。这两个任务均属于**无监督学习**（unsupervised learning），即只需要文本语料库，不需要任何人工标注数据。

6.5.1　双向语言模型

6.4 节中介绍的 GPT 模型使用了传统的单向语言模型：根据之前出现的单词信息预

⊖　J. Devlin, M.-W. Chang, K. Lee, K. Toutanova.《BERT: Pre-training of Deep Bidirectional Transformers for Language Understanding》. 2018.

测下一个单词。ELMo 模型中虽然加入了反向语言模型，但两个方向的语言模型是相互独立的。也就是说，ELMo 预测一个单词时并没有同时利用两个方向的文本信息。

然而，一个单词的出现并不只和一个方向的上下文有关。例如，"我喜欢去商场购物"，其中，"商场"一词的上文"去"表明这应该是一个地点，而下文"购物"表明这应该是一个与买东西相关的概念。因此，一个好的语言理解模型应该同时接收两个方向的文本输入。

Transformer 中的自注意力机制似乎可以解决这个问题，只要让 Transformer 在第 i 个位置输出的编码不依赖于单词 i 的信息即可。设单词 i 的词向量为 x_i，经 Transformer 处理后的输出为 $y_i = f(x_1,...,x_{i-1},x_{i+1},...,x_n)$，即 y_i 是关于所有除单词 i 以外其他单词的函数。然后通过 y_i 预测第 i 个位置的单词。然而，这种做法只适用于单层 Transformer。因为在第二层中，$z_i = f(y_1,...,y_{i-1},y_{i+1},...,y_n)$，而这些 y 向量中均已包含了 x_i 的信息，这就会导致 z_i 不能用来预测第 i 个位置的单词。

为了解决上述问题，BERT 提出了掩码（masking）机制。BERT 在一段文本中随机挑选 15% 的单词，以掩码符号 [MASK] 代替。然后，利用多层 Transformer 机制预测这些位置的单词。由于输入中没有被掩去的单词的任何信息，这些位置上的 Transformer 输出可以用来预测对应的单词。因此 BERT 是一个双向语言模型。

但是，由于原文本中并无掩码 [MASK]，这就使得预训练任务与之后的目标任务产生了不一致。为了解决这一问题，BERT 在选取被掩单词后以 80% 的概率替换成 [MASK]，以 10% 的概率替换成一个随机单词，以 10% 的概率保持原单词。实验证明这种方法可以提升目标任务的准确度。

6.5.2　判断下一段文本

BERT 的第二个预训练任务是二分类问题：给定两段文本 A、B，判断 B 是否是原文中 A 的下一段文本。为了尽可能多地考虑上下文，文本 A 和 B 的长度总和最大为 512 个词。训练中，50% 的正例来自原文中紧挨着的两段文本，50% 的负例来自两段无关联的文本。由于 Transformer 结构只接收一段文本输入，BERT 将 A 和 B 拼接起来，并加上起始符号 [CLS] 和分隔符 [SEP]。为了使模型区分 A 和 B 文本，还加入了段编码（segment embedding），即给 A 文本和 B 文本中的单词分配不同的编码。设起始符 [CLS] 位置的

BERT 编码为 x_{CLS}，则模型预测 B 文本是 A 文本的下一段文本的概率为 $\sigma(Wx_{CLS})$，W 为参数矩阵。整个过程如图 6-7 所示。

判断下一段文本的预训练任务属于分类问题，提高了预训练阶段与微调阶段任务的契合度。这也是 BERT 取得比 GPT 更优秀结果的原因之一。

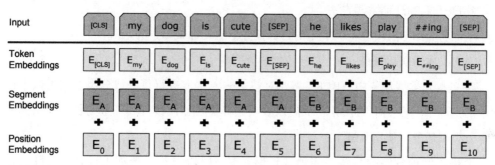

图 6-7　BERT 用于判断下一段文本任务的输入，为词编码、段编码和位置编码相加的和

6.5.3　BERT 预训练细节

BERT 的预训练数据来自公开语料库 BooksCorpus(共 8 亿个词) 和英文维基百科 (共 25 亿个词)。BERT 公开的预训练模型有 Base 与 Large 两种。

❑ $\text{BERT}_{\text{BASE}}$：12 层 Transformer，输入和输出维度为 768，注意力含 12 个 Head，共 1.1 亿个参数。

❑ $\text{BERT}_{\text{LARGE}}$：24 层 Transformer，输入和输出维度为 1024，注意力含 24 个 Head，共 3.4 亿个参数。

其中，$\text{BERT}_{\text{BASE}}$ 模型的规模与 GPT 类似，用于和 GPT 进行公平比较。两个模型均训练了 40 轮。$\text{BERT}_{\text{BASE}}$ 在 4 个 Cloud TPU 上训练，$\text{BERT}_{\text{LARGE}}$ 在 16 个 Cloud TPU 上训练，均花费了 4 天左右的时间。值得一提的是，与 GPU 相比，TPU 针对深度学习进行了更好的硬件和算法优化。据估计，在 4 个 GPU 上训练 $\text{BERT}_{\text{LARGE}}$ 需要花费约 100 天的时间。因此，BERT 是有史以来耗费计算资源最多且模型规模最大的自然语言预训练模型。

6.5.4　BERT 在目标任务中的使用

BERT 的影响力主要来源于它在诸多目标任务上的优异表现。在语言推理任务

MNLI、语句相似度判别任务 STS-B、语句释义任务 MRPC、阅读理解任务 SQuAD 等 11
个任务中均取得了第一名，且 BERT$_{BASE}$ 和 BERT$_{LARGE}$ 的表现均大幅超过了 GPT 模型的表
现。之后，BERT 预训练模型被全世界研究人员广泛应用在各种自然语言理解任务中，多
次大幅刷新了准确度得分。

1. BERT 的几种微调方法

下面将介绍 BERT 在不同类型的目标任务上的几种微调方法。

（1）文本分类型任务

在文本分类型任务中，BERT 需要对整个输入文本进行打分或分类。这类似于预训
练中的判断下一段文本的任务。下面以多项选择类机器阅读理解任务为例，介绍如何在
文本分类型任务中使用 BERT。

当机器阅读理解的答案为多项选择形式时，可以对每个选项进行打分。设给定文
本为 P，问题为 Q，则对于每个选项 C_i，定义 BERT 输入为 [CLS] Q C_i [SEP] P。定义
[CLS] 位置的 BERT 输出向量为 $h_0^{(i)} \in R^d$。在 BERT 的模型上加入一个前向网络 $W \in R^{d\times1}$，
就可以获得打分 $s^{(i)} = h_0 W$。将所有 K 个选项的得分 $[s^{(1)},...,s^{(K)}]$ 经过 softmax 计算得到模
型选择每个选项的概率，然后使用交叉熵作为损失函数训练模型。

也就是说，BERT 迁移到文本分类型任务时，需要将所有信息拼接成一段文本，然
后在 BERT 模型上添加一个前向网络，将 [CLS] 位置对应的 BERT 编码 h_0 转化成得分，
如图 6-8 所示。

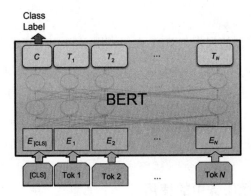

图 6-8　BERT 应用于文本分类型任务。需要将 [CLS] 对应的 BERT 编码转化为分类得分
　　　　（来自 BERT 论文）

（2）序列标注型任务

在序列标注型任务中，BERT 需要对文本中的每个单词标注分数。例如，在区间答案型机器阅读理解任务中，模型需要输出答案在段落中每个位置开始和结束的概率。

设给定文本为 P，问题为 Q，定义 BERT 输入为 [CLS] Q [SEP] P。定义 P 中 n 个单词的 BERT 编码为 $[\boldsymbol{h}_1,...,\boldsymbol{h}_n], \boldsymbol{h}_i \in R^d$。在 BERT 的模型上加入一个前向网络 $\boldsymbol{W}^S \in R^{d\times1}$，获得分数 $s_i = \boldsymbol{h}_i \boldsymbol{W}^S$。经过 softmax 计算得到模型预测的答案在文本中每个位置开始的概率：

$$p_1^S,...,p_n^S = \mathrm{softmax}(s_1,...s_n)$$

同理，加入另一个的前向网络 $\boldsymbol{W}^E \in R^{d\times1}$，获得分数 $e_i = \boldsymbol{h}_i \boldsymbol{W}^E$。经过 softmax 计算得到模型预测的答案在文本中每个位置结束的概率：

$$p_1^E,...,p_n^E = \mathrm{softmax}(e_1,...e_n)$$

然后将这些概率与标准答案的位置输入交叉熵损失函数进行训练。

也就是说，BERT 迁移到序列标注型任务时，需要将所有信息拼接成一段文本，然后在 BERT 模型上添加前向网络，将序列中的每个待标注位置对应的 BERT 编码转化成得分，如图 6-9 所示。

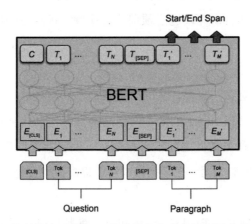

图 6-9　BERT 应用于序列标注型任务。需要将文本中每个词对应的 BERT 编码转化成为得分（来自 BERT 论文）

在以上两种任务的微调训练中，BERT 自身的参数和添加的前向网络参数均需要训练，但一般只需要在目标任务上训练 2～4 轮。

BERT 与 GPT 类似，并非作为一个编码层加入目标问题模型，而是略加修改就可以应用在许多种类的自然语言处理任务中。这是因为 BERT 在超大规模数据上进行了充分训练，其内部参数和网络结构已经有了很强的文本分析能力。对于不同的目标任务，只需要根据问题要求加入前向网络输出层并进行微调，就可以获得很好的效果。这种预训练模式彻底颠覆了之前需要对每种自然语言处理任务设计特定网络架构的方式。而且，BERT 在目标任务上进行微调时，即使只有少量数据也可以获得很好的表现。这非常适用于机器阅读理解等缺乏标注数据的任务。

2. 更多的改进措施

由于 BERT 本身的网络结构加上简单的输出层可以在许多目标任务上有非常优秀的表现，在 BERT 出现之后，对于新的模型架构的研究相对减少，研究者更多关注的是如何在给定 BERT 模型的情况下，改进训练数据的收集方法、预训练和微调的模式等。其中包括以下几个方面。

（1）更多的预训练任务

有研究改进了 BERT 双向语言模型预训练任务中掩码的使用方式，利用掩码代替短语或句子，而非单个单词。这样可以增加预训练的难度，使模型更加注重上下文逻辑，且取得了很好的效果。还有研究改进了预训练时注意力机制的掩码设置，使 BERT 可以完成自然语言生成任务。

（2）多任务微调

在微调阶段，可以对多个目标任务同时进行训练，即将多种类型任务的数据混合起来进行训练。这些任务共享 BERT 的基本网络结构，但各自拥有和自身任务相关的前向网络输出层。这些目标任务彼此之间不必相似，可以包括阅读理解、语句相似度判断、语句释义等多种类型。实验表明，多任务微调可以提高模型在每个子任务上的表现。

（3）多阶段处理

BERT 的预训练数据来自 BooksCorpus 和英文维基百科。但是，这些语料不一定和目标任务的语言环境相近，如医疗、法律领域的分类任务。因此，可以先在和目标任务相关的语料上继续预训练 BERT，再针对目标任务进行微调。这样可以有效提升模型的表现。

（4）将 BERT 作为编码层

由于 BERT 模型的规模巨大，在目标任务上微调也需要大量的计算资源。在资源有限的情况下，可以将 BERT 作为编码层，并固定其中的所有参数。之后，和 ELMo 模型类似，需要对 BERT 每一层 Transformer 的输出计算含参加权和，以便在后续网络层中使用。由于 BERT 的参数不参与训练，因而大大减少了对计算资源的需求。第 7 章中介绍的阅读理解模型 SDNet 就采用了这种方式。

6.5.5 实战：在区间答案型机器阅读理解任务中微调 BERT

BERT 模型流行的原因之一是原作者第一时间公开了 TensorFlow 代码和预训练模型参数。之后，HuggingFace 公司将代码转换为 PyTorch 版本，并对各种功能进行了封装，包括分词、预训练、各种任务的微调等。代码清单 6-3 展示了如何在区间答案型机器阅读理解任务中微调 BERT。

代码清单 6-3　BERT 在区间答案型机器阅读理解任务中的微调

```
# 安装包含 BERT 在内的 Transformer 软件包
$ pip install pytorch-transformers
# Python 代码
import torch
from pytorch_transformers import *
# 使用 BERT-base 模型，不区分大小写
config = BertConfig.from_pretrained('bert-base-uncased')
# BERT 使用的分词工具
tokenizer = BertTokenizer.from_pretrained('bert-base-uncased')
# 载入为区间答案型阅读理解任务预设的模型，包括前向网络输出层
model = BertForQuestionAnswering(config)
# 处理训练数据
# 获得文本分词后的单词编号，维度为 batch_size(1)×seq_length(4)
input_ids = torch.tensor(tokenizer.encode("This is an example")).
unsqueeze(0)
# 标准答案在文本中的起始位置和终止位置，维度为 batch_size
start_positions = torch.tensor([1])
end_positions = torch.tensor([3])
# 获得模型的输出结果
outputs = model(input_ids, start_positions=start_positions, end_positions=end_
positions)
# 得到交叉熵损失函数值 loss，以及模型预测答案在每个位置开始和结束的打分 start_scores 与
end_scores，维度均为 batch_size(1)×seq_length
loss, start_scores, end_scores = outputs
```

BERT 划时代的意义在于，它的作用不仅局限于一个或数个特定领域，而是可以在大量的自然语言理解任务中大幅提高模型的表现。BERT 的问世使预训练模式真正受到了世人的热切关注，并得到了广泛应用。BERT 的基本思想来源于 GPT，采用了无监督学习模式在大规模语料上进行预训练。但是，BERT 的创新之处在于：第一，利用掩码设计实现了双向语言模型，这更加符合人类理解文本的原理；第二，通过判断下一段文本增强了 BERT 分类能力，提高了预训练任务与目标任务的契合度。

BERT 的影响是深远的。之后的许多 NLP 研究均沿袭了 BERT 的方法：在海量数据上预训练超大规模模型，然后在少量标注数据上进行微调。在很多子领域中，为每种任务专门设计模型并只在标注数据上训练的时代已经过去。BERT 利用公共的模型和参数将各种 NLP 问题连接起来，指明了新的前进方向。毫无疑问，BERT 是 NLP 发展史上最重要的里程碑之一。

6.6   本章小结

- ❑ **预训练**策略首先在其他相关任务上训练模型，然后将模型在目标任务上进一步优化，实现所学知识的迁移。预训练模型可以有效克服目标任务数据不足的问题。
- ❑ CoVe 模型在机器翻译数据上进行训练，然后用其中的编码器为目标任务生成上下文编码。
- ❑ ELMo 模型为基于 RNN 的语言模型，预训练后可以作为上下文编码生成器。
- ❑ Transformer 模型利用**多头注意力**机制和位置编码，可以替代 RNN 生成上下文编码。
- ❑ GPT 模型是基于 Transformer 的语言模型，通过加入简单的输出层即可解决目标任务。
- ❑ BERT 模型基于 Transformer 进行双向语言理解，不需要标注数据就可以预训练。BERT 在诸多 NLP 任务上都有非常优异的表现，是 NLP 发展史上最重要的里程碑之一。

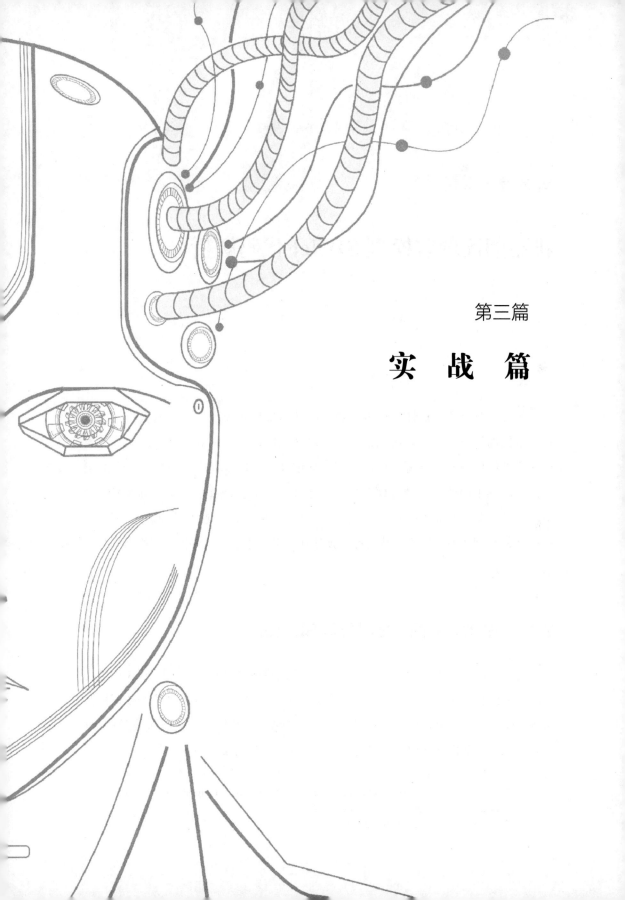

第三篇

实　战　篇

第 7 章

机器阅读理解模型 SDNet 代码解析

前面几章介绍了机器阅读理解模型的基本架构和原理。这些模型的具体实现中有许多重要的细节，包括如何创建词表、建立批次训练数据等。因此，本章将通过对机器阅读理解模型 SDNet 源代码的分析，详细介绍代码实现中的技巧。其中的很多技巧可以运用到不同的阅读理解模型当中。此外，由于 SDNet 运用了预训练模型 BERT 的最新成果，本章也将展示如何在自然语言处理任务中高效地使用 BERT。下面将首先介绍 SDNet 模型的基本原理，然后按照预处理、批次建立、训练器、网络架构的顺序介绍 SDNet 的源代码。

7.1 多轮对话式阅读理解模型 SDNet

SDNet 是一个处理多轮对话式问答任务的机器阅读理解模型，于 2018 年年底推出[⊖]。SDNet 在机器阅读理解竞赛 CoQA 中获得了第一名的成绩，并公开了 PyTorch 版代码[⊜]。SDNet 模型采用了编码层、交互层和输出层的结构，并使用了预训练模型 BERT。本节将介绍 SDNet 的网络结构，并解读其中的设计原理和创新点。

⊖ C. Zhu, M. Zeng, X. Huang, arXiv:1812.03593.《 SDNet: Contextualized Attention-based Deep Network for Conversational Question Answering 》. 2018.

⊜ 参见 https://github.com/microsoft/sdnet。

7.1.1　编码层

在多轮对话式阅读理解任务中,针对一个段落可以有若干轮问答。在回答第 k 轮的问题 Q_k 时,模型可以使用文章 C 以及前 $k-1$ 轮的问题和回答的信息 $Q_1, A_1, ..., Q_{k-1}, A_{k-1}$。为了利用之前轮次问答的信息,SDNet 将之前 2 轮的问答与本轮的问题拼接起来作为新的问题文本,有 $Q_{new} = \{Q_{k-2}; A_{k-2}; Q_{k-1}; A_{k-1}; Q_k\}$。这样,问题就被转化成经典的单轮问答式阅读理解任务。

为了将问题和文章的文本转化成向量,SDNet 使用了 GloVe 词表。此外,模型对每个文章单词计算如下编码:12 维词性编码、8 维命名实体编码、3 维精确匹配编码以及 1 维单词频率编码。

基于预训练模型产生的上下文编码在机器阅读理解中的重要作用,SDNet 使用 BERT 模型为文章和问题中的每个单词产生上下文编码。和传统的 BERT 微调策略不同,SDNet 锁定 BERT 的参数,对 BERT 每一层 Transformer 产生的向量计算含参加权和,得到上下文编码。

具体来说,若 BERT 一共有 L 层 Transformer,则设立 L 个参数 $\alpha_1, ..., \alpha_L$。一个单词 w 通过 BERT 时,第 t 层 Transformer 产生上下文编码 h^t,则该单词的 BERT 编码是 $\sum_{t=1}^{L} \alpha_t h^t$。注意这里只需要训练参数 $\alpha_1, ..., \alpha_L$,而无须微调 BERT 模型内部的参数。

然而,BERT 在分词时采用了 WordPiece,这与传统的分词(如 spaCy)不同。由于 GloVe、词性编码以及命名实体编码均建立在传统分词之上,因此不能直接将 BERT 的编码与 GloVe 等编码合并。为了解决这个问题,SDNet 提出,可以在传统方式分词后对每个单词进行 WordPiece 分词,从而得到若干子词。然后,一个单词的 BERT 编码是它对应的子词的 BERT 编码的平均值。也就是说,如果一个单词 w 被 WordPiece 分成 $b_1, b_2, ..., b_s$ 等 s 个子词,而 b_i 的第 t 层 BERT 编码是 h_i^t,则 w 的 BERT 编码如下:

$$\text{BERT}(w) = \sum_{t=1}^{L} \alpha_t \frac{\sum_{i=1}^{s} h_i^t}{s}$$

因为不需要微调 BERT 的参数,SDNet 模型的参数个数大大减少,这既节省了计算资源,也加快了优化速度。而且,这种方法突破了 BERT 本身限定的"预训练模型 + 少量全连接层微调"的框架,为更加灵活地在机器阅读理解中使用 BERT 以及其他预训练模型提供了一种新的思路。

7.1.2　交互层与输出层

SDNet 模型的交互层与 5.3 节介绍的 FusionNet 的交互层基本类似，也采用了单词注意力层、阅读层、问题理解层、全关注互注意力层等结构。但是，由于输入模型的问题包含若干轮问答信息，长度较长，因而加入了针对问题单词的自注意力层，以打破远距离单词之间的信息交流屏障。SDNet 交互层的结果为每个文章单词的上下文编码 $\{\boldsymbol{u}_i^C\}_{i=1}^m$ 以及每个问题单词的上下文编码 $\{\boldsymbol{u}_i^Q\}_{i=1}^n$。

由于 CoQA 任务的答案包括 4 种——区间式、是（Yes）、否（No）及无法给出答案（unknown），因此 SDNet 的输出层给出了 $2m+3$ 个分数，分别是答案在文章每个位置开始和结束的得分，以及是 / 否 / 无法给出答案这 3 种情况的得分。SDNet 使用多分类交叉熵作为损失函数对网络参数进行优化。

整个 SDNet 的网络架构如图 7-1 所示。

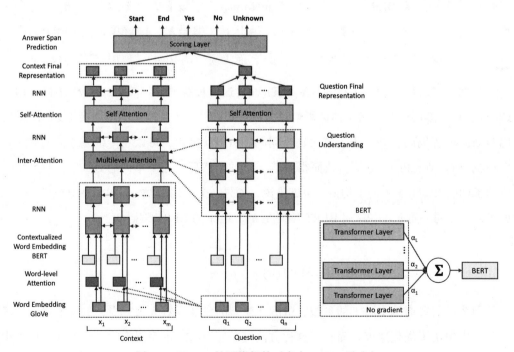

图 7-1　SDNet 的网络架构（来自 SDNet 论文）

7.2　SDNet 代码介绍与运行指南

本节介绍 SDNet 的开源代码总体结构以及如何运行代码。

7.2.1　代码介绍

SDNet 的代码分为模型部分和功能部分两个模块，分别负责 SDNet 网络的计算和常用功能函数。

（1）模型部分：Models 文件夹

1）BaseTrainer.py：训练器的基类（base class），定义训练器的初始化、生成日志文件等功能。

2）SDNetTrainer.py：SDNet 的训练器，定义 SDNet 的训练 / 优化及测试过程，并实现模型的存取功能。

3）SDNet.py：SDNet 的网络模型，定义 SDNet 的网络架构和前向计算方法。

4）Layers.py：所有自定义网络层。

5）Bert 文件夹：BERT 相关代码。

❑ Bert.py：BERT 在 SDNet 中的使用，包括子词编码平均等功能。

❑ modeling.py、optimization.py、tokenization.py：HuggingFace 实现的 BERT 的 PyTorch 版本代码，用于读取 BERT 预训练模型及计算过程。

（2）功能模块：Utils 文件夹

❑ Arguments.py：读取配置参数文件。

❑ Constants.py：定义代码用到的常数，如不在词典中的单词（<UNK>）的编号等。

❑ CoQAPreprocess.py：预处理 CoQA 的原始数据，如分词、获得词表与单词编号等。

❑ CoQAUtils.py、GeneralUtils.py：SDNet 中用到的功能函数。

根目录下的 main.py 为入口代码，用于执行整个 SDNet 的训练和测试过程。

7.2.2　运行指南

1. 容器 Docker 设置

SDNet 的源代码需要相关版本软件包的支持，包括 PyTorch 0.4.1 及 spaCy 2.0.16 版本。为了方便读者运行代码，包含所有软件包的容器（Docker）已经上传至 Docker Hub 网站（https://hub.docker.com/r/zcgzcgzcg/squadv2/tags），读者可以根据需要选择 v3.0 或 v4.0 版本。

以下是在 Linux 环境中获取并进入 Docker 的代码，如代码清单 7-1 所示。

代码清单 7-1　Docker 容器设置

```
docker login # 之后输入账号密码
docker pull zcgzcgzcg/squadv2:4.0 # 下载 Docker 至本地
nvidia-docker run -it --mount src='/',target=/workspace/,type=bind zcgzcgzcg/
squadv2:4.0 # 进入下载的 Docker, 本机目录在 Docker 里可见，并可以使用 nVidia GPU
cd /workspace # 进入映射的文件夹
```

2. 数据下载

SDNet 开源代码采用代码与运行数据分离的设计，即两者分别在两个文件夹中，这样有利于代码移植和多次实验。具体来说，可以先建立一个名为 coqa 的文件夹，然后从 CoQA 官网[⊖]下载训练与验证数据（coqa-train-v1.0.json 和 coqa-dev-v1.0.json）至 coqa/data 文件夹中。

由于 SDNet 使用 BERT 预训练模型，需要从 Hugging Face 官网[⊜]将 BERT 的模型参数下载至 coqa/bert-large-uncased（使用 BERT-large）或 coqa/bert-base-cased（使用 BERT-base）中。然后从 SDNet 开源代码的 bert_vocab_files 文件夹下载词表文件 bert-*-uncased-vocab.txt 至 BERT 目录。

最后，与 coqa 文件夹平行建立 glove 文件夹，将 GloVe 词表编码 glove.840B.300d.txt[⊜]下载至 glove 文件夹中。

经过上述操作，读者应该已得到如下文件路径结构：

1）sdnet/（代码文件夹）。

① main.py。

② 其他 Python 代码。

2）coqa/（运行数据文件夹）。

⊖　参见 https://stanfordnlp.github.io/coqa/。

⊜　参见 https://github.com/huggingface/pytorch-transformers。

⊜　参见 https://nlp.stanford.edu/projects/glove/。

① data/。

❑ coqa-train-v1.0.json。

❑ coqa-dev-v1.0.json。

② bert-large-uncased/。

❑ bert-large-uncased-vocab.txt。

❑ bert_config.json。

❑ pytorch_model.bin。

③ conf。

3）glove/：glove.840B.300d.txt。

注意，coqa 文件夹中含有 SDNet 配置文件 conf，其中包括了各种超参数的定义和相关数据路径。7.2.3 节将介绍配置文件的定义。

3. 代码运行

在 SDNet 的代码文件夹 sdnet 中，运行如下命令可以开始训练：

```
CUDA_VISIBLE_DEVICES =0 python main.py train [coqa 文件夹路径 ]/conf
```

其中，CUDA_VISIBLE_DEVICES 是指需要使用的 GPU 编号。在 Linux 系统中可以用 nvidia-smi 命令观察每个 GPU 的编号和使用情况。Main.py 为 SDNet 的运行入口，其中包含两个参数：命令（train）和配置文件路径。

第一次运行训练时，代码会预处理分词，得到词表和单词编号等信息，并存储在 coqa/conf~/spacy_intermediate_feature~/ 文件夹中。每次运行时，代码将在 conf~ 中建立 run_[运行次数] 文件夹（如 run_1、run_2），内容包括本次运行的配置文件副本 conf_copy、日志文件 log.txt 以及当前得到的在验证数据集上指标最高的模型参数 best_model.pt。

7.2.3　配置文件

SDNet 的模型有许多配置参数，如 RNN 层数、状态向量维度、随机种子等。在实验中，我们经常需要调控这些参数。SDNet 源代码采用配置文件的方式将需要的所有参数放入文件，并在训练时指定配置文件以调取对应的参数。

配置文件需要放置在数据文件夹中，如 7.2.2 节提到的 coqa 文件夹。SDNet 代码会根据配置文件的位置自动获取数据文件夹的路径。配置文件中的每一行定义一个参数，共有如下两种形式。

❑ 参数名 参数值：例如 SEED 1033 表示初始种子值为 1033。

❑ 属性名：例如 BERT 表示模型使用 BERT。

第一种形式为键值对（key-value pair），中间用 Tab 分割，表示参数名和参数值。第二种形式只有参数名，表示存在这种属性。

代码清单 7-2 是 SDNet 代码自带的默认配置文件及相关参数解释，读者可以利用如下配置获得论文中的最优结果。

代码清单 7-2　SDNet 默认配置文件

```
# 训练集原始数据名称
CoQA_TRAIN_FILE     data/coqa-train-v1.0.json
# 验证集原始数据名称
CoQA_DEV_FILE       data/coqa-dev-v1.0.json
# 将前 PREV_ANS 轮的回答与本轮问题拼接
PREV_ANS            2
# 将前 PREV_QUES 轮的问题与本轮问题拼接
PREV_QUES           2
# 模型输入层对问题和文章单词编码以及 BERT 加权和的 Dropout 概率
dropout_emb         0.4
# 模型其余部分使用的 Dropout 的概率，如 RNN 等
DROPOUT             0.3
# 使用 Variational Dropout，即 RNN 每个单元对输入使用同样的 Dropout 掩码
VARIATIONAL_DROPOUT
# 使用 BERT
BERT
# 使用 BERT-large 模型
BERT_LARGE
# 锁定 BERT 参数，不进行求导与更新
LOCK_BERT
# 对 BERT 每层的编码进行加权和
BERT_LINEAR_COMBINE
# BERT-base 与 BERT-large 预训练模型和分词文件位置
BERT_tokenizer_file       bert-base-cased/bert-base-cased-vocab.txt
BERT_model_file bert-base-cased/
BERT_large_tokenizer_file       bert-large-uncased/bert-large-uncased-vocab.txt
BERT_large_model_file     bert-large-uncased/
# 随机化种子
SEED        1033
# 使用 spaCy 进行分词
SPACY_FEATURE
# GloVe 词向量文件位置
```

```
INIT_WORD_EMBEDDING_FILE  ../glove/glove.840B.300d.txt
# 批次 batch 大小
MINI_BATCH          32
# 训练轮数
EPOCH               30
# 对问题进行自注意力机制计算
QUES_SELF_ATTN
# 输出答案最长长度
max_len             15
# 是否将多层 RNN 的每层结果拼接作为输出
concat_rnn          False
# 梯度裁剪范围
grad_clipping       10
# 词向量维度
embedding_dim       300
# 单词注意力层的状态维度
prealign_hidden     300
# 问题自注意力机制状态维度
query_self_attn_hidden_size      300
# 词性向量维度
pos_dim             12
# 命名实体向量维度
ent_dim             8
# 阅读层 RNN 状态维度
hidden_size         125
# 全关注互注意力 RNN 状态维度
deep_att_hidden_size_per_abstr   250
# 全关注互注意力 RNN 层数
in_rnn_layers       2
# 生成问题和文章单词最终表示的 RNN 状态维度
highlvl_hidden_size      125
# 问题理解层 RNN 层数
question_high_lvl_rnn_layers     1
```

主程序 main.py 通过 Arguments 类读入配置文件内容，存入字典变量 opt 中。因此，对于上述配置文件，有 opt['SEED']=1033，opt['pos_dim']=12，opt['SPACY_FEATURE']=True 等。

此外，main.py 将数据文件夹定义为配置文件所在文件夹，并记录在字典 opt 中：

```
opt['datadir'] = os.path.dirname(conf_file)
```

7.3　预处理程序

预处理程序 Utils/CoQAPreprocess.py 将原始数据转化成方便模型训练的数据格式，其中包括生成词表、将文本中的单词转化为编号等。转化格式后的数据存储在如下路径中：

```
[ 数据文件夹 ]/conf~/spacy_intermediate_feature~/
```

7.3.1　初始化函数

初始化函数 __init__ 首先检查 spacy_intermediate_feature~ 文件夹以及新格式数据是否存在，如果不存在，则进行转化过程：

```
self.data_prefix = 'coqa-'
# 训练数据与验证数据的名字标签
dataset_labels = ['train', 'dev']
# 所有新格式数据是否均已计算完毕
allExist = True
# 新格式数据文件名为 coqa-train-preprocessed.json 和 coqa-dev-preprocessed.json
for dataset_label in dataset_labels:
# self.spacyDir 即 [ 数据文件夹 ]/conf~/spacy_intermediate_feature~/
    if not os.path.exists(os.path.join(self.spacyDir, self.data_prefix +
    dataset_label + '-preprocessed.json')):
        allExist = False
# 如果新格式数据存在，直接退出
if allExist:
    return
print('Previously result not found, creating preprocessed files now...')
# 载入 GloVe 编码字典
self.glove_vocab = load_glove_vocab(self.glove_file, self.glove_dim, to_lower
= False)
# 建立新文件夹 spacy_intermediate_feature~
if not os.path.isdir(self.spacyDir):
    os.makedirs(self.spacyDir)
    print('Directory created: ' + self.spacyDir)
# 依次转化 train 与 dev 数据
for dataset_label in dataset_labels:
    self.preprocess(dataset_label)

# 函数 load_glove_vocab 读入 GloVe 词表编码 ( 函数在 Utils/GeneralUtils.py 中定义 )
def load_glove_vocab(file, wv_dim, to_lower = True):
    glove_vocab = set()
    with open(file, encoding = 'utf-8') as f:
        for line in f:
            elems = line.split()
            # GloVe 文件中，每一行以单词开始，之后为 300 维向量编码
            token = normalize_text(''.join(elems[0:-wv_dim]))
            if to_lower:
```

```
            token = token.lower()
            glove_vocab.add(token)
    return glove_vocab
```

7.3.2　预处理函数

（1）文本分词

预处理函数 preprocess 将原始数据转化成为单词编号格式，便于训练使用。预处理函数首先对文章、问题和答案进行分词：

```
# 读入 JSON 格式数据
with open(file_name, 'r') as f:
    dataset = json.load(f)
data = []
tot = len(dataset['data'])
# tqdm 库可以打印程序运行进度条
for data_idx in tqdm(range(tot)):
    # datum 为原始数据中的一个单元，包括文章 context 和所有轮问答 qa
    datum = dataset['data'][data_idx]
    context_str = datum['story']
    # _datum 为新格式数据中的一个单元
    _datum = {'context': context_str,
                'source': datum['source'],
                'id': datum['id'],
                'filename': datum['filename']}
    # 分词、词性标注和命名实体识别
    # nlp 变量为 spaCy 类，在 Utils/GeneralUtils.py 中定义
    # nlp = spacy.load('en', parser = False)
    nlp_context = nlp(pre_proc(context_str))
    _datum['annotated_context'] = self.process(nlp_context)
    # 获得每个词在原文本中的开始与结束字符位置，如 "I am fine" 中，fine 的位置是字符 5 到 9
    （不含 9）
    _datum['raw_context_offsets'] = self.get_raw_context_offsets(_
datum['annotated_context']['word'], context_str)
    _datum['qas'] = []
    # 此处省略 additional_answer 处理
    ...
    for i in range(len(datum['questions'])):
    # 获得当轮问题和答案
        question, answer = datum['questions'][i], datum['answers'][i]
        idx = question['turn_id']
        _qas = {'turn_id': idx,
                'question': question['input_text'],
                'answer': answer['input_text']}
```

```
        if idx in additional_answers:
            _qas['additional_answers'] = additional_answers[idx]
        # 对问题进行分词
        _qas['annotated_question'] = self.process(nlp(pre_proc(question['input_
        text'])))
        # 对答案进行分词
        _qas['annotated_answer'] = self.process(nlp(pre_proc(answer['input_
        text'])))
```

```
# pre_proc 函数负责将标点转化成空格 (函数在 Utils/GeneralUtils.py 中定义)
def pre_proc(text):
# 利用正则表达式将标点转化成空格
    text = re.sub(u'-|\u2010|\u2011|\u2012|\u2013|\u2014|\
    u2015|%|\[|\]|:|\(|\)|/|\t', space_extend, text)
    text = text.strip(' \n')
    # 删除连续的多个空格
    text = re.sub('\s+', ' ', text)
    return text
```

CoQA 原始数据给出了正确答案以及原文中包含这个答案的整个语句。为了获得训练标签计算交叉熵，我们需要在这个语句范围内寻找正确答案精确的开始位置和结束位置：

```
# input_text 为正确答案
_qas['raw_answer'] = answer['input_text']
# span_start 和 span_end 为原文中包含答案的语句的起止位置
_qas['answer_span_start'] = answer['span_start']
_qas['answer_span_end'] = answer['span_end']
# 在 span_start 与 span_end 间寻找正确答案 input_text 的位置
start = answer['span_start']
end = answer['span_end']
chosen_text = _datum['context'][start:end].lower()
# 去除开头与结尾的空格字符
while len(chosen_text) > 0 and chosen_text[0] in string.whitespace:
    chosen_text = chosen_text[1:]
    start += 1
while len(chosen_text) >0 and chosen_text[-1] in string.whitespace:
    chosen_text = chosen_text[:-1]
    end -= 1
input_text = _qas['answer'].strip().lower()
# 如果正确答案在 span_start 与 span_end 间出现，则记录它的位置，否则找到一段与正确答案重合
# 最多的位置
if input_text in chosen_text:
    p = chosen_text.find(input_text)
    _qas['answer_span'] = self.find_span(_datum['raw_context_offsets'],
    start+p, start+p+len(input_text))
```

```
    else:
        _qas['answer_span'] = self.find_span_with_gt(_datum['context'],
                            _datum['raw_context_offsets'], input_text)
```

SDNet 将一轮问题和之前若干轮问答文本拼接起来作为新问题，并计算文章中每个词的 feature，包括词性向量、命名实体向量、精确匹配向量等信息。

```
        # 将当轮问题与之前 2 轮问答拼接，作为一个独立的问题
        long_question = ''
        for j in range(i - 2, i + 1):
            if j < 0:
                continue
            long_question += ' ' + datum['questions'][j]['input_text']
            if j < i:
                long_question += ' ' + datum['answers'][j]['input_text']
        long_question = long_question.strip()
        # 对 long_question 进行分词
        nlp_long_question = nlp(long_question)
        # 计算精确匹配等 feature
        _qas['context_features'] = feature_gen(nlp_context, nlp_long_question)
        _datum['qas'].append(_qas)
    data.append(_datum)

# feature_gen 函数生成文章单词的 feature( 函数在 Utils/CoqaUtils.py 中定义 )
def feature_gen(context, question):
    counter_ = Counter(w.text.lower() for w in context)
    total = sum(counter_.values())
    # 获得文章中每个单词出现的频率
    term_freq = [counter_[w.text.lower()] / total for w in context]
    question_word = {w.text for w in question}
    question_lower = {w.text.lower() for w in question}
    # lemma 为词形还原，例如 does 的词形还原为 do
    question_lemma = {w.lemma_ if w.lemma_ != '-PRON-' else w.text.lower() for w in question}
    match_origin = [w.text in question_word for w in context]
    match_lower = [w.text.lower() in question_lower for w in context]
    match_lemma = [(w.lemma_ if w.lemma_ != '-PRON-' else w.text.lower()) in question_lemma for w in context]
    # 文章单词的 feature 包括词频、原词、小写变形和词形还原是否在问题中出现
    C_features = list(zip(term_freq, match_origin, match_lower, match_lemma))
    return C_features
```

（2）建立词表

在获得所有文本的分词后，预处理程序根据这些词建立词表，以便将单词转化成编号。SDNet 代码将数据中出现的单词分成两类，即在 GloVe 词表中的和不在 GloVe 词表

中的，每一类都按照出现频率从大到小排列：

```
# 词表基于训练数据
if dataset_label == 'train':
    contexts = [_datum['annotated_context']['word'] for _datum in data]
    qas = [qa['annotated_question']['word'] + qa['annotated_answer']['word']
    for qa in _datum['qas'] for _datum in data]
    # 对文章、问题和答案中出现的单词建立词表
    self.train_vocab = self.build_vocab(contexts, qas)

def build_vocab(self, contexts, qas):
    # 统计每个单词出现的次数
    counter_c = Counter(w for doc in contexts for w in doc)
    counter_qa = Counter(w for doc in qas for w in doc)
    counter = counter_c + counter_qa
    # 将文本中出现的 GloVe 词表中的单词按照频率从大到小排序
    vocab = sorted([t for t in counter_qa if t in self.glove_vocab],
    key=counter_qa.get, reverse=True)
    # 将文本中出现的非 GloVe 词表中的单词按照频率从大到小排序
    vocab += sorted([t for t in counter_c.keys() - counter_qa.keys() if t in
    self.glove_vocab], key=counter.get, reverse=True)
    # 词表中前 4 个位置为特殊单词
    # <PAD> 用于补齐
    vocab.insert(0, "<PAD>")
    # <UNK> 表示非 GloVe 词表中的单词
    vocab.insert(1, "<UNK>")
    # 当轮问题与之前轮问答进行拼接时，在每个问题前插入特殊标识单词 <Q>
    vocab.insert(2, "<Q>")
    # 当轮问题与之前轮问答进行拼接时，在每个答案前插入特殊标识单词 <A>
    vocab.insert(3, "<A>")
    return vocab
```

（3）获得词编号

在获得所有文本的分词后，我们根据建立的词表将单词全部转化为编号：

```
# 单词到编号的字典
w2id = {w: i for i, w in enumerate(self.train_vocab)}
for _datum in data:
    # 将文章、问题和答案中所有单词转化成编号，存储在 wordid 域中
    _datum['annotated_context']['wordid'] = token2id_sent(_datum['annotated_
    context']['word'], w2id, unk_id = 1, to_lower = False)
    for qa in _datum['qas']:
        qa['annotated_question']['wordid'] = token2id_sent(qa['annotated_
        question']['word'], w2id, unk_id = 1, to_lower = False)
        qa['annotated_answer']['wordid'] = token2id_sent(qa['annotated_
        answer']['word'], w2id, unk_id = 1, to_lower = False)
```

```
# 根据单词获得词表中的编号
def token2id_sent(sent, w2id, unk_id=None, to_lower=False):
    if to_lower:
        sent = sent.lower()
    w2id_len = len(w2id)
    # 如果单词在词表中出现，则返回编号，否则返回 unk_id
    ids = [w2id[w] if w in w2id else unk_id for w in sent]
    return ids
```

（4）存储新格式数据、词表和编码

如果一个词表中的单词在 GloVe 词表中，则赋予它 GloVe 编码，否则赋予其随机生成的编码。新格式数据、词表和编码存储在 conf~/spacy_intermediate_feature~ 文件夹中。其中，数据以 JSON 格式存储，词表和编码以 MessagePack 格式压缩存储：

```
if dataset_label == 'train':
    # 获得每个单词 300 维编码
    embedding = build_embedding(self.glove_file, self.train_vocab, self.glove_
    dim)
    meta = {'vocab': self.train_vocab, 'embedding': embedding.tolist()}
    meta_file_name = os.path.join(self.spacyDir, dataset_label + '_meta.
    msgpack')
    # 将词表和编码以 MessagePack 格式压缩存储
    with open(meta_file_name, 'wb') as f:
        msgpack.dump(meta, f, encoding='utf8')
dataset['data'] = data
# 将新格式数据存入 JSON 文件
with open(output_file_name, 'w') as output_file:
    json.dump(dataset, output_file, sort_keys=True, indent=4)
# 生成此表中单词的编码
def build_embedding(embed_file, targ_vocab, wv_dim):
    vocab_size = len(targ_vocab)
    # 随机编码的所有维度为 -1 ~ 1 之间的等概率分布
    emb = np.random.uniform(-1, 1, (vocab_size, wv_dim))
    # 0 号单词 <PAD> 的编码为全 0
    emb[0] = 0
    w2id = {w: i for i, w in enumerate(targ_vocab)}
    # 读入 GloVe 编码文件
    with open(embed_file, encoding="utf8") as f:
        for line in f:
            elems = line.split()
            # 文件每一行最后 300 列是编码，之前是单词字符串
            token = normalize_text(''.join(elems[0:-wv_dim]))
            # 如果是词表中的单词，将其编码替换成 GloVe 编码
            if token in w2id:
                emb[w2id[token]] = [float(v) for v in elems[-wv_dim:]]
    return emb
```

（5）读取词表和编码

预处理程序中的函数 load_data 负责读取存储在 spacy_intermediate_feature~/ 文件夹中的词表和编码数据，供模型训练器使用。

```
def load_data(self):
    # 读入词表和编码文件
    meta_file_name = os.path.join(self.spacyDir, 'train_meta.msgpack')
    with open(meta_file_name, 'rb') as f:
        meta = msgpack.load(f, encoding='utf8')
    embedding = torch.Tensor(meta['embedding'])
    # 记录词表大小和编码维度
    self.opt['vocab_size'] = embedding.size(0)
    self.opt['vocab_dim'] = embedding.size(1)
    return meta['vocab'], embedding
```

7.4　训练程序

SDNet 的训练程序采用了基类和继承它的子类的二级结构，即 Models 文件夹中的 BaseTrainer.py（基类）和 SDNetTrainer.py（子类）两个文件。

7.4.1　训练基类

Models/BaseTrainer.py 定义了基本的训练器操作，包括建立新的文件夹存储模型、配置文件备份和日志文件、写日志文件等功能。其中，getSaveFolder 函数在 conf~/ 中寻找 run_[id] 文件夹尚不存在的最小 ID 并进行创建。因此，程序第一次运行时，函数建立 run_1 文件夹；程序第二次运行时，函数建立 run_2 文件夹，以此类推。

```
def getSaveFolder(self):
    runid = 1
    # 从 run_1 开始，寻找最小的编号 ID 使得 run_id 文件夹不存在，然后建立 run_id
    while True:
        saveFolder = os.path.join(self.opt['datadir'], 'conf~', 'run_' +
        str(runid))
        if not os.path.exists(saveFolder):
            self.saveFolder = saveFolder
            os.makedirs(self.saveFolder)
            return
        runid = runid + 1
```

7.4.2　训练子类

子类 Models/SDNetTrainer.py 继承 BaseTrainer.py 的功能，负责 SDNet 的具体训练与测试过程。

1. 训练函数

训练函数 train 进行批次处理，即对于一个 batch 的数据，计算当前预测结果并求导更新参数。每训练 1500 个 batch，利用 predict 函数在验证数据上进行一次预测并计算准确率得分。当前得分最高的模型参数保存在 run_id 文件夹中。以下是训练函数 train 的代码分析：

```python
def train(self):
    # 标记训练模式
    self.isTrain = True
    self.getSaveFolder()
    self.saveConf()
    # 从 CoQAPreprocess 中获得词表和编码
    self.vocab, vocab_embedding = self.preproc.load_data()
    # 初始化模型
    self.setup_model(vocab_embedding)
    # 在继续训练模式时，读取之前存入的模型
    if 'RESUME' in self.opt:
        model_path = os.path.join(self.opt['datadir'], self.opt['MODEL_PATH'])
        self.load_model(model_path)
    # 读入处理好的训练数据
    with open(os.path.join(self.opt['FEATURE_FOLDER'], self.data_prefix +
    'train-preprocessed.json'), 'r') as f:
        train_data = json.load(f)
    # 读入处理好的验证数据
    print('Loading dev json...')
    with open(os.path.join(self.opt['FEATURE_FOLDER'], self.data_prefix +
    'dev-preprocessed.json'), 'r') as f:
        dev_data = json.load(f)
    # 训练中得到的验证集上的最高的 F1 分数
    best_f1_score = 0.0
    # 配置文件中的 EPOCH 为训练轮数
    numEpochs = self.opt['EPOCH']
    for epoch in range(self.epoch_start, numEpochs):
        # 训练模式，开启 Dropout 等功能
        self.network.train()
        # 获得训练数据的 batch 迭代器
        train_batches = BatchGen(self.opt, train_data['data'], self.use_cuda,
        self.vocab)
```

```
# 获得验证数据的 batch 迭代器
dev_batches = BatchGen(self.opt, dev_data['data'], self.use_cuda,
self.vocab, evaluation=True)
for i, batch in enumerate(train_batches):
    # 每轮结束时或继续训练模式的第一个 batch 或每 1500 个 batch，在验证数据上预测
    并计算得分
    if i == len(train_batches) - 1 or (epoch == 0 and i == 0 and
    ('RESUME' in self.opt)) or (i > 0 and i % 1500 == 0):
        predictions = []
        confidence = []
        dev_answer = []
        final_json = []
        for j, dev_batch in enumerate(dev_batches):
            # 预测的结果包括答案文本、答案可能性打分以及 JSON 格式结果
            phrase, phrase_score, pred_json = self.predict(dev_batch)
            final_json.extend(pred_json)
            predictions.extend(phrase)
            confidence.extend(phrase_score)
            dev_answer.extend(dev_batch[-3]) # answer_str
        # 计算精确匹配 EM 和 F1 得分
        result, all_f1s = score(predictions, dev_answer, final_json)
        f1 = result['f1']
        if f1 > best_f1_score:
            # 如果 F1 得分高于之前的所有模型，则存储此模型
            model_file = os.path.join(self.saveFolder, 'best_model.
            pt')
            self.save_for_predict(model_file, epoch)
            best_f1_score = f1
            pred_json_file = os.path.join(self.saveFolder,
            'prediction.json')
            with open(pred_json_file, 'w') as output_file:
                json.dump(final_json, output_file)
    # 对本批次进行计算、求导和参数更新
    self.update(batch)
```

2. 前向计算函数

训练函数 train 最后调用了前向计算函数 update。该函数根据批次数据 batch 中的内容直接与 SDNet 网络代码对接，进行一次前向计算，然后计算交叉熵损失函数，利用 PyTorch 自带的反向传播函数 backward 求导并更新导数。

由于 CoQA 任务的答案可能是文章中的一段区间，也有可能是"是 / 否 / 没有答案"，因此 update 对所有概率进行统一处理：如果文章中有 m 个单词，update 根据网络输出层结果生成一个长度为 m^2+3 的向量 SCOYes，表示答案是各种可能的文章区间与 3 种特殊情况的概率。

以下是 update 的函数内容：

```
def update(self, batch):
    # 进入训练模式
    self.network.train()
    self.network.drop_emb = True
    # 从 batch 中获得文章、问题、答案的所有信息，包括单词编号、词性标注、BERT 分词编号等
    x, x_mask, x_features, x_pos, x_ent, x_bert, x_bert_mask, x_bert_offsets,
    query, query_mask, query_bert, query_bert_mask, query_bert_offsets, ground_
    truth, context_str, context_words, _, _, _, _ = batch
    # 进行前向计算，获得模型预测答案
    # 1）在文本每个位置开始和结束的概率 score_s、score_e
    # 2）是 Yes/No/No answer 的概率 score_yes、score_no、score_no_answer
    # 其中，score_s、score_e 的维度为 batch×context_word_num
    # score_yes、score_no、score_no_answer 的维度均为 batch×1
    score_s, score_e, score_yes, score_no, score_no_answer = self.network(x,
    x_mask, x_features, x_pos, x_ent, x_bert, x_bert_mask, x_bert_offsets,
    query, query_mask, query_bert, query_bert_mask, query_bert_offsets,
    len(context_words))
    # 答案最长长度在配置文件中定义
    max_len = self.opt['max_len'] or score_s.size(1)
    batch_size = score_s.shape[0]
    m = score_s.size(1)
    # gen_upper_triangle 根据 score_s 与 score_e 生成所有可能区间的概率，形成矩阵 A
    # 如果 i<=j<=i+max_len-1, A[i,j]=score_s[i]×score_e[j]，否则 A[i,j]=0
    # 然后将矩阵 A 转化成大小为 max_len×max_len 的一维数组 expand_score，即所有行连在一
    起输出
    expand_score = gen_upper_triangle(score_s, score_e, max_len, self.use_
    cuda)
    # 将区间答案的概率与否 / 是 / 没有答案的概率拼接
    scores = torch.cat((expand_score, score_no, score_yes, score_no_answer),
    dim=1)
    # 标准答案的位置被转化成一维坐标，与 expand_score 对齐。例如：
    # 答案区间 [0, 3] 变成 0×m+3=3
    # 答案区间 [3, 5] 变成 3×m+5
    # "否"变成 m×m
    # "是"变成 m×m+1
    # "没有答案"变成 m×m+2
    targets = []
    span_idx = int(m * m)
    for i in range(ground_truth.shape[0]):
        if ground_truth[i][0] == -1 and ground_truth[i][1] == -1: # 没有答案
            targets.append(span_idx + 2)
        if ground_truth[i][0] == 0 and ground_truth[i][1] == -1: # 否
            targets.append(span_idx)
        if ground_truth[i][0] == -1 and ground_truth[i][1] == 0: # 是
            targets.append(span_idx + 1)
        if ground_truth[i][0] != -1 and ground_truth[i][1] != -1: # 区间
```

```
                targets.append(ground_truth[i][0] * m + ground_truth[i][1])
targets = torch.LongTensor(np.array(targets))
if self.use_cuda:
    targets = targets.cuda()
# 计算交叉熵损失函数
loss = self.loss_func(scores, targets)
# 优化器将所有导数清零
self.optimizer.zero_grad()
# 利用 PyTorch 自带的反向传播函数求导
loss.backward()
# 导数裁减，防止导数爆炸
torch.nn.utils.clip_grad_norm(self.network.parameters(), self.opt['grad_
clipping'])
# 更新参数
self.optimizer.step()
self.updates += 1
```

3. 测试函数

SDNet 每更新 1500 个 batch 就会利用测试函数 predict 在验证集上预测答案并计算准确率得分。predict 函数的流程与 update 函数类似，也要进行一次前向计算得到网络输出结果。之后，模型在所有可能的答案中选择概率最大的作为预测结果。最终输出包括预测答案和对应的概率，并按照 CoQA 的要求输出 JSON 格式的结果。以下是 predict 函数的代码分析：

```
# 将网络设置成测试模式，即不计算导数、不进行 Dropout 等操作
self.network.eval()
self.network.drop_emb = False
# 与 update 函数类似，前向计算得到网络预测结果
x, x_mask, x_features, x_pos, x_ent, x_bert, x_bert_mask, x_bert_offsets,
query, query_mask, query_bert, query_bert_mask, query_bert_offsets, ground_
truth, context_str, context_words, context_word_offsets, answers, context_id,
turn_ids = batch
m = len(context_words)
score_s, score_e, score_yes, score_no, score_no_answer = self.network(x, x_
mask, x_features, x_pos, x_ent, x_bert, x_bert_mask, x_bert_offsets, query,
query_mask, query_bert, query_bert_mask, query_bert_offsets, len(context_
words))
# 获得 batch 大小
batch_size = score_s.shape[0]
# 获得最长答案长度
max_len = self.opt['max_len'] or score_s.size(1)
# 与 update 函数类似，得到大小为 m×m+3 的一维概率向量
expand_score = gen_upper_triangle(score_s, score_e, max_len, self.use_cuda)
scores = torch.cat((expand_score, score_no, score_yes, score_no_answer),
```

```
dim=1) # batch×(m×m+3)
prob = F.softmax(scores, dim = 1).data.cpu() # 将结果存入 CPU, 方便 NumPy 操作
# 存储预测的答案字符串
predictions = []
# 存储预测的概率
confidence = []
# 存储 JSON 格式的答案
pred_json = []
for i in range(batch_size):
    # 对第 i 个答案的所有可能解的概率从大到小排序
    _, ids = torch.sort(prob[i, :], descending=True)
    idx = 0
    # best_id 是概率最大答案的下标, 在 0 到 m×m+2 之间
    best_id = ids[idx]
    # 记录最大的概率
    confidence.append(float(prob[i, best_id]))
    # 处理答案是区间的情况
    if best_id < m * m:
        # 将 best_id 还原成开始位置 st 和结束位置 ed
        st = best_id / m
        ed = best_id % m
        # context_word_offsets 提供每个词的第一个字符和最后一个字符在文章中的位置
        st = context_word_offsets[st][0]
        ed = context_word_offsets[ed][1]
        # 获得预测的答案字符串
        predictions.append(context_str[st:ed])
    # 处理答案为 "否" 的情况
    if best_id == m * m:
        predictions.append('no')
    # 处理答案为 "是" 的情况
    if best_id == m * m + 1:
        predictions.append('yes')
    # 处理 "没有答案" 的情况
    if best_id == m * m + 2:
        predictions.append('unknown')
    # 记录 JSON 格式的输出
    pred_json.append({
        'id': context_id,
        'turn_id': turn_ids[i],
        'answer': predictions[-1]
    })
return (predictions, confidence, pred_json)
```

7.5　批次数据产生器

7.4 节介绍的 SDNet 训练与测试函数均建立在批次（batch）数据之上。在神经网络的优化中，通常在每一轮（epoch）开始时将所有训练数据随机打乱顺序，然后按照新顺

序依次产生批次数据。例如，如果数据共 10 条，本轮顺序为 [3,7,4,1,9,10,2,6,5,8]，批次大小为 2，则本轮的批次数据为 [3,7] [4,1] [9,10] [2,6] [5,8]。训练时每次在一个 batch 上计算导数并优化网络参数。如果优化器选择梯度下降，则这个过程称为**随机梯度下降**（Stochastic Gradient Descent，SGD）。

SDNet 利用批次数据产生器 BatchGen 生成 batch。每轮开始时，BatchGen 将所有文章打乱顺序，然后将一个 batch 定义为一篇文章和与它相关的所有轮的问题和答案。在一个 batch 中，不同轮的问题长度可能不一致，这会给后续处理带来麻烦。因此，我们需要借助掩码技术进行处理。

7.5.1 掩码

在自然语言处理的批次数据生成过程中有一个很重要的概念——**掩码**。批次中的语句需要组成输入矩阵，例如问题矩阵中，每轮问题的所有单词编号占一行。但是，因为一个批次中的句子所含单词的个数不一样，所以如果将每个句子的单词编号组成矩阵的一行，这个矩阵每一行的长度并不相等。而 PyTorch 要求矩阵张量的每一行长度必须相等。

因此，我们采用补齐编码的方式组成矩阵。设共有 batch_size 个句子，如果规定句子最多含含 L 个单词，则单词编号组成大小为 batch_size × L 的矩阵。如果一个句子包含的单词少于 L 个，则多余位置填充 0，即补齐符号 <PAD> 的编号。此外，建立大小同样为 batch_size × L 的掩码矩阵，在有单词的位置填入 1，补齐符号的位置填入 0，如图 7-2 所示。

规定句子最多单词个数 L=6

batch_size=4

我	非常	开心			
张三	今天	去	打球		
机器	阅读	理解	很	有趣	
没	问题				

batch 单词 id

3	20	4	0	0	0
16	5	2	7	0	0
6	9	15	17	28	0
12	26	0	0	0	0

batch 单词掩码

1	1	1	0	0	0
1	1	1	1	0	0
1	1	1	1	1	0
1	1	0	0	0	0

图 7-2　batch 中的单词编号和掩码矩阵，分别对应 BatchGen 程序中的 query 和 query_mask

下面是 Utils/CoQAUtils.py 中 BatchGen 类的代码。其中有关 BERT 的部分将在本节的最后部分介绍。首先介绍 BatchGen 类的构造函数 __init__：

```
def __init__(self, opt, data, use_cuda, vocab, evaluation=False):
    self.data = data
    self.use_cuda = use_cuda
    # vocab 为单词按照编号排序的列表
    self.vocab = vocab
    # evalution 为 True 时表示是测试模式，否则为训练模式
    self.evaluation = evaluation
    self.opt = opt
    # 每个问题和前面若干轮的问答拼接作为阅读理解的问题
    if 'PREV_ANS' in self.opt:
        self.prev_ans = self.opt['PREV_ANS']
    else:
        self.prev_ans = 2
    if 'PREV_QUES' in self.opt:
        self.prev_ques = self.opt['PREV_QUES']
    else:
        self.prev_ques = 0
    # 限定拼接后的新问题的最长长度
    self.ques_max_len = (30 + 1) * self.prev_ans + (25 + 1) * (self.prev_ques + 1)
    # 训练采用随机梯度下降，因此训练模式中需要随机打乱数据顺序
    if not evaluation:
        indices = list(range(len(self.data)))
        random.shuffle(indices)
        self.data = [self.data[i] for i in indices]
```

BatchGen 提供一个迭代器，使得它可以在循环语句中使用。Python 中用 __iter__ 作为迭代器的函数名，函数用 yield 命令向外层的循环语句提供循环变量内容。SDNet 中，BatchGen 的迭代器提供网络前向计算时使用的一个批次中的文章、问题和答案的单词编号、掩码、特征等信息。下面是迭代器函数 __iter__ 的代码：

```
def __iter__(self):
    data = self.data
    # 答案可以包含的最多单词个数
    MAX_ANS_SPAN = 15
    for datum in data:
        if not self.evaluation:
            # 训练模式下，忽略包含超长答案的数据
            datum['qas'] = [qa for qa in datum['qas'] if len(qa['annotated_
            answer']['word']) == 1 or qa['answer_span'][1] - qa['answer_span']
            [0] < MAX_ANS_SPAN]
        if len(datum['qas']) == 0:
            continue
```

```python
# 一个 batch 的数据全部来自同一篇文章，context_len 为该文章的单词个数
context_len = len(datum['annotated_context']['wordid'])
x_len = context_len
# qa_len 为问答轮数，即 batch_size
qa_len = len(datum['qas'])
batch_size = qa_len
# x 是文章单词的编号
x = torch.LongTensor(1, x_len).fill_(0)
# x_pos 是文章单词词性标注的编号
x_pos = torch.LongTensor(1, x_len).fill_(0)
# x_ent 是文章单词命名实体标注的编号
x_ent = torch.LongTensor(1, x_len).fill_(0)
# query 是问题单词的编号，大小为 batch_size×ques_max_len，初始值均为 0
query = torch.LongTensor(batch_size, self.ques_max_len).fill_(0)
# 正确答案在文章中的开始位置和结束位置
ground_truth = torch.LongTensor(batch_size, 2).fill_(-1)

# 文章的 ID
context_id = datum['id']
# 文章的原文字符串表示
context_str = datum['context']
# 文章的单词列表
context_words = datum['annotated_context']['word']
# 文章中每个词的第一个和最后一个字符在文章中的位置
context_word_offsets = datum['raw_context_offsets']
# 每一轮答案原文
answer_strs = []
turn_ids = []
# 从预处理程序的结果中获取文章中的单词编号等信息
x[0, :context_len] = torch.LongTensor(datum['annotated_context']
['wordid'])
x_pos[0, :context_len] = torch.LongTensor(datum['annotated_context']
['pos_id'])
x_ent[0, :context_len] = torch.LongTensor(datum['annotated_context']
['ent_id'])
# 依次处理每轮问答
for i in range(qa_len):
    # 获取文章单词的特征，包括词频、精确匹配等
    x_features[i, :context_len, :4] = torch.Tensor(datum['qas'][i]
['context_features'])
    turn_ids.append(int(datum['qas'][i]['turn_id']))
    # 将本轮问题与之前若干轮的问答拼接，得到包含上下文信息的新问题
    # p 表示新问题已经拼接的单词个数
    p = 0
    ques_words = []
    for j in range(i - self.prev_ans, i + 1):
        if j < 0:
            continue;
```

```
    # 不拼接"没有答案"的回答
    if not self.evaluation and datum['qas'][j]['answer_span'][0]
    == -1: # questions with "unknown" answers are filtered out
        continue
    # 拼接的问题前加上标识单词 <Q>，编号为 2
    q = [2] + datum['qas'][j]['annotated_question']['wordid']
    if j >= i - self.prev_ques and p + len(q) <= self.ques_max_
    len:
        ques_words.extend(['<Q>'] + datum['qas'][j]['annotated_
        question']['word'])
        query[i, p:(p+len(q))] = torch.LongTensor(q)
        ques = datum['qas'][j]['question'].lower()
        p += len(q)
    # 拼接的答案前加上标识单词 <A>，编号为 3
    a = [3] + datum['qas'][j]['annotated_answer']['wordid']
    if j < i and j >= i - self.prev_ans and p + len(a) <= self.
    ques_max_len:
        ques_words.extend(['<A>'] + datum['qas'][j]['annotated_
        answer']['word'])
        query[i, p:(p+len(a))] = torch.LongTensor(a)
        p += len(a)
# 标准答案在文章中的开始位置和结束位置
ground_truth[i, 0] = datum['qas'][i]['answer_span'][0]
ground_truth[i, 1] = datum['qas'][i]['answer_span'][1]
answer = datum['qas'][i]['raw_answer']
# 下面是特殊类型的答案，包括"是""否""没有答案"
# 定义"是"的开始位置为 -1
if answer.lower() in ['yes', 'yes.']:
    ground_truth[i, 0] = -1
    ground_truth[i, 1] = 0
    answer_str = 'yes'
# 定义"否"的结束位置为 -1
if answer.lower() in ['no', 'no.']:
    ground_truth[i, 0] = 0
    ground_truth[i, 1] = -1
    answer_str = 'no'
# 定义"没有答案"的开始位置和结束位置均为 -1
if answer.lower() == ['unknown', 'unknown.']:
    ground_truth[i, 0] = -1
    ground_truth[i, 1] = -1
    answer_str = 'unknown'
if ground_truth[i, 0] >= 0 and ground_truth[i, 1] >= 0:
    answer_str = answer
# CoQA 数据提供了多个标注者给出的候选答案，记录这些答案
all_viable_answers = [answer_str]
if 'additional_answers' in datum['qas'][i]:
    all_viable_answers.extend(datum['qas'][i]['additional_answers'])
answer_strs.append(all_viable_answers)
```

```
# 由于补齐符号 <PAD> 的编号为 0，因此可以根据词编号是否为 0 生成掩码
x_mask = 1 - torch.eq(x, 0)
query_mask = 1 - torch.eq(query, 0)
# 将相关张量放入 GPU
x = Variable(x.cuda(async=True))
x_mask = Variable(x_mask.cuda(async=True))
x_features = Variable(x_features.cuda(async=True))
x_pos = Variable(x_pos.cuda(async=True))
x_ent = Variable(x_ent.cuda(async=True))
query = Variable(query.cuda(async=True))
query_mask = Variable(query_mask.cuda(async=True))
ground_truth = Variable(ground_truth.cuda(async=True))
# 迭代器的输出为这一个 batch 的所有相关数据
yield(x, x_mask, x_features, x_pos, x_ent, x_bert, x_bert_mask, x_
bert_offsets, query, query_mask, query_bert, query_bert_mask, query_
bert_offsets, ground_truth, context_str, context_words, context_word_
offsets, answer_strs, context_id, turn_ids)
```

7.5.2　准备 BERT 数据

由于 SDNet 模型使用 BERT 生成上下文编码，因此 BatchGen 提供 BERT 所需的数据格式。BERT 预训练模型使用自带的 WordPiece 分词工具，并在大规模数据上生成了固定的子词词典。然而，SDNet 在预处理时使用 spaCy 进行分词，与 WordPiece 的分词结果不一定对齐。这就使得 BERT 产生的上下文编码不能直接被 SDNet 使用。

为了解决分词不一致的问题，SDNet 采用了词 – 子词的二级分词算法：首先使用 spaCy 对一段文本进行分词，然后用 BERT 自带的 WordPiece 工具对每个 spaCy 分出的单词进行子词分拆。这样，每个文章或问答中的单词就对应一个或多个 WordPiece 子词。例如，spaCy 分词为 ["John", "Johanson", "'s", "house"]，子词结果为 ["[CLS]", "john", "johan", "##son", "'", "s", "house", "[SEP]"]。其中，[CLS] 和 [SEP] 是 BERT 规定的开始符号与结束符号，# 符号表示这个子词和之前的子词共同组成一个单词。

下面是 BatchGen 中生成 BERT 子词分拆部分的代码。首先是构造函数 __init__ 中的部分：

```
def __init__(self):
    ...
    self.bert_tokenizer = None
    if 'BERT' in self.opt:
        # 使用 BERT_LARGE 预训练模型
```

```
    if 'BERT_LARGE' in opt:
        tkz_file = os.path.join(opt['datadir'], opt['BERT_large_tokenizer_
        file'])
        # BERT 自带 WordPiece 分词工具
        self.bert_tokenizer = BertTokenizer.from_pretrained(tkz_file)
    else:
    # 使用 BERT_BASE 预训练模型
        tkz_file = os.path.join(opt['datadir'], opt['BERT_tokenizer_
        file'])
        self.bert_tokenizer = BertTokenizer.from_pretrained(tkz_file)
```

然后，bertify 函数将一段文本的 spaCy 分词继续分成 BERT 子词：

```
# BERT 子词分词
# words 为一个单词字符串列表，为 spaCy 分词结果
def bertify(self, words):
    if self.bert_tokenizer is None:
        return None
    # subwords 存储 BERT 子词分词结果，BERT 规定第一个子词是特殊开始符 [CLS]
    subwords = ['[CLS]']
    # x_bert_offsets 存储每个单词的第一个和最后一个子词在 subwords 中的位置
    x_bert_offsets = []
    for word in words:
        # 利用 BERT 分词工具将一个单词拆分成子词
        now = self.bert_tokenizer.tokenize(word)
        # 记录这个单词的第一个子词和最后一个子词在 subwords 中的位置
        x_bert_offsets.append([len(subwords), len(subwords) + len(now)])
        subwords.extend(now)
    # BERT 规定最后一个子词是特殊分隔符 [SEP]
    subwords.append('[SEP]')
    # 将子词转化成 BERT 规定的编号
    x_bert = self.bert_tokenizer.convert_tokens_to_ids(subwords)
    return x_bert, x_bert_offsets
```

最后，迭代器 __iter__ 将 bertify 的结果包含在 batch 数据中输出：

```
def __iter__(self):
    ...
    if 'BERT' in self.opt:
        # 获得 bertify 函数的结果
        x_bert, x_bert_offsets = self.bertify(datum['annotated_context']
        ['word'])
        # 一个 batch 为一篇文章，因此文章单词的 BERT 分词张量 x_bert 只有一行，掩码全为 1
        x_bert_mask = torch.LongTensor(1, len(x_bert)).fill_(1)
        x_bert = torch.tensor([x_bert], dtype = torch.long)
        x_bert_offsets = torch.tensor([x_bert_offsets], dtype = torch.long)
    # 对每个问题文本计算 BERT 分词
    query_bert_offsets = torch.LongTensor(batch_size, self.ques_max_len,
```

```
2).fill_(0)
# 由于不知道问题 BERT 分词结果的最长长度，先将结果暂存在 q_bert_list 中
q_bert_list = []
if 'BERT' in self.opt:
    now_bert, now_bert_offsets = self.bertify(ques_words)
    query_bert_offsets[i, :len(now_bert_offsets), :] = torch.tensor(now_
    bert_offsets, dtype = torch.long)
    q_bert_list.append(now_bert)
if 'BERT' in self.opt:
    # 获得问题 BERT 分词结果的最长长度 bert_len
    bert_len = max([len(s) for s in q_bert_list])
    # 定义问题的 BERT 的分词张量大小
    query_bert = torch.LongTensor(batch_size, bert_len).fill_(0)
    query_bert_mask = torch.LongTensor(batch_size, bert_len).fill_(0)
    # 将问题 BERT 的分词结果放入张量
    for i in range(len(q_bert_list)):
        query_bert[i, :len(q_bert_list[i])] = torch.LongTensor(q_bert_
        list[i])
        query_bert_mask[i, :len(q_bert_list[i])] = 1
    # 将相关张量放入 GPU
    x_bert = Variable(x_bert.cuda(async=True))
    x_bert_mask = Variable(x_bert_mask.cuda(async=True))
    query_bert = Variable(query_bert.cuda(async=True))
    query_bert_mask = Variable(query_bert_mask.cuda(async=True))
```

7.6 SDNet 模型

SDNet 核心的模型代码 SDNet.py 定义了 SDNet 的网络结构和计算方法。PyTorch 中的网络模型类继承 nn.Module，注册需要优化的参数。然后，在类中实现构造器函数 __init__ 和前向计算函数 forward。

7.6.1 网络模型类

网络模型类 SDNet 在 Models/SDNet.py 中定义。构造器 __init__ 的作用是定义网络中所需的所有计算层。下面分析构造器函数 __init__ 的代码：

```
# word_embedding 为 SDNet 构建的词表中单词的 GloVe 编码，用于初始化编码层的权重
def __init__(self, opt, word_embedding):
    super(SDNet, self).__init__()
    self.opt = opt
    # 设置 Dropout 概率
```

```
set_dropout_prob(0. if not 'DROPOUT' in opt else float(opt['DROPOUT']))
set_seq_dropout('VARIATIONAL_DROPOUT' in self.opt)
# 统计文章单词 (x) 的 feature 维度总和 x_input_size 与问题单词 (ques) 的 feature 维度
总和 ques_input_size
x_input_size = 0
ques_input_size = 0
# 词表大小
self.vocab_size = int(opt['vocab_size'])
# GloVe 编码维度
vocab_dim = int(opt['vocab_dim'])
# nn.Embedding 为 PyTorch 中单词编码层网络
self.vocab_embed=nn.Embedding(self.vocab_size,vocab_dim,padding_idx=1)
# 用 GloVe 编码初始化编码层权重
self.vocab_embed.weight.data = word_embedding
x_input_size += vocab_dim
ques_input_size += vocab_dim
# 编码层权重不需要更新, 即 requires_grad 属性为 False
self.vocab_embed.weight.requires_grad = False
if 'BERT' in self.opt:
    self.Bert = Bert(self.opt)
    if 'LOCK_BERT' in self.opt:
        # 锁定 BERT 权重不进行更新
        for p in self.Bert.parameters():
            p.requires_grad = False
    if 'BERT_LARGE' in self.opt:
        bert_dim = 1024
        bert_layers = 24
    else:
        bert_dim = 768
        bert_layers = 12
    if 'BERT_LINEAR_COMBINE' in self.opt:
        # 如果对 BERT 每层输出的编码计算加权和, 需要定义权重 alpha 和 gamma
        self.alphaBERT = nn.Parameter(torch.Tensor(bert_layers), requires_
        grad=True)
        self.gammaBERT = nn.Parameter(torch.Tensor(1, 1), requires_
        grad=True)
        torch.nn.init.constant(self.alphaBERT, 1.0)
        torch.nn.init.constant(self.gammaBERT, 1.0)
    x_input_size += bert_dim
    ques_input_size += bert_dim
# 单词注意力层
self.pre_align = Attention(vocab_dim, opt['prealign_hidden'], do_
similarity = True)
x_input_size += vocab_dim
# 词性与命名实体标注编码
pos_dim = opt['pos_dim']
ent_dim = opt['ent_dim']
self.pos_embedding = nn.Embedding(len(POS), pos_dim)
```

```
self.ent_embedding = nn.Embedding(len(ENT), ent_dim)
# 文章单词的 4 维 feature，包括词频、精确匹配等
x_feat_len = 4
x_input_size += pos_dim + ent_dim + x_feat_len
addtional_feat = 0
# 文章 RNN 层
self.context_rnn, context_rnn_output_size = RNN_from_opt(x_input_
size, opt['hidden_size'], num_layers=opt['in_rnn_layers'], concat_
rnn=opt['concat_rnn'], add_feat=addtional_feat)
# 问题 RNN 层
self.ques_rnn, ques_rnn_output_size = RNN_from_opt(ques_input_
size, opt['hidden_size'], num_layers=opt['in_rnn_layers'], concat_
rnn=opt['concat_rnn'], add_feat=addtional_feat)
# 全关注互注意力层
self.deep_attn = DeepAttention(opt,abstr_list_cnt=opt['in_rnn_layers'],
deep_att_hidden_size_per_abstr=opt['deep_att_hidden_size_per_abstr'],
word_hidden_size=vocab_dim + addtional_feat)
self.deep_attn_input_size = self.deep_attn.rnn_input_size
self.deep_attn_output_size = self.deep_attn.output_size
# 问题理解层
self.high_lvl_ques_rnn, high_lvl_ques_rnn_output_size = RNN_from_opt
(ques_rnn_output_size * opt['in_rnn_layers'], opt['highlvl_hidden_size'],
num_layers = opt['question_high_lvl_rnn_layers'], concat_rnn = True)
# 统计当前文章单词历史维度
self.after_deep_attn_size = self.deep_attn_output_size + self.deep_attn_
input_size + addtional_feat + vocab_dim
self.self_attn_input_size = self.after_deep_attn_size
self_attn_output_size = self.deep_attn_output_size
# 文章单词自注意力层
self.highlvl_self_att = Attention(self.self_attn_input_size, opt['deep_
att_hidden_size_per_abstr')
# 文章单词高级 RNN 层
self.high_lvl_context_rnn, high_lvl_context_rnn_output_size = RNN_
from_opt(self.deep_attn_output_size + self_attn_output_size,
opt['highlvl_hidden_size'], num_layers = 1, concat_rnn = False)
# 文章单词最终维度
context_final_size = high_lvl_context_rnn_output_size
# 问题自注意力层
self.ques_self_attn = Attention(high_lvl_ques_rnn_output_size, opt['query_
self_attn_hidden_size'])
# 问题单词最终维度
ques_final_size = high_lvl_ques_rnn_output_size
# 线性注意力层，用于获得问题的向量表示
self.ques_merger = LinearSelfAttn(ques_final_size)
# 分数输出层
self.get_answer = GetFinalScores(context_final_size, ques_final_size)
```

SDNet.py 中的前向计算函数 forward 以 BatchGen 产生的批次数据作为输入，经过编

码层、交互层和输出层计算得到最终的打分结果。下面是函数 forward 的程序分析：

```
def forward(self, x, x_single_mask, x_features, x_pos, x_ent, x_bert,
x_bert_mask, x_bert_offsets, q, q_mask, q_bert, q_bert_mask, q_bert_offsets,
context_len):
    batch_size = q.shape[0]
    # 由于同一个 batch 中的问答共享一篇文章，x_single_mask 只有一行
    # 这里将 x_single_mask 重复 batch_size 行，与问题的数据对齐
    x_mask = x_single_mask.expand(batch_size, -1)
    # 获得文章单词编码，同样重复 batch_size 行
    x_word_embed = self.vocab_embed(x).expand(batch_size, -1, -1)
    # 获得问题单词编码
    ques_word_embed = self.vocab_embed(q)
    # 文章的单词历史
    x_input_list = [dropout(x_word_embed, p=self.opt['dropout_emb'],
    training=self.drop_emb)]
    # 问题的单词历史
    ques_input_list = [dropout(ques_word_embed, p=self.opt['dropout_emb'],
    training=self.drop_emb)]
    # 上下文编码层
    x_cemb = ques_cemb = None
    if 'BERT' in self.opt:
        if 'BERT_LINEAR_COMBINE' in self.opt:
            # 得到 BERT 每一层输出的文章单词编码
            x_bert_output = self.Bert(x_bert, x_bert_mask, x_bert_offsets, x_
            single_mask)
            # 计算加权和
            x_cemb_mid = self.linear_sum(x_bert_output, self.alphaBERT, self.
            gammaBERT)
            # 得到 BERT 每一层输出的问题单词编码
            ques_bert_output = self.Bert(q_bert, q_bert_mask, q_bert_offsets,
            q_mask)
            # 计算加权和
            ques_cemb_mid = self.linear_sum(ques_bert_output, self.alphaBERT,
            self.gammaBERT)
            x_cemb_mid = x_cemb_mid.expand(batch_size, -1, -1)
        else:
            # 不计算加权和的情况
            x_cemb_mid = self.Bert(x_bert, x_bert_mask, x_bert_offsets, x_
            single_mask)
            x_cemb_mid = x_cemb_mid.expand(batch_size, -1, -1)
            ques_cemb_mid = self.Bert(q_bert, q_bert_mask, q_bert_offsets, q_
            mask)
        # 上下文编码加入单词历史
        x_input_list.append(x_cemb_mid)
        ques_input_list.append(ques_cemb_mid)
    # 单词注意力层
    x_prealign = self.pre_align(x_word_embed, ques_word_embed, q_mask)
```

```python
x_input_list.append(x_prealign)
# 词性编码
x_pos_emb = self.pos_embedding(x_pos).expand(batch_size, -1, -1)
# 命名实体编码
x_ent_emb = self.ent_embedding(x_ent).expand(batch_size, -1, -1)
x_input_list.append(x_pos_emb)
x_input_list.append(x_ent_emb)
# 加入文章单词的词频和精确匹配等特征
x_input_list.append(x_features)
# 将文章单词的单词历史向量拼接起来
x_input = torch.cat(x_input_list, 2)
# 将问题单词的单词历史向量拼接起来
ques_input = torch.cat(ques_input_list, 2)
# 获得文章和问题 RNN 层的输出
_, x_rnn_layers = self.context_rnn(x_input, x_mask, return_list=True, x_
additional=x_cemb)
_, ques_rnn_layers = self.ques_rnn(ques_input, q_mask, return_list=True,
x_additional=ques_cemb) # layer x batch x q_len x ques_rnn_output_size
# 问题理解层
ques_highlvl = self.high_lvl_ques_rnn(torch.cat(ques_rnn_layers, 2), q_
mask) # batch x q_len x high_lvl_ques_rnn_output_size
ques_rnn_layers.append(ques_highlvl)
# 全关注互注意力层的输入
if x_cemb is None:
    x_long = x_word_embed
    ques_long = ques_word_embed
else:
    x_long = torch.cat([x_word_embed, x_cemb], 2)
    ques_long = torch.cat([ques_word_embed, ques_cemb], 2)
# 文章单词经过全关注互注意力层
x_rnn_after_inter_attn, x_inter_attn = self.deep_attn([x_long], x_rnn_
layers, [ques_long], ques_rnn_layers, x_mask, q_mask, return_bef_rnn=True)
# 全关注自注意力层的输入
if x_cemb is None:
    x_self_attn_input = torch.cat([x_rnn_after_inter_attn, x_inter_attn,
    x_word_embed], 2)
else:
    x_self_attn_input = torch.cat([x_rnn_after_inter_attn, x_inter_attn,
    x_cemb, x_word_embed], 2)
# 文章单词经过全关注自注意力层
x_self_attn_output = self.highlvl_self_att(x_self_attn_input, x_self_attn_
input, x_mask, x3=x_rnn_after_inter_attn, drop_diagonal=True)
# 文章单词经过高级 RNN 层
x_highlvl_output = self.high_lvl_context_rnn(torch.cat([x_rnn_after_inter_
attn, x_self_attn_output], 2), x_mask)
# 文章单词的最终编码 x_final
x_final = x_highlvl_output
# 问题单词的自注意力层
```

```
ques_final = self.ques_self_attn(ques_highlvl, ques_highlvl, q_mask,
x3=None, drop_diagonal=True)
# 获得问题的向量表示
q_merge_weights = self.ques_merger(ques_final, q_mask)
ques_merged = weighted_avg(ques_final, q_merge_weights) # batch x ques_
final_size
# 获得答案在文章每个位置开始和结束的概率以及三种特殊答案"是 / 否 / 没有答案"的概率
score_s, score_e, score_no, score_yes, score_noanswer = self.get_answer(x_
final, ques_merged, x_mask)
return score_s, score_e, score_no, score_yes, score_noanswer
```

在以上代码中，linear_sum 函数对 BERT 每层的输出计算加权和。这里，首先对 alpha 参数计算 softmax，然后乘以 gamma 得到最终权重。下面是 linear_sum 的代码分析：

```
def linear_sum(self, output, alpha, gamma):
    # 对 alpha 权重归一化
    alpha_softmax = F.softmax(alpha)
    for i in range(len(output)):
        # 第 i 层的权重系数是 alpha_softmax[i]×gamma
        if i == 0:
            res = t
        else:
            res += t
    # Dropout 后输出
    res = dropout(res, p=self.opt['dropout_emb'], training=self.drop_emb)
    return res
```

7.6.2　计算层

在 7.6.1 节中，SDNet 的计算使用了 Attention、DeepAttention、GetFinalScores 等类 class。这些类封装了较为复杂的子网络结构，实现了注意力、全关注注意力、答案输出层等功能。它们均在 Models/Layers.py 中定义。

（1）注意力计算层

Layers.py 中将注意力分数与注意力向量的计算分成两个类进行处理，便于功能的扩展。首先，AttentionScore 类计算注意力分数，即实现了 $score(x_1, x_2) = ReLU(Ux_1)^T DReLU(Ux_2)$：

```
class AttentionScore(nn.Module):
    def __init__(self, input_size, hidden_size, do_similarity = False):
        super(AttentionScore, self).__init__()
        # 隐状态维度，即 U 矩阵的行数
        self.hidden_size = hidden_size
```

```
# self.linear 即矩阵 U
self.linear = nn.Linear(input_size, hidden_size, bias = False)
# 定义 self.diagonal 即对角矩阵 D, do_similarity 控制初始化参数是否除以维度的平
方根（类似于 Transformer 中的 Attention），以及是否更新 D 的参数
if do_similarity:
    self.diagonal = Parameter(torch.ones(1, 1, 1) / (hidden_size **
    0.5), requires_grad = False)
else:
    self.diagonal = Parameter(torch.ones(1, 1, hidden_size), requires_
    grad = True)

# 计算 x1 和 x2 向量组的注意力分数
# x1 的维度是 batch×word_num1×dim
# x2 的维度是 batch×word_num2×dim
# 输出维度是 batch×word_num1×word_num2, 即每两个向量的注意力分数
def forward(self, x1, x2):
    x1 = dropout(x1, p = dropout_p, training = self.training)
    x2 = dropout(x2, p = dropout_p, training = self.training)
    x1_rep = x1
    x2_rep = x2
    batch = x1_rep.size(0)
    word_num1 = x1_rep.size(1)
    word_num2 = x2_rep.size(1)
    dim = x1_rep.size(2)
    # 计算 Ux1
    x1_rep = self.linear(x1_rep.contiguous().view(-1, dim)).view(batch,
    word_num1, self.hidden_size)
    # 计算 Ux2
    x2_rep = self.linear(x2_rep.contiguous().view(-1, dim)).view(batch,
    word_num2, self.hidden_size)
    x1_rep = F.relu(x1_rep)
    x2_rep = F.relu(x2_rep)
    # 计算 Relu(Ux1)^T D
    x1_rep = x1_rep * self.diagonal.expand_as(x1_rep)
    # scores 为 Relu(Ux1)^T DRelu(Ux2)
    scores = x1_rep.bmm(x2_rep.transpose(1, 2))
    return scores
```

第 2 个类 Attention 的输入为 x_1、x_2 和 x_3，它利用 AttentionScore 获得 x_1 和 x_2 的注意力分数，经 softmax 得到权重后，计算 x_3 的加权和得到注意力向量。这可以类比 6.4.1 节的多头注意力机制中的 query、key 和 value。以下是 Attention 类的代码：

```
class Attention(nn.Module):
    def __init__(self, input_size, hidden_size, do_similarity = False):
        super(Attention, self).__init__()
        # scoring 用于计算注意力向量
```

```
    self.scoring = AttentionScore(input_size, hidden_size, correlation_
    func, do_similarity)

def forward(self, x1, x2, x2_mask, x3 = None, drop_diagonal=False):
    batch = x1.size(0)
    word_num1 = x1.size(1)
    word_num2 = x2.size(1)
    # x3 为 None 表示用 x2 代替 x3
    if x3 is None:
        x3 = x2
    # 得到注意力分数 scores
    scores = self.scoring(x1, x2)
    # 按照 x2 的掩码将所有补齐符号位置的注意力分数置为负无穷
    empty_mask = x2_mask.eq(0).unsqueeze(1).expand_as(scores)
    scores.data.masked_fill_(empty_mask.data, -float('inf'))
    # drop_diagonal 为 True 时,将对角线位置的注意力分数置为负无穷,即第 i 个元素和自
    身不计算注意力系数
    if drop_diagonal:
        diag_mask = torch.diag(scores.data.new(scores.size(1)).zero_() +
        1).byte().unsqueeze(0).expand_as(scores)
        scores.data.masked_fill_(diag_mask, -float('inf'))

    # 用 softmax 计算注意力系数,所有负无穷的位置获得系数 0
    alpha_flat = F.softmax(scores.view(-1, x2.size(1)), dim = 1)
    alpha = alpha_flat.view(-1, x1.size(1), x2.size(1))
    # 将注意力系数与 x3 相乘得到注意力向量 attended
    attended = alpha.bmm(x3)
    return attended
```

（2）全关注注意力层

全关注注意力层 DeepAttention 利用维度压缩技术从单词历史中得到注意力分数,然后只对中间的某些历史计算加权和,这是 SDNet 的核心技术之一。下面是 DeepAttention 类的代码分析:

```
class DeepAttention(nn.Module):
    def __init__(self, opt, abstr_list_cnt, deep_att_hidden_size_per_abstr,
    word_hidden_size=None):
        super(DeepAttention, self).__init__()
        word_hidden_size = opt['embedding_dim'] if word_hidden_size is None
        else word_hidden_size
        abstr_hidden_size = opt['hidden_size'] * 2
        att_size = abstr_hidden_size * abstr_list_cnt + word_hidden_size
        # 多个 Attention 层需要放入 nn.ModuleList
```

```
        self.int_attn_list = nn.ModuleList()
        # abstr_list_cnt+1 为全关注注意力机制中计算注意力的次数
        # 每次基于全部单词历史计算注意力分数，然后对于其中的一层用加权和得到注意力向量
        for i in range(abstr_list_cnt+1):
            self.int_attn_list.append(Attention(att_size, deep_att_hidden_
            size_per_abstr))
        rnn_input_size = abstr_hidden_size * abstr_list_cnt * 2 +
        (opt['highlvl_hidden_size'] * 2)
        self.rnn_input_size = rnn_input_size

        # 注意力计算完成后经过一个 RNN 层
        self.rnn, self.output_size = RNN_from_opt(rnn_input_size, opt['highlvl_
        hidden_size'], num_layers=1)
        self.opt = opt

    def forward(self, x1_word, x1_abstr, x2_word, x2_abstr, x1_mask, x2_mask,
    return_bef_rnn=False):
        # 通过拼接得到文章与问题各自的单词历史
        x1_att = torch.cat(x1_word + x1_abstr, 2)
        x2_att = torch.cat(x2_word + x2_abstr[:-1], 2)
        x1 = torch.cat(x1_abstr, 2)
        x2_list = x2_abstr
        for i in range(len(x2_list)):
            # 计算注意力
            attn_hiddens = self.int_attn_list[i](x1_att, x2_att, x2_mask,
            x3=x2_list[i])
            # 结果拼接
            x1 = torch.cat((x1, attn_hiddens), 2)
        # 经过最终的 RNN 层
        x1_hiddens = self.rnn(x1, x1_mask)
        if return_bef_rnn:
            return x1_hiddens, x1
        else:
            return x1_hiddens
```

（3）生成问题向量层

生成问题向量层 LinearSelfAttn 类和 weighted_avg 函数定义了如何将问题的所有单词向量转化成一个向量。其中使用了 3.1.3 节中介绍的含参加权和技术。

具体来说，LinearSelfAttn 对于一组向量 $(\boldsymbol{x}_1,...,\boldsymbol{x}_n)$，定义参数向量 $\boldsymbol{b}$，然后计算每个向量的权重 $o_i = \mathrm{softmax}(\boldsymbol{b}^{\mathrm{T}}\boldsymbol{x}_i)$。weighted_avg 函数输出加权和 $\sum_i o_i \boldsymbol{x}_i$。下面是相关代码：

```
class LinearSelfAttn(nn.Module):
    def __init__(self, input_size):
        super(LinearSelfAttn, self).__init__()
```

```
        # self.linear 即参数向量 b
        self.linear = nn.Linear(input_size, 1)

    def forward(self, x, x_mask):
        # empty_mask 中为 1 的位置是补齐符号 <PAD>
        empty_mask = x_mask.eq(0).expand_as(x_mask)
        x = dropout(x, p=dropout_p, training=self.training)
        x_flat = x.contiguous().view(-1, x.size(-1))
        # 计算 bᵀxᵢ
        scores = self.linear(x_flat).view(x.size(0), x.size(1))
        # 将补齐符号位置的权重置为负无穷
        scores.data.masked_fill_(empty_mask.data, -float('inf'))
        # 计算 softmax 分数
        alpha = F.softmax(scores, dim = 1)
        return alpha

def weighted_avg(x, weights):
    # 按照 weights 计算 x 的加权和
    return weights.unsqueeze(1).bmm(x).squeeze(1)
```

（4）输出层

GetFinalScores 类产生 SDNet 的所有输出，包括模型预测答案在文章中每个位置开始与结束的概率，以及特殊答案"是 / 否 / 没有答案"的概率。其中，"是 / 否 / 没有答案"的概率均只有一个数字，由 GetFinalScores 自带的 get_single_score 函数计算。下面是 GetFinalScores 类的代码分析：

```
class GetFinalScores(nn.Module):
    def __init__(self, x_size, h_size):
        super(GetFinalScores, self).__init__()
        # 预测 "没有答案 / 否 / 是" 所使用的参数向量
        self.noanswer_linear = nn.Linear(h_size, x_size)
        self.noanswer_w = nn.Linear(x_size, 1, bias=True)
        self.no_linear = nn.Linear(h_size, x_size)
        self.no_w = nn.Linear(x_size, 1, bias=True)
        self.yes_linear = nn.Linear(h_size, x_size)
        self.yes_w = nn.Linear(x_size, 1, bias=True)
        # 计算答案在文章中每个单词位置开始和结束的概率
        self.attn = BilinearSeqAttn(x_size, h_size)
        self.attn2 = BilinearSeqAttn(x_size, h_size)
        # 计算开始和结束概率之间使用的 GRU 单元
        self.rnn = nn.GRUCell(x_size, h_size)

    def forward(self, x, h0, x_mask):
        # x 是文章每个单词的最终向量表示, h0 是问题向量
        # 计算答案在文章中每个单词位置开始的概率 score_s
        score_s = self.attn(x, h0, x_mask)
```

```
# 利用 score_s 对文章单词向量做加权和，得到 ptr_net_in
ptr_net_in = torch.bmm(F.softmax(score_s, dim = 1).unsqueeze(1),
x).squeeze(1)
ptr_net_in = dropout(ptr_net_in, p=dropout_p, training=self.training)
h0 = dropout(h0, p=dropout_p, training=self.training)
# 以 ptr_net_in 向量为输入，h0 作为初始状态，经过 GRU 单元得到 h1
h1 = self.rnn(ptr_net_in, h0)
# 计算答案在文章中每个单词位置结束的概率 score_e
score_e = self.attn2(x, h1, x_mask)
# 计算预测"否 / 是 / 没有答案"的概率
score_no = self.get_single_score(x, h0, x_mask, self.no_linear, self.
no_w)
score_yes = self.get_single_score(x, h0, x_mask, self.yes_linear,
self.yes_w)
score_noanswer = self.get_single_score(x, h0, x_mask, self.noanswer_
linear, self.noanswer_w)
return score_s, score_e, score_no, score_yes, score_noanswer

# 计算预测"否 / 是 / 没有答案"的概率
def get_single_score(self, x, h, x_mask, linear, w):
    # 将 h 转化为和 x 同维度的向量 Wh
    Wh = linear(h)
    # 计算 x 和 Wh 的内积，即 xᵀWh
    xWh = x.bmm(Wh.unsqueeze(2)).squeeze(2)
    # 将 x 掩码指定的补齐符号的位置的 xWh 设为负无穷
    empty_mask = x_mask.eq(0).expand_as(x_mask)
    xWh.data.masked_fill_(empty_mask.data, -float('inf'))
    # 以归一化后的 xWh 为权重计算 x 的加权和，得到一个向量 attn_x
    attn_x = torch.bmm(F.softmax(xWh, dim = 1).unsqueeze(1), x)
    # attn_x 与 w 求内积得到输出分数
    single_score = w(attn_x).squeeze(2)
    return single_score
```

GetFinalScores 中使用了 BilinearSeqAttn 类。这个类的作用是，给定 n 个向量 $x_1, x_2, ..., x_n$ 以及向量 y，计算 $o_i = x_i^T W y$，其中 W 为参数矩阵。这相当于通过 y 给每个 x 向量计算一个权重。BilinearSeqAttn 的代码如下：

```
class BilinearSeqAttn(nn.Module):
    def __init__(self, x_size, y_size, identity=False):
        super(BilinearSeqAttn, self).__init__()
        if not identity:
            # 如果向量 x 和 y 的维度不一致，需要定义维度转化矩阵 self.linear
            self.linear = nn.Linear(y_size, x_size)
        else:
            self.linear = None

    def forward(self, x, y, x_mask):
        empty_mask = x_mask.eq(0).expand_as(x_mask)
        # 对 x 和 y 进行 dropout
```

```
    x = dropout(x, p=dropout_p, training=self.training)
    y = dropout(y, p=dropout_p, training=self.training)
    # 计算 Wy
    Wy = self.linear(y) if self.linear is not None else y
    # 计算 xᵀWy
    xWy = x.bmm(Wy.unsqueeze(2)).squeeze(2)
    # 根据 x 的掩码将补齐符号位置的权重设置为负无穷
    xWy.data.masked_fill_(empty_mask.data, -float('inf'))
    return xWy
```

7.6.3 生成 BERT 编码

Bert/Bert.py 实现了 BERT 上下文编码的生成过程。在 BatchGen 中，每个单词被
BERT 自带的 WordPiece 工具分成若干子词。BERT 预训练模型为每个子词生成多层上下
文编码。SDNet 模型将一个词对应的所有子词的每一层上下文编码求平均，从而得到这
个单词在每一层的编码。

此外，BERT 的预训练模型只能接收长度最长为 512 个子词的输入。但是 CoQA 中
的一部分文章超出了这个限制。所以，模型将文章分为若干块，每块含 512 个子词（最
后一块可能少于 512 个子词），然后分别计算 BERT 编码，最后拼接得到结果。

下面是 Bert.py 中 forward 函数的代码分析：

```
def forward(self, x_bert, x_bert_mask, x_bert_offset, x_mask):
    all_layers = []
    # 实际子词个数
    bert_sent_len = x_bert.shape[1]
    # 每次处理 self.BERT_MAX_LEN=512 个子词
    p = 0
    while p < bert_sent_len:
        # 得到 BERT 每一层的子词编码
        all_encoder_layers, _ = self.bert_model(x_bert[:, p:(p + self.BERT_
        MAX_LEN)], token_type_ids=None, attention_mask=x_bert_mask[:, p:(p +
        self.BERT_MAX_LEN)])
        all_layers.append(torch.cat(all_encoder_layers, dim = 2))
        p += self.BERT_MAX_LEN
    # 通过拼接得到文本所有单词的 BERT 编码
    bert_embedding = torch.cat(all_layers, dim = 1)
    batch_size = x_mask.shape[0]
    max_word_num = x_mask.shape[1]
    tot_dim = bert_embedding.shape[2]
    output = Variable(torch.zeros(batch_size, max_word_num, tot_dim))
    # 一个单词如果有 T 个子词，则将这个单词对应的所有子词每一层的编码除以 T
```

```
# 这样，进行求和后可以直接得到单词的 BERT 编码
for i in range(batch_size):
    for j in range(max_word_num):
        if x_mask[i, j] == 0:
            continue
        # 单词的所有子词在 BERT 分词中的位置范围为 [st, ed)
        st = x_bert_offset[i, j, 0]
        ed = x_bert_offset[i, j, 1]
        if st + 1 == ed:
            output[i, j, :] = bert_embedding[i, st, :]
        else:
            subword_ebd_sum=torch.sum(bert_embedding[i,st:ed,:], dim = 0)
            # 子词编码除以单词 j 对应的子词个数 (ed-st)
            if st < ed:
                output[i, j, :] = subword_ebd_sum / float(ed - st)
outputs = []
# 输出所有单词每一层的 BERT 编码
for i in range(self.bert_layer):
    now = output[:, :, (i * self.bert_dim) : ((i + 1) * self.bert_dim)]
    now = now.cuda()
    outputs.append(now)
return outputs
```

7.7　本章小结

❑ SDNet 是多轮对话式阅读理解模型，采用编码层 – 交互层 – 输出层的架构，并首次将 BERT 作为上下文编码器融入网络结构中。

❑ SDNet 源代码采用代码与运行数据分离的策略，利用配置文件设置程序参数，并提供了运行所用的容器 Docker。

❑ 预处理程序 CoQAPreprocess.py 生成词表以及单词编号。

❑ 训练程序 SDNetTrainer.py 负责模型的训练和测试。训练过程采用批次 batch 处理，并保存在验证数据集上得分最高的模型参数。

❑ BatchGen 产生训练和测试使用的批次数据，利用掩码标识补齐符号的位置，并进行针对 BERT 模型的分词。

❑ 模型程序 SDNet.py 定义 SDNet 的网络结构和计算过程，其中大部分计算层封装在程序 Layers.py 中。

第 8 章

机器阅读理解的应用与未来

机器阅读理解利用人工智能技术为计算机赋予了阅读、分析和归纳文本的能力。随着信息时代的到来，文本的规模呈爆炸式增长。因此，机器阅读理解带来的自动化和智能化恰逢其时，在众多工业界领域和人们生活中的方方面面都有着广阔的应用空间。例如，搜索引擎可以利用文本理解为用户返回更相关的结果；语文教学可以使用阅读理解自动批改学生的作文；医疗领域可以通过分析患者症状和就医历史实现自动诊疗等。但同时我们也应该看到，这个领域仍有许多没有解决的问题，例如阅读中的知识与推理，文本与语音图像等多模态信息的结合等。

本章将介绍机器阅读理解在各种垂直产业领域的应用，并列举机器阅读理解研究面临的挑战及今后的发展方向。

8.1　智能客服

一直以来，客户服务都是企业运营中的痛点。由于客服依赖人工服务，一方面，客户的等待时间一般较长，而且客服的水平参差不齐，造成客户的满意度下降；另一方面，企业需要投入大量的资金运营客服部门，这对于成本控制来说是一个很大的挑战。所以，将客服用高效的计算机模型自动化有着非常重要的实际意义。

早期的智能客服一般为**交互式语音应答**（Interactive Voice Response，IVR）。IVR 系

统预先录制或用语音系统生成各项服务内容。用户在电话咨询时通过按键控制导航菜单，与系统进行交互并获取所需信息。这种系统可以自动处理较为简单的查询，而需要人工操作的服务则转接客服人员解决，节省了企业成本和用户等待时间。

然而，很多情况下，由于企业产品的功能繁多，客户需要解决的问题十分复杂，系统必须与客户进行交流获得更多信息才能完成任务。这些问题都无法通过简单的 IVR 系统解决。因此，基于人工智能的客服聊天机器人（customer support chat bot）应运而生。

客服机器人是一种基于自然语言处理的拟人式服务，通过文字或语音与用户进行多轮交流，以获取相关信息并提出解决方案。所以，客服机器人需要将用户的查询要求与产品信息进行匹配，并要有很好的对话处理能力，如图 8-1 所示。值得注意的是，用于客服的聊天机器人与纯粹用于聊天的机器人有着本质的不同。客服机器人必须根据用户提供的信息快速找到解决方案，并以解决用户提出的关于产品的问题为唯一目标。而普通聊天机器人更注重用户黏度，可以随时变换对话主题，并加入情感分析处理，以延长用户聊天的时间。

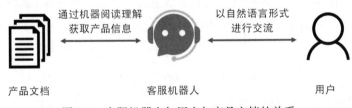

图 8-1　客服机器人与用户与产品文档的关系

一般来说，智能客服模型由 3 个部分组成：建立产品客服知识库、理解用户意图以及答案生成。

8.1.1　建立产品客服知识库

与某个产品相关的客服问题是相对限定和可预知的，如产品的使用与维修、用户注册缴费等。这些内容可以由企业提供（如常见问题 FAQ 列表），也可以从以往的客服数据中获得。所有这些与客服相关的内容组成了产品客服知识库。

产品客服知识库有两种设计模式：扁平式与结构化（见图 8-2）。扁平式设计较为简单，类似于 FAQ 的问题与相应答案列表。如果采用这种设计，客服机器人与用户可以进行类似于搜索引擎的单轮对话，即根据用户的查询找到最接近的问题并输出答案。结构化设计相对复杂，它将所有客服问题分类归纳成树状或图状结构。其中，每个节点代表一个状态。当对话进入此状态时，客服机器人需要对用户提问并根据用户的回答进入不同的节点。一旦进入答案节点，机器人直接向用户返回答案。可以看出，结构化知识库支持多轮对话，更符合人类语言交流习惯。

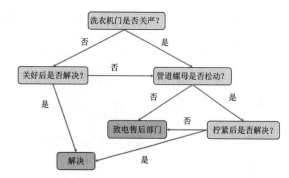

问题	答案
如何开启洗衣机	将洗衣机门关上，选择洗衣模式然后按下红色开关键
如何选择快速洗衣模式	将洗衣模式旋钮转到FAST刻度
洗衣机漏水怎么办	检查洗衣机门是否关严，管道螺母是否松动，如果仍漏水，请致电售后修理部门
…	…

图 8-2　扁平式知识库（左）与结构化（右）知识库样例。结构化知识库中每个节点代表机器人当前所处的状态，并包含对用户的提问或解答。这里显示对应"洗衣机漏水怎么办"问题的状态转移图

8.1.2　理解用户意图

客服机器人中最关键的部分是根据用户的输入理解用户的真实意图，并与产品知识库建立对应关系。本节将介绍这个模块的建模与训练方法。

1.建模

理解用户意图模型的核心是计算文本间的语义相关度。例如，在扁平式知识库中，如果模型发现用户的输入文本与知识库中某个问题的文本非常相关，就可以直接输出对应的答案。

计算语义相关度最简单的算法是关键词匹配。例如，对于图 8-2 中的知识库，如果用户的输入存在"漏水"一词，就可以给出处理漏水的解答。关键词匹配的规则由人工制定，包括正则表达式、含关键词的逻辑表达式（如含有"漏水"且含有"洗衣机"）等。这种方法的准确度较高，但很难达到很好的召回率。其根本原因是自然语言中同一种语

义经常有许多种表达方式。因此，关键词匹配一般只作为理解用户意图的第一个模块。

为了理解更多表达方式，我们需要建立更加鲁棒的语义分析模型。这里介绍一种深度学习方法（见图 8-3）。该模型的输入为两段文本 A 和 B，例如用户的输入和候选意图的文本。模型的输出为两段文本的相关性分数。这相当于一个分类任务，即分析两段文本之间的关系并给出它们相似的概率。

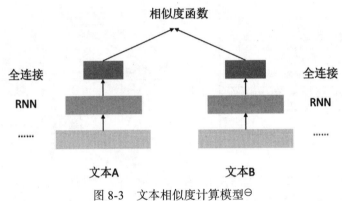

图 8-3　文本相似度计算模型[○]

我们可以使用第 3 章所提到的自然语言理解（NLU）完成文本相似度的计算。首先，利用词向量、RNN 等网络层分别获得 A、B 两段文本的语义向量表示 a 和 b，然后计算 a 和 b 之间的相似度。例如余弦相似度计算两个向量之间夹角的余弦值：

$$\cos(a,b) = \frac{a^{\mathrm{T}}b}{\sqrt{a^{\mathrm{T}}a}\sqrt{b^{\mathrm{T}}b}}$$

余弦相似度越大，两段文本之间的语义越接近。使用余弦相似度的一个好处是相似度值在 −1 到 1 之间，便于分析。

2. 训练

作为分类模型，意图理解模型的训练需要有语义相近的文本对作为正例，以及语义无关的文本对作为负例。在训练中，我们只需要收集语义相关的文本对，如"我的洗衣机漏水；洗衣机漏水怎么办""我已经把衣服装入洗衣机，请问怎么才能开动；如何开启

○　P.-S. Huang, X. He, J. Gao, L. Deng, A. Acero, L. Heck.《Learning deep structured semantic models for web search using clickthrough data》. 2013.

洗衣机"。而语义无关的数据只需从中随机抽取不在一个文本对中的文本即可，如（我的洗衣机漏水；如何开启洗衣机）。

这些数据可以来自公开的同义句库，也可以从具体客服数据中获得，即人工将历史数据中用户提出的问题与意图文本相匹配，形成语义相关的文本对。

在测试时，模型选择与用户输入问题语义相关度最高的意图，一旦相似度高于设定的阈值，则进入知识库中对应的条目，给出解答或选择进一步的询问。

8.1.3 答案生成

在获取了足够多的用户提供的信息之后，客服机器人需要给出解决方案，这包括文字、链接、图像、视频等多种形式。但是，由于许多产品的信息十分繁杂，而且产品也在不断更新换代，很难事先设计好所有可能遇到的问题的答案。而且，设计答案的过程需要耗费大量的人力和计算资源，这也降低了新企业上线客服系统的效率。因此，在实际应用中能事先编辑答案的产品问题是有限的，一般优先覆盖出现频率最高的用户意图。所以，当一个用户的提问不在此范围内时（即属于问题分布的"长尾"部分），意图理解模型会计算出这个问题与所有预编辑意图的相似度均低于阈值。在这种情况下，我们可以借助机器阅读理解模型在线生成答案。

我们需要根据用户的问题在产品文档中寻找相关的答案。当文档较多时，可以采用文本库式机器阅读理解模型，即首先检索出相关的段落，然后在段落中寻找答案。这对于客服问题较多、结构较复杂的产品尤为有效。根据 80/20 法则，机器阅读理解模块所面对的客服问题虽然出现频率较低（20%），但问题数量占比很大（80%）。因此，机器阅读理解技术能有效弥补人工编辑产品知识库的不足，灵活地为用户的问题产生解答。

8.1.4 智能客服中的其他模块

（1）API 集成

在实际应用中，用户的输入并不限于文本形式。例如，与注册、费用查询等相关的服务需要让用户输入密码和验证码等信息，然后由模型与后端 API 接口通信，并根据返回状态决定回复的内容。这些功能需要根据具体产品和服务进行设计，并与用户验证、数据库查询等功能集成。

（2）上下文理解

结构化知识库涉及多轮对话，这需要模型有理解上下文的能力。例如，客服机器人提问"洗衣机门是否关严"，用户可能回答"刚试了这个方法，没有效果"。这时，模型需要理解"这个方法"是指"关严洗衣机门"，"没有效果"对应知识库中的回答"否"。一方面，我们能使用自然语言处理中的**指代消解**（coreference resolution）技术加以解决；另一方面，客服机器人可以采用选项式回复，让用户点击预先设计好的一组按钮（如"是 / 否"）。

（3）闲聊

为了提升系统的人性化功能，智能客服可以适当加入闲聊（chit-chat）功能，例如向用户问好，加入"不用着急，您可以试一下这个方法……"等舒缓用户情绪的话语。同时，系统需要识别用户输入是否为闲聊并给出对应回答，以提升用户体验。

智能客服作为自然语言处理中较早商业化的研究方向，有着巨大的市场价值。根据2017 年的一项市场调查显示，全球客服产业价值约 3500 亿美元。毫无疑问，智能客服将给这一产业带来革命性的变化。而且，客服中的自动化与人工服务可以并存，若模型无法处理用户问题，则将其转交人工解决。因此，客服机器人只要能解决部分用户的需求就可以达到减少成本的目的。而作为客服机器人中的关键技术，机器阅读理解拥有广阔的应用前景。

8.2　搜索引擎

搜索引擎自 20 世纪 90 年代初诞生开始就承担起建立全世界信息索引以方便用户查询的使命。早期的搜索引擎基本上都是目录导航系统，通过人工收集和维护，将不同网页的链接作为分级目录供用户查询，例如 Yahoo 目录等。1995 年，第一个支持自然语言的搜索引擎 AltaVista 出现，它第一次为用户提供了使用自然语言进行查询的功能，大大提高了搜索效率。

1998 年，谷歌（Google）公司成立，时至今日，Google 仍然是世界上最大和最流行的搜索引擎。它主要利用 PageRank 技术对网页的重要性进行建模，然后建立超大网页索引，根据查询提供相关度很高的结果。之后，百度、必应、搜狗等搜索引擎相继诞生。

这些搜索引擎为全世界信息的交流和知识的普及提供了极大的便利，也催生了网络广告业、网络商业、云计算等一大批产业。

下面，我们首先介绍搜索引擎的关键技术，然后分析机器阅读理解在搜索引擎中的重要作用。

8.2.1　搜索引擎技术

搜索引擎需要将用户查询与相关的网页进行匹配，找到相关度与可信度较高的结果输出。为了完成这个任务，搜索引擎的架构一般分为 3 部分：获取网页、建立索引以及查询匹配。

（1）获取网页

获取网页的过程由网络爬虫（crawler）解决。网络爬虫是一个读取网页内容并在网页之间跳转的程序。爬虫程序从一些访问量高的网页出发，根据网页 html 文本中的超链接不断进行跳转，获取越来越多的网页。由于互联网的网页规模巨大，需要同时运行成百上千的网络爬虫并行抓取网页内容。

（2）建立索引

理论上来说，用户发出查询后，可以将查询文本与爬虫得到的所有网页一一计算匹配度。但是这种方法速度太慢，无法实时返回结果。因此，搜索引擎需要根据网页内容建立便于快速查找的索引。一种常见的技术为**倒排索引**（inverted index）。倒排索引从网页中抽取关键词，由所有的关键词组成倒排索引中的条目，一般以哈希表方式存储，而每个关键词指向所有含有这个词的网页。这样，如果用户输入的查询包含某个关键词，就可以迅速找到相关的网页。此外，由于许多网页内容以及用户查询具有时效性，需要对不同时间的网页建立多级索引，例如当天网页的倒排索引、一周之内网页的倒排索引等。

（3）查询匹配

搜索引擎从用户输入的自然语言查询中提取关键字以及逻辑关系（如 AND、OR、NOT），然后按照这些关键字从倒排索引中获取候选网页并按照逻辑关系进行处理。例如，查询是"纽约的中国餐馆"，相关网页内容中需要同时含有"纽约"和"中国餐馆"两个关键字。因此，要对从倒排索引中得到的含"纽约"的网页列表和含"中国餐馆"的网页列表进行集合交操作。

经过多次筛选后可能与查询相关的网页依然有很多，因此需要对这些网页进行排序。排序的准则有两点：一是查询与网页内容的相关度；二是网页本身的可信度。下面分别介绍这两个准则的计算方法。

如果查询中的一个单词在网页中多次出现，该查询和这个网页的相关度就比较大，可以用单词在网页中出现的次数衡量，即 TF（term frequency）。但是，我们不希望诸如"这个""是"这样常见的单词影响相关度的计算。因此，需要给常见的单词分配一个较低的权值，可以用 IDF（inverse document frequency）衡量，即单词在所有网页中出现频率的对数的相反数。例如，一共有 100 个网页，某单词在其中 20 个网页中出现，则它的 IDF 为 $-\log\left(\dfrac{20}{100}\right) = \log 5$。这样，常见单词的 IDF 就会很小。将查询中每个单词的 TF 与 IDF 相乘然后求和就得到了经典的 TF-IDF 算法，它可以有效地测算查询与一篇文档的相关度。

当一个重要且可信度高的网页 A 指向网页 B 时，网页 B 的可信度就比较大。基于这一原理，Google 公司的创始人 Larry Page 和 Sergey Brin 等人设计了 PageRank 算法⊖。该算法给每个网页 X 分配一个 PageRank 值 PR(X)。然后，每个网页 X 用自己的 PR 值给它链接出去的网页投票，假设它链接了 5 个网页，则这 5 个网页分别得到 PR(X)/5 票。将这个过程不断进行下去，最后收敛得到的 PR 值就作为一个网页的可信度分数。这样，没有网页链接进入的垃圾网页就会得到一个很低的分数。

将相关度分数与可信度分数相乘并按照从大到小排序，就可以得到一个搜索结果的排序列表。当然，实际的搜索引擎还有许多复杂的计算因子，以提高结果的准确性。

从以上过程可以看出，传统的搜索引擎很大程度上基于关键词的字符串匹配。然而，自然语言中有很多同义词和近义词，同一个语义也可能有多种表达方式。所以，用户的查询很可能与相关网页内容的措辞不完全一样。而搜索引擎的目标是找到与查询语义相关的网页。所以，近年来深度学习等文本语义分析工具在搜索引擎中得到了广泛应用。

针对搜索引擎流量大但标注数据有限的情况，深度学习模型的训练经常基于历史点击数据。点击数据的来源是用户的查询以及这个用户在搜索结果中点击的网页。由于大

⊖ L. Page, S. Brin, R. Motwani, and T. Winograd.《The PageRank citation ranking: Bringing order to the web》. 1999.

多数情况下用户会选择点击相关性高的结果，因而这种点击数据的实际应用效果很好，而且数量很多，可以用作模型的训练数据。

8.2.2　搜索引擎中的机器阅读理解

机器阅读理解在搜索引擎中的一个重要应用是智能问答。在搜索中一种常见的场景是，用户发出的查询为问题形式，例如"下一次全日食是什么时候""法国的首都是哪里"等。这种情况下，如果我们将网页内容视为文章，将用户查询视为问题，搜索的任务就是在文章中找到一段可以回答所查询问题的文本作为答案。这可以使用阅读理解模型产生区间式答案或生成答案文本。如图 8-4 所示，Google 引擎对于查询"法国的首都是哪里"直接返回正确答案"Paris"。其原理是利用机器阅读理解算法在相关文档中搜寻可能的答案，在可信度高的情况下直接输出。

图 8-4　Google 搜索引擎对于问题"法国的首都是哪里"返回的答案

机器阅读理解还可以用于搜索结果片段的展示。为了提供给用户更多的信息，搜索引擎往往同时展示每个返回结果的标题、网址和与查询最相关的片段（又称 snippet），如

图 8-5 所示。其中，片段为页面内容中和查询最相关的部分，并且高亮显示查询中的关键词。这种片段的产生与区间式答案的阅读理解任务非常相似，需要模型在页面中找到与查询最相关的一段文本，为用户选择结果提供有效的信息。因此，模型选择片段的准确度与搜索引擎的质量联系紧密。所以，许多搜索引擎公司为搜索场景设计了阅读理解任务和竞赛，以推动相关算法的发展，例如 1.5.2 节介绍的 MS MARCO 数据集，其中的问题就来自 Bing 搜索引擎的真实用户查询。

图 8-5   Bing 搜索引擎对于"如何打好乒乓球"查询返回的结果列表，每个检索结果下
都给出与查询相关的片段

8.2.3   未来与挑战

随着搜索引擎的不断普及和信息的爆炸式增长，机器阅读理解在这个领域的应用有

着广阔的前景，但同时面临着很大挑战。

首先，虽然搜索引擎的数据量很大，但真正高质量的标注数据很有限。如何利用海量数据提高阅读理解模型的质量是一个很重要的课题。第 6 章介绍的 BERT 模型提供了一种利用大规模数据预训练模型的思路，但仍需要继续探索适用于搜索场景的训练方法。

其次，搜索引擎的一大特点是实时性，即搜索结果需要在几百甚至几十毫秒内返回。传统关键字匹配的方法虽然准确率不如深度学习模型，但在速度上具有较大优势。如何在数据量不断增大的同时利用并行计算、网络优化等提高机器阅读理解模型在实际产品中的运算效率，是一个工程和科学领域需要同时关注的课题。

此外，随着多模态（multi-modal）数据的不断产生以及人类交互方式的改变，搜索引擎的输入、输出及需要处理的数据都有可能基于文本、视频、语音、手势等不同的信息形态。在这种情况下，搜索引擎中的机器阅读理解需要跳出文本的框架，基于模态背后的信息含义进行计算，以适应未来人机交互的场景。

8.3　医疗卫生

卫生与健康一直是人类科学探索的重点课题，而计算机科学的发展给这个领域带来了崭新的活力。在诊断方面，大量的现代科学仪器，例如 X 光机、CT 机、核磁共振，以及相应的机器视觉自动诊疗技术，为医生确诊病例带来了极大的便利。对生物与化学反应进行建模，可以大大加快发现新药的过程，为患者带来福音。医院和医疗机构的信息化和自动化，降低了错诊、漏诊等医疗事故的发生，显著提高了就医效率。处在自然语言处理研究前沿的机器阅读理解技术也开始在医疗诊断方面发挥重要作用。

首先，随着信息技术的普及，很多病患会第一时间在搜索引擎中查询症状和治疗方法。因此，前文中提到的搜索引擎中的机器阅读理解就可以根据查询匹配到相关的医疗文档。

此外，专业的医学从业者也可以利用机器阅读理解辅助诊断。由于医疗技术的不断发展，相关的文档、术语、药物介绍呈几何式增长。因此，医生也常常需要借助信息化手段根据症状进行确诊并提出治疗方案。例如，医生需要根据患者的病历快速检索得到以往类似的病历以及成功的治疗手段。这就要利用自然语言处理模型对病历文本进行语义分析，提取出各种生理指标、用药历史等，然后在大规模病历库中寻找类似的病历。最后由模型归纳总结出几套可行的治疗方案供医生参考。

为了促进这一方面的阅读理解技术的发展，已经有若干与医疗有关的机器阅读理解数据集。1.5.2 节介绍的 QAngaroo 数据集中包含了 MedHop 数据，它来自医疗论文库 PubMed 的论文摘要，包含许多专业的医学研究结果。在 MedHop 中，模型需要根据问题的信息在给定的若干相关段落中寻找线索，并选择正确的答案选项。

2018 年，来自比利时的研究者推出了医疗阅读理解数据集 CliCR[⊖]。研究者收集了大量的病例报告，并设计了 10 万个填空式阅读理解问题（见图 8-6）。这些问题包括确诊疾病、确定治疗用药、推测疗效等类型。这些任务与医生日常的工作息息相关，一旦模型能够达到很高的准确率，就可以应用于临床辅助医生诊断，加快确诊进度。

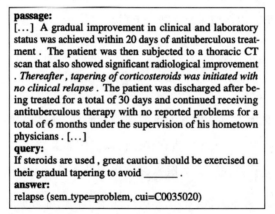

图 8-6　CliCR 数据集中的样例数据，包括文章、填空式问题和回答

8.4　法律

现代社会的各种法律体系错综复杂，相关法律法规数以千计。法律从业者需要花费大量的时间和人力手工检索与阅读法律、卷宗等资料，这使得诉讼成本居高不下，耗时

⊖ S. Suster and W. Daelemans.《 CliCR: A Dataset of Clinical Case Reports for Machine Reading Comprehension 》. 2018.

冗长。例如，中国共有 250 余部国家级法律，近万部地方级法规，5500 多件司法解释和 2000 万份裁判文书。

而处理和分析大规模文档恰恰是机器阅读理解的优势，并且计算机模型不会存在人类的偏颇及不公正现象。因此，近几年开始出现机器阅读理解以及人工智能在法律行业的应用。

8.4.1　智能审判

智能审判是指利用模型根据现行法律决定是否支持给定案例的诉求。2018 年，北京大学和清华大学的研究者提出了基于机器阅读理解的智能审判模型 AutoJudge ⊖。这个模型的训练数据包括大量历史案件判例以及相关法律条文。AutoJudge 将自动审判任务转化成法律阅读理解（legal reading comprehension）问题，并对应到机器学习中的二分类任务：对于一个包括事实描述（fact descriptions）、诉求（pleas）、法律条文（law articles）的三元组，输出是否支持诉求。

AutoJudge 首先通过编码层对所有输入进行语义分析，并使用第 6 章中介绍的上下文编码模型 ELMo 和 BERT。然后，模型利用自注意力和互注意力机制分析各部分输入之间的语义关系。最后，模型的输出层得到预测支持诉求的概率。整个模型架构如图 8-7 所示。

实验表明，AutoJudge 模型的支持诉求预测成功率达到了 82.2%，大大高于非深度学习方法 SVM 的 55.5%。AutoJudge 的优异表现证明了在训练数据充足的情况下，不借助法律人士的专业知识，自然语言处理和深度学习技术也可以达到很高的模型质量。

AutoJudge 的作者同时指出，智能审判的范畴不仅包括支持和拒绝诉求，也包括确定赔偿金额等具体条款，这些都是下一步的研究方向。

⊖　S. Long, C. Tu, Z. Liu, M. Sun.《 Automatic Judgment Prediction via Legal Reading Comprehension 》. 2018.

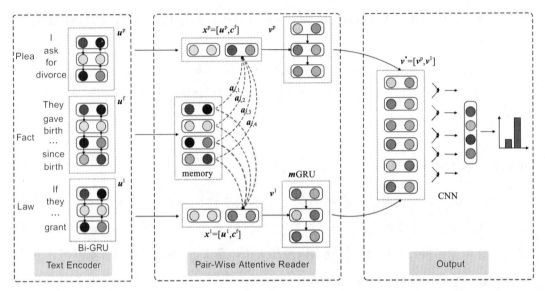

图 8-7   智能审判模型 AutoJudge 的网络架构，包括编码层、注意力阅读层和输出层（来自 AutoJudge 论文）

8.4.2   确定适用条款

法院判决的一个重要环节是确定判决适用的条款。由于每宗案件都有其独特性，最终条款的确定要依靠法官的专业知识和经验，但会耗费大量的人力和时间，也不能保证 100% 的准确率。因此，建立在大量判决数据上的机器阅读理解模型是一个可行的思路。

2019 年，来自北京邮电大学和中科院的研究人员提出了分级匹配网络（Hierarchical Matching Network，HMN）⊖来确定判决的使用条款。HMN 模型将法律（law）和条款（article）作为两级系统。模型的编码层获得法律、条款和事实描述的编码表示，然后利用注意力机制分析这些文本之间的关系，对法律条款生成其适用于这个事实描述的概率最后选择对应最大概率的法律条款。HMN 的模型架构如图 8-8 所示。

虽然现在关于法律的机器阅读理解研究还处于起步阶段，但随着模型和算法的不断改进，相信在不久的将来人工智能一定会真正走进法庭，承担起解决纠纷和公正审判的神圣职责。

⊖   P. Wang, Y. Fan, S. Niu, Z. Yang, Y. Zhang, J. Guo.《 Hierarchical Matching Network for Crime Classification 》. 2019.

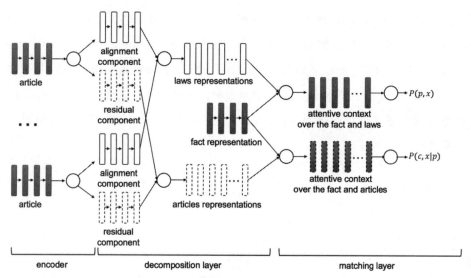

图 8-8　确定适用法律条款的 HMN 模型的网络架构，包括编码层、分解层和匹配层（来自 HMN 论文）

8.5　金融

金融业的范畴很广，包括银行业、保险业、信托业、证券业和租赁业等。金融业本身具有变化快、受政治经济等各种因素影响大且参与人数多的特点。所以，金融相关的分析会依赖大量的实时信息，包括政府新闻、公司财报、社会舆论等。对于这些信息的解读会在很大程度上影响金融产品的盈利能力。因此，很多金融公司在人工智能和自然语言处理方面进行了重点投资，期望从数据中挖掘出有价值的信息。

8.5.1　股价预测

准确的股价预测可以有效提高投资的收益率。传统股价预测方法基于时间序列分析。但是由于股票价格有很强的随机性，而且容易受到政策、舆论及各种突发事件的影响，因此提高股价预测的准确性一直是一个很大的挑战。

随着机器阅读理解技术的发展，股价预测模型可以加入对新闻舆论的理解，从而提高准确率。2014 年，来自爱丁堡大学的研究者提出了一种深度学习模型 StockNet[⊖]，可以

⊖　Y. Xu and S. B. Cohen.《Stock Movement Prediction from Tweets and Historical Prices》.2018.

同时分析股价历史以及 Twitter 上相关的新闻。StockNet 利用 RNN GRU 对一段时间内的相关新闻和股价进行编码，然后输入变分运动解码器（Variational Movement Decoder），采用隐变量刻画股价的分布，最后利用时间注意力机制（Temporal Attention）得到二元预测：股价升高或降低（见图 8-9）。实验结果表明，这种综合了股价与 Tweets 信息的模型的预测准确度比基于统计的模型 ARIMA 高出近 7 个百分点，证明了文本分析对于股价预测的重要性。

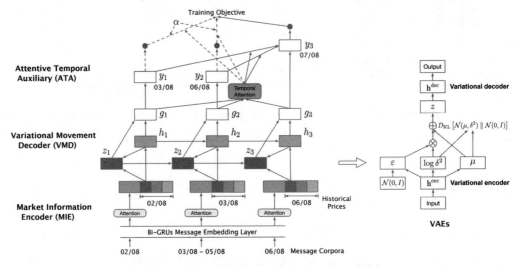

图 8-9   StockNet 模型架构（来自 StockNet 论文）

股价预测还可以借助对新闻舆论的**情感分析**（sentiment analysis）。情感分析是指识别和提取文本中的主观信息，即作者的观点和态度。在金融领域，可以通过分析舆论对一个事件或公司的评价是积极正面还是消极负面提高预测股价走势的准确率。由于情感分析的结果通常有固定的类别，可以作为分类问题加以解决。早期的情感分析模型以关键词抽取为主，例如统计文章中情感标志词的出现频率。但是由于语言的复杂性，例如各种否定式的使用（如"我不觉得这家公司今后会很成功"），基于关键词抽取的方法准确率并不是很高。近几年来，随着机器阅读理解和自然语言处理技术的不断发展，基于深度学习的情感分析模型层出不穷。一种方法是在关键词抽取技术的基础上使用 LSTM 等语义分析网络，然后使用自注意力机制，最后预测每一个情感分类的概率。这些都能大大提高情感分析的准确度。

8.5.2　新闻摘要

随着信息社会的不断发展，微博、手机等不断普及，新闻舆论对于金融的影响常常以分钟计算，而且信息量巨大。这就凸显了模型自动处理信息并作出相关结论的重要性。

在金融相关新闻处理中，一个重要问题是将文本中重要的信息总结生成一份便于阅读的摘要。生成的摘要有长度限制，但必须包含原文的中心思想和重要信息。这一技术也被称为**文本总结**（text summarization）。文本总结的形式有两种：抽取式（extractive）和生成式（abstractive）。抽取式总结在原文中选取重要性高的句子，将这些句子进行拼接形成摘要；生成式总结可以重新组织语言生成摘要。一般来说，抽取式总结的模型相对简单，它将摘要问题转化为对于原文中每个句子的二分类问题，即是否将这个句子选入摘要。抽取式总结的评测可以直接用准确率衡量。生成式总结则要求模型包含文本生成模块，如自由式答案机器阅读理解模型中的解码器。生成式总结可以利用 1.4.2 节介绍的 ROUGE 标准自动评测，也可以人工测评。

为了推进这一领域的发展，Google DeepMind 和牛津大学的研究人员于 2015 年推出基于媒体 CNN/Daily Mail 的文本总结数据集，其中包含 28 万多篇新闻和人工编辑的摘要（见图 8-10）。康奈尔大学 2018 年推出了含有 38 家主要媒体的 130 万条新闻和总结的数据集 newsroom。这些大型数据集催生了一批相关的机器阅读理解与文本总结模型。

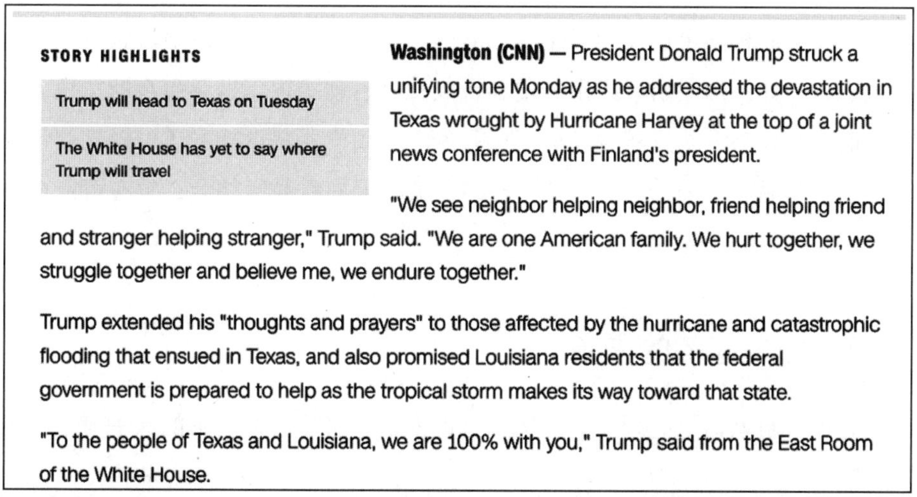
STORY HIGHLIGHTS

Trump will head to Texas on Tuesday

The White House has yet to say where Trump will travel

Washington (CNN) — President Donald Trump struck a unifying tone Monday as he addressed the devastation in Texas wrought by Hurricane Harvey at the top of a joint news conference with Finland's president.

"We see neighbor helping neighbor, friend helping friend and stranger helping stranger," Trump said. "We are one American family. We hurt together, we struggle together and believe me, we endure together."

Trump extended his "thoughts and prayers" to those affected by the hurricane and catastrophic flooding that ensued in Texas, and also promised Louisiana residents that the federal government is prepared to help as the tropical storm makes its way toward that state.

"To the people of Texas and Louisiana, we are 100% with you," Trump said from the East Room of the White House.

图 8-10　CNN 文本总结数据包含新闻原文和人工编辑的新闻总结（story highlights）

8.6   教育

训练机器阅读理解的过程可以看作是计算机学习语言和文本模型的过程。而当一个阅读理解模型训练完成后，它可以反过来辅助人类学习阅读和写作。因此，机器阅读理解在教育领域有着广阔的应用前景。

机器阅读理解在教育中的一个典型的应用是作文自动批阅。中小学生在学习母语和外语时需要经常进行作文练习。由于作文的逻辑性要求较强且长度较长，给老师的批阅工作带来了很大挑战。而利用机器阅读理解模型可以对作文进行自动批阅并给出打分和评语，大大加快了批阅速度，并可以让学生随时随地得到写作反馈。作文质量的评判一般有两个标准：语言正确性（correctness）和语义连贯性（coherence）。语言正确性包括拼写检查、语法检查等，这些检查可以利用字典及语言模型得到较好结果。而语义连贯性要求文章逻辑通顺、语义流畅，是更高层次的要求。

2018 年，来自剑桥大学的研究人员提出了一个自动作文批阅模型[⊖]，可以同时检查作文的语言正确性和语义连贯性。其中，模型使用循环神经网络判断语言的正确性，然后采用词 – 句子 – 句群的三层结构判断文章的语义连贯性。模型使用 RNN 最后一个单元的状态向量表示句子，然后利用卷积神经网络 CNN 得到句群的连贯性打分。因此，这个模型可以检测出语言正确但语义不连贯的作文，例如将一个高分作文的句子打乱顺序后形成的新文章。

自动作文批阅模型可以作为学生写作时的助手，用于自动修改语法错误、个性化总结易错知识点。如果加上语音识别和语音合成技术，就可以帮助学生在听、说、读、写等各个方面获得提高，并且随时随地提供服务。利用机器视觉技术还可以直接识别手写内容，让学生及时获得反馈。这些技术与当前流行的在线教育结合，很有可能在不久的将来对教育行业产生颠覆性的影响。

8.7   机器阅读理解的未来

随着近年来自然语言处理技术突飞猛进的发展，机器阅读理解的水平有了长足的进

⊖   Y. Farag, H. Yannakoudakis, T. Briscoe.《 Neural Automated Essay Scoring and Coherence Modeling for Adversarially Crafted Input 》. 2018.

步。但同时我们也必须认识到，这个领域仍有许多亟待解决的问题。此外，机器阅读理解研究距离产业界的真正落地仍有相当长的一段路要走。本节将介绍机器阅读理解研究面临的挑战以及产业化发展方向。

8.7.1　机器阅读理解研究面临的挑战

机器阅读理解虽然在许多相关数据集上取得了非常优异的成绩，并在一些任务中超过了人类水平，但是在很多真实应用中，阅读理解模型的表现并不尽人意。下面介绍当前机器阅读理解技术面临的挑战，这些也是未来研究的重点方向。

1. 知识与推理能力

在 1.6.3 节中，我们介绍了研究者针对机器阅读理解模型设计的误导性提问实验。实验在文章中加入了人工设计的语句，这些语句包含了问题当中的关键词但是却与问题没有任何语义上的关系。而在将这些迷惑性的语句加入文章中之后，几乎所有模型的准确性都有较大程度的下降。这就从一个侧面证明了机器阅读理解模型在很大程度上依赖关键词匹配，而非真正理解文本的语义。

人类在阅读文章时，掌握关键词只是其中一个方面。除此之外，分析语句之间的联系、根据文章线索得出推论、获得文章的寓意等都是重要的阅读能力。而这些恰恰是计算机模型所欠缺的。例如，对于如下文章和问题，

文章： 小明在楼上，他的口袋里有一个苹果。小明玩了一会，然后下楼了。

问题： 苹果现在在哪里？

我们可以很轻松地给出正确答案"楼下"。原因是我们从"小明下楼"以及"苹果在口袋里"这个线索推导出"苹果一定还在小明口袋里，所以苹果也在楼下"的结论。但是，如果简单使用关键词匹配，计算机模型就很可能给出"苹果在楼上"的错误结论。

一个人阅读和理解文章的能力也和他／她的生活阅历、日常知识等有很大关系。很多时候，文章的理解建立在读者已经掌握相关知识的基础之上。例如：

文章： 汤姆去杭州旅游，由于语言不通，他很难和人交流。

问题： 为什么汤姆语言不通？

回答这样的问题，需要读者知晓"杭州在中国，在中国交流主要靠汉语"，然后得出"汤姆不懂中文"的结论。在机器阅读理解真正达到人类水平的道路上，获取和应用常识

是一个必须解决的问题。

2. 可解释性

当前绝大多数的机器阅读理解模型基于深度学习。一直以来，许多研究者指出深度学习模型缺乏**解释性**（interpretability）。由于参数众多且网络结构复杂，利用深度学习构建的模型经常被视为**黑盒子**（black-box），这使得我们无法在模型回答错误时找到出错的原因，更无法针对个别错误修改模型。

在许多阅读理解的应用中，比如医疗和法律，可解释性就显得尤为重要。在这些场景中，模型仅仅给出答案是不够的。如果机器阅读理解模型根据病人的病史、化验结果以及医学文章确诊出疾病，一定要给出医学上的解释；智能审判的结果中也要给出相关的法律条文以及适用于该案件的理由。

对于一些机器学习模型，可解释性相对比较容易实现。比如，**决策树**（decision tree）对于每个叶子节点的判断就基于满足从根到叶子路径上的每个条件，如"小区有地下停车位且周围 100 米有地铁站并且周围 500 米有学校 → 房价高于 20000 元人民币每平米"。但是，对于深度学习的可解释性的研究刚刚起步，仍没有可以完美解释深层网络行为的理论框架。

可解释性的另一个重要性来自模型的**易受攻击性**（vulnerability）。2017 年，Google 公司提出了深度学习的对抗攻击⊖。研究者发现，虽然深度学习在许多任务中有着很高的准确率，但是如果在输入中加入人类无法辨别的噪音，就会极大影响模型最终的预测结果。如图 8-11 所示，左侧的图片被机器视觉模型识别为熊猫，在加入了少量噪声点后，虽然肉眼无法分辨新图片与旧图片的区别，但模型预测新图片 99.3% 的概率为长臂猿。自然语言处理中也存在大量类似的对抗攻击。这种易受攻击性的根源来自于深层网络会放大输入中微小扰动的影响，最终导致输出值的剧烈变动。在缺乏解释性的前提下，机器阅读理解模型的易受攻击性很大程度上影响了其在产业界的应用。

⊖　I. J. Goodfellow, J. Shlens, C. Szegedy.《Explaining and Harnessing Adversarial Examples》. 2018.

图 8-11　图像识别中的对抗攻击。一张图片被模型识别成熊猫在其中加入少量噪声点后，
　　　　新图片被模型识别为长臂猿

3. 低资源型机器阅读理解

机器阅读理解研究的进步与近年来层出不穷的相关数据集密不可分。然而，这些人工收集与标注的数据集需要耗费大量的人力、财力和时间。以 SQuAD1.0 为例，该数据集中包含 23000 余个段落和 10 万多个问题。所有问题和答案均由从 Amazon Mechanical Turk 平台雇用的标注者完成。每个标注者需要花费 4 分钟阅读一个段落，然后生成问题和对应答案。数据集作者向每名标注者支付每小时 9 美元的报酬。在收集数据后还需要进行数据清洗、答案质量验证等。因此，开发一个机器阅读理解数据集需要大量的工作量。

但很多实际应用并没有相应领域的标注数据。例如 8.1 节介绍的智能客服中，一个公司所能提供的历史客服数据非常有限，不可能有足够的阅读理解数据供模型训练，这就使得机器阅读理解很难在这种资源匮乏的情况下发挥作用。

近年来，关于低资源的自然语言处理开始升温。这方面的工作主要研究如何在训练数据匮乏的情况下利用无监督学习、半监督学习和迁移学习提高模型在目标领域的表现。例如，迁移学习的过程是先在其他领域（如 SQuAD）的大量标注数据上训练模型，然后在目标领域（如客服）的少量标注数据上进行微调。在某些情况下也可以让模型同时训练无标注数据的任务，如语言模型等，这样可以有效利用目标领域中的大量无标注数据。

此外，人类在跨领域阅读文章时既利用了自己之前的阅读模式和能力，也通过学习新领域的专有名词、逻辑关系等提升阅读水平。机器阅读理解模型同样可以将语言与知识分别进行处理，建立具有高度通用性的阅读理解语言处理模块，然后只需要学习目标领域的新名词和逻辑关系等知识就可以获得很好的表现。

4. 多模态

机器阅读理解主要基于文本形式的数据，特别是无结构化的文本。但实际应用中还存在大量不同结构、不同模态的数据。因此，理解**多模态**是机器阅读理解的发展趋势之一。

（1）数据库问答

结构化的文本数据，特别是数据库，包含着大量的信息。随着 SQL 技术的不断成熟和普及，出现了许多基于表格的数据库。在数据库表中，每一列代表一个属性，每一行代表一个数据点。而多个表格之间可以通过 union、join 等表操作形成新的表。基于数据库表的问答就相当于将表格作为文章，从中抽取信息来回答用户的问题。2017 年，Salesforce 公司推出了 SQL 表格问答数据 WikiSQL[⊖]，包括 24000 多个表格和 80000 余个相关问题。模型需要分析表格每一列的属性，根据问题生成 SQL 查询，并将其输入 SQL 引擎返回结果（见图 8-12）。这种从自然语言生成 SQL 语句的过程被称为 NL2SQL。可以看出，NL2SQL 需要同时理解问题和数据表的内容，并按照 SQL 语法生成查询，这需要模型在自然语言问题和格式化的 SQL 语句间建立联系。与 WikiSQL 同时推出的 Seq2SQL 算法在该数据集上取得了 59.4% 的答案准确率。一般来说，NL2SQL 模型需要先理解问题语义，再与表格及每列属性进行语义匹配，然后按照 SQL 语句的语法决定填充的关键字、条件等信息。如图 8-12 所示，模型需要在阅读问题后确定 SELECT 的对象为 Points，WHERE 中的条件为 "Country=South Korea"。

Table:			
Player	Country	Points	Winnings ($)
Steve Stricker	United States	9000	1260000
K.J. Choi	South Korea	**5400**	756000
Rory Sabbatini	South Africa	3400	4760000
Mark Calcavecchia	United States	2067	289333
Ernie Els	South Africa	2067	289333

Question: What is the points of South Korea player?
SQL: SELECT Points WHERE Country = South Korea
Answer: 5400

图 8-12　WikiSQL 数据集中的样例，包括表格数据、问题、生成的 SQL 查询以及返回的答案

⊖ V. Zhong, C. Xiong, R. Socher.《Seq2sql: Generating structured queries from natural language using reinforcement learning》. 2018.

（2）视觉问答

自然语言理解和机器视觉一直是两个相对独立的研究方向。但随着近年来深度学习的发展，针对这两个方向的网络架构和优化算法有很多共通之处，这就催生了一个新的研究方向：VQA（Visual Question Answering，视觉问答）。视觉问答的输入是一张图片和一个问题，模型需要根据图片内容生成或回答。

弗吉尼亚理工大学和微软研究院于 2015 年推出的 VQA 大型数据集中包含 25 万张图片和 76 万个问题⊖。问题涉及图片中物体的位置、颜色、形状、数量，人物的动作、情绪等（见图 8-13）。根据视觉回答的特点，VQA 模型的基本架构是首先利用深度学习的编码器对图像和问题两部分信息在同一个空间中获得向量表示，然后使用注意力机制融合两部分编码，最后用解码器生成文本答案。

图 8-13　VQA 数据集样例。每个例子包括一张图片和一个问题

视觉问答的概念也可以延伸到其他多模态数据，例如以下 3 个方面。

1）**视频问答**，即分析视频内容作出总结或回答相关问题。

2）**有多媒体的文章阅读**，例如从配有图片和视频的新闻中获得信息，可以补充对文本的分析结果。

3）**虚拟现实问答**，即在**虚拟现实**（Virtual Reality，VR）、**增强现实**（Augmented

⊖　S. Antol, A. Agrawal, J. Lu, M. Mitchell, D. Batra, C. Lawrence Zitnick, D. Parikh.《Vqa: Visual question answering》. 2015.

Reality，AR）等环境中根据周围环境回答问题。一种应用场景是模型可以利用摄像头通过对话指导用户使用产品或排除故障。

随着媒体形式的进化和相关科技的进步，多模态数据产生的速度越来越快。因此，将现有的基于自然语言处理的机器阅读理解技术与多模态数据相结合是一个重要的研究方向。

8.7.2 机器阅读理解的产业化

一般而言，任何人工智能技术的落地和产业化都需要满足下面至少一个条件：

❑ 优化产品的开发部署并节省开支；

❑ 为用户提供更高质量的服务，提供新的利润增长点；

❑ 可以利用用户反馈数据不断自我改进，快速迭代，不断提高模型质量。

机器阅读理解技术的初衷就是利用计算机代替人类分析文本，自动回答问题或作出决策。因此，机器阅读理解最容易在劳动密集型文本处理行业落地。在客服领域中，一个高质量的客服机器人可以代替人工操作，节省大量开支；在教育领域中，自动批改作文的机器阅读理解模型可以代替老师为学生提供即时的写作意见反馈，提高作文水平。

机器阅读理解在产业化的进程中，可以有部分替代人类和完全替代人类两种模式。部分替代人类模式是指模型的质量没有完全达到可接受的水平，但是可以很好处理简单高频的场景，然后由人类接力处理。例如，智能客服的模型能高质量处理用户反馈最集中的若干问题，而将不能很好解决的问题转接人工服务。智能金融模型从海量新闻中筛选出与金融产品相关的新闻并加以总结，然后由交易员根据信息摘要进行买卖操作。在上述过程中，只要模型带来的人工成本削减远大于开发和部署的开销，就可以为工业界所使用。因此，机器阅读理解落地的第一步往往是辅助人类工作，提高任务完成的效率。

但是，在有些情况下，应用的特殊性要求人工智能必须完全替代人类。例如，搜索引擎需要独立完成用户查询返回相关结果，自动批改作文的机器阅读理解模型需要自行生成打分和评语等。在这些领域中，计算机模型需要具有很高的文本理解水平才能具备商业化的条件。但是，模型可以利用用户的反馈不断改进自身的架构和参数，得到更好的表现。而**强化学习**（reinforcement learning）的研究课题就是基于环境给予的奖励或惩罚来调整模型以获得最大期望收益。强化学习在决策、规划等领域中发挥了重要作用，例如 2016 年 Google 基于强化学习的人工智能程序 AlphaGo 战胜了世界围棋冠军李世石。在机器阅读理解中加入强化学习，可以根据对模型预测结果的实时反馈不断改进模型的回答质量。例如，加入自我批评策略学习（self-critical policy learning）的强化学习方法可以显著提高阅读理解模型的性能⊖。

在产业化进程中，机器阅读理解技术也可以与其他相关技术有机融合，从而发挥最大功效。语音识别和语音合成技术在近十年来取得了突飞猛进的进步。基于语音识别的产品层出不穷，如智能音箱、智能汽车等。在这些场景中，语音识别模块将用户的语音转化成文字，再由自然语言处理模块理解用户意图，然后根据分析结果进行操作或对用户以语音形式进一步提问。这种模式可以极大地方便终端用户的使用，应用在如电话客服等领域。

最后需要指出的是，虽然当前机器阅读理解技术在产业界落地的成功项目仍不太多，但是只要存在语言分析处理的领域都可以从这项技术中获益，包括零售、教育、金融、法律、医疗等行业。一方面，机器阅读理解可以在自然语言理解已获得成功的深耕领域进行进一步细分与服务提升，如搜索引擎、广告、推荐等；另一方面，我们相信，随着机器阅读理解技术的不断进步，机器与人类的差距会不断缩小，我们必将迎来技术的奇点，使得这项技术对更多的行业产生革命性的影响。

8.8　本章小结

- ❑ **智能客服**采用机器阅读理解技术分析产品文档和用户查询的语义，最终解决用户关于产品的问题。

- ❑ **搜索引擎**将用户查询与相关的网页进行匹配，采用了**获取网页**、**建立索引**和**查询匹配**的架构。机器阅读理解可以提高文本分析的准确度，并为搜索引擎提供智能问答功能。

- ❑ 在医疗诊断中，机器阅读理解可以分析大量病历和医疗知识库，提供**智能医疗**服务。

⊖　C. Xiong, V. Zhong, R. Socher.《DCN+: Mixed Objective and Deep Residual Coattention for Question Answering》. 2017.

❑ 将机器阅读理解应用于法律、卷宗等材料的分析，可以进行**自动判案**，加速诉讼过程。

❑ 金融领域依赖于实时信息处理，包括**股价预测**、**新闻摘要**等，这些都可以通过机器阅读理解实现自动化。

❑ 机器阅读理解模型可以帮助学生学习写作，提供**自动作文批阅**等教育类服务。

❑ 机器阅读理解面临的挑战包括加强**知识推理能力**与**可解释性**，解决缺乏**训练数据**的问题、实现**多模态**阅读等。

❑ 机器阅读理解的产业化进程可以采取从**部分替代人类**到**完全替代人类**的步骤，并利用**强化学习**不断改进模型性能。

机器学习基础

机器学习是一门可以从数据中学习模式和规律并不断改良算法和模型性能的科学。作为机器学习问题，机器阅读理解也遵循其中的方法和规律。本节将介绍机器学习的基本知识，为学习全书的理论分析和实践建立基础。

A.1　机器学习分类

机器学习可以按照训练数据中有无输出数据的标注分为**监督学习**（supervised learning）、**无监督学习**和**半监督学习**（semi-supervised learning）。

监督学习的训练数据中包括输入范例和对应的输出范例。例如，机器阅读理解数据集中的每一条数据均包括一个段落、一个问题和人类标注者给出的标准答案。监督学习利用观察和统计输入与输出之间的关系训练模型，并通过比对预测结果与标注结果之间的差异调整模型参数，从而提高预测性能。因此，监督学习的效果一般比较好，但是它非常依赖标注数据的大小。而数据的标注需要花费大量的人力和时间成本。除了雇用标注者为没有标注的数据加上标签以外，还可以通过收集大数据得到标注信号。例如，搜索引擎可以记录用户输入查询后点击的网址。由于查询文本和被点击的网页之间存在着一定的语义相关性，网页的标题可以作为训练数据的标签。本书中介绍的绝大多数模型均属于监督学习范畴。

无监督学习是指训练数据没有对输出进行标注，需要模型自行定义训练标准，以达到预期目标。一个经典的例子是聚类，如对大量的新闻文档进行归类，目标是将同一个主题的新闻聚成一类。无监督学习的难度远大于监督学习，而且效果一般也逊于后者。但是，无监督学习可以有效利用海量的未标注数据，这一点特别适合于自然语言处理中的相关应用。

半监督学习处于监督学习和无监督学习之间，利用部分标注数据和未标注数据建立模型。半监督学习的一种方法是，将模型在大量未标注数据上进行预训练，然后通过少量标注数据引导模型进一步提高准确度。

A.2　模型与参数

机器学习中最常见的概念就是模型。下面是一个机器学习模型的例子。

假设我们现在要解决一个监督学习问题：给定一个房子的各种信息，包括生活面积、卧室数量、周围公共交通是否便利等，需要预测这个房子的价格。我们可以将一个房子的 d 种信息视为自变量 $x=(x_1,x_2,...,x_d)$，房子的价格视为因变量 y。建立模型的目的就是为了找到 x 和 y 之间的关系。但是，这两者之间可能的关系有无数种，这就使得我们无从下手。于是，模型需要先设定一个范围，在这个范围中寻找最可能的关系。例如，一个线性回归模型设定 x 和 y 之间呈线性关系：

$$y = \beta_0 + \beta_1 x_1 + \beta_2 x_2 + \cdots + \beta_d x_d$$

其中，$\beta_0, \beta_1, ..., \beta_d$ 皆为模型中需要确定的参数。而一个二次模型设定 x 和 y 之间呈二次关系：

$$y = \beta_{0,0} + \sum_i \sum_j \beta_{i,j} x_i x_j$$

因此，任何一个模型都在输入与输出之间全部浩瀚的可能关系中选取了一个假设范围。不同模型的假设范围大小不一，参数个数和复杂程度也不一样。

确定模型之后，需要将其中的参数调整到合适的值，以提高预测的性能。所以，训练模型的过程是指根据训练数据中的输入和输出不断改变模型参数的取值，最终获得一个具有一定准确度的模型。我们称这种改变模型参数的过程为参数优化（parameter optimization）。在附录 B.1.2 节中，我们将介绍如何通过损失函数优化模型参数。

A.3　模型的推广能力和过拟合

模型用于训练的数据称为**训练集**（training set）。如果在训练集上检验模型性能，就无法区分一个拟合效果好的模型和一个通过检索训练集直接查表输出答案的模型的优劣。因此机器学习模型的最终检验标准应该在**测试集**（test set）上进行。这个测试集中包括了与训练集同分布的数据，但模型在训练时不能见到和使用测试集中的任何数据。也就是说，我们关心的是模型在未见过数据上的**推广能力**，也称**泛化能力**。

由于测试集在训练时不可见，那模型在训练时应该采用何种标准呢？一种想法是，让模型在训练集上不断提升准确度，最后使用在训练集上效果最好的模型。但在很多情况下，模型在训练集上的表现超过一定阈值后，在训练集上表现越好的模型在测试集上表现越差，即发生了**过拟合**（overfitting）现象。

过拟合现象发生的原因是，模型在训练过程中，不但刻画了输入和输出之间的大体关系，还拟合了输出信号中的噪声，即标注的误差。这就使得模型在训练集上的准确度非常高，但在未知数据上的预测能力则大打折扣。如图 A-1 所示，在训练一段时间后，模型在测试集上的错误率反而在不断上升，发生了过拟合。

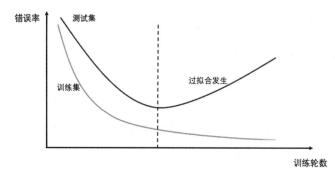

图 A-1　**训练过程中发生过拟合现象**：模型在训练集上的错误率不断下降，但在测试集上的错误率开始上升

为了能够在训练中观察到过拟合现象，可以在训练集中分出一部分数据作为**验证集**（validation set）。一些机器学习任务也会同时提供训练集和验证集。验证集中的数据不参与模型参数的调整，但是模型需要每隔一段时间计算其在验证集上的准确度。一旦该指标发生明显下滑就可以中止优化，并选出之前在验证集上表现最好的模型作为结果。也就是说，我们在训练时用验证集去代替和模拟测试集的功能，选出推广能力最好的模型。

附录 B

深度学习基础

作为人工智能的一个分支，深度学习自 2006 年以来取得了许多突破性的进展。在图像、语音、文字等方面的许多任务中获得了远超传统模型的表现。当前绝大多数机器阅读理解模型都是基于深度学习。因此，本附录将介绍机器阅读理解中所使用的的深度学习的构件，为具体模型的介绍与开发奠定基础。

B.1 深度学习的基石：神经网络

深度学习最重要的基础组成部分是神经网络，这是一种模仿人类脑神经细胞建立的计算模型。机器阅读理解的模型可以完全由神经网络构建，完成从输入文章与问题到输出答案的全过程。本节介绍神经网络模型的定义、计算和优化。

B.1.1 神经网络的定义

神经网络是指按照人类脑部神经元的工作原理进行抽象而建立的一种人工智能的运算模型。与人类神经元类似，神经网络的基本组成单元是人工神经元，也称为神经元（neuron），可以输入、处理及输出信息。神经元之间通过有权重的边连接，进行信息的传递。大量神经元组成的复杂网络即为神经网络。

1. 神经元

神经元，也称感知元（perceptron），是神经网络的最小组成单元。它包括 n 条输入信息和 1 条输出信息，这里的信息均用实数表示。设一个神经元的 n 条输入信息为 $\boldsymbol{x} = (x_1, x_2, \ldots, x_n)$，它们沿着 n 条连边进入神经元。这 n 条边的权重参数分别是 $\boldsymbol{w} = (w_1, w_2, \ldots, w_n)$。神经元首先对这些信息进行加权和处理：

$$U(\boldsymbol{x}; \boldsymbol{w}) = w_1 x_1 + w_2 x_2 + \cdots + w_n x_n = \sum_{i=1}^{n} w_i x_i = \boldsymbol{w}^{\mathrm{T}} \boldsymbol{x}$$

为了使输出更加灵活，一般给结果加上一个截距 b：

$$S(\boldsymbol{x}; \boldsymbol{w}, \boldsymbol{b}) = U(\boldsymbol{x}, \boldsymbol{w}) + b = \boldsymbol{w}^{\mathrm{T}} \boldsymbol{x} + b$$

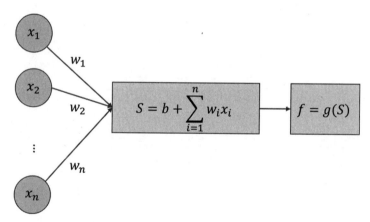

图 B-1 神经元计算过程，包括加权和 S，截距 b 与激活函数 g

可以看出，$S(\boldsymbol{x}; \boldsymbol{w}, b)$ 是关于输入 $(x_1, x_2, \cdots, x_n)$ 的线性函数。接下来，神经网络通过**激活函数**（activation function）g 对加权和进行变换，得到最终输出 $f(\boldsymbol{x}; \boldsymbol{w}, b) = g(S(\boldsymbol{x}; \boldsymbol{w}, b))$。图 B-1 给出了单个神经元的计算过程，其中包含加权和 S 与激活函数 g，而 $\{w_1, w_2, \cdots, w_n\}$ 和 b 为参数。

激活函数的选择比较灵活，但是一般需要具有以下性质。

1）激活函数是一个连续可导的一元非线性函数，但允许在常数个点上不可导。其目的是便于已有的数值优化工具对其进行求导并优化。

2）激活函数和其导数的计算须较为简单，以提高计算效率，因为网络中有大量激活函数相关的运算和求导。

3）由于神经网络求导中运用到乘积形式的链式法则，激活函数的导数的值域须在一个合理的区间中，以防链式法则中导数的绝对值过大或过小。

下面介绍神经网络中常见的几种激活函数形式。

（1）sigmoid 函数

sigmoid 函数的形式为 $\sigma(x)=\dfrac{1}{1+e^{-x}}$，图 B-2 所示为该函数的曲线。从图中可以看出，sigmoid 函数呈 S 形曲线，它在 $x=0$ 时取值为 0.5，在 $x \to +\infty$ 时趋向 1，在 $x \to -\infty$ 时趋向 0，并且收敛速度很快。sigmoid 函数的导数为 $\sigma'(x)=\sigma(x)(1-\sigma(x))$，导数值域为 $(0, 0.25]$。sigmoid 函数具有连续可导、运算简单、函数值域和导数值域均为限定区间的良好性质，也使它成为最常用的激活函数之一。

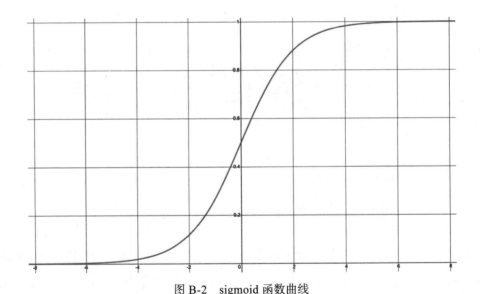

图 B-2　sigmoid 函数曲线

此外，sigmoid 函数关于 $(0, 0.5)$ 点中心对称：

$$0.5 \times 2 - \sigma(0-x) = 1 - \frac{1}{1+e^{-(-x)}} = \frac{e^x}{1+e^x} = \frac{1}{1+e^{-x}} = \sigma(x)$$

值得一提的是，sigmoid 函数也用在逻辑回归函数中。事实上，使用 sigmoid 函数的单个神经元等价于逻辑回归模型。

（2）tanh 函数

tanh 函数也称双正切函数，形式为 $\tanh(x)=\dfrac{e^x-e^{-x}}{e^x+e^{-x}}$。图 B-3 所示为 tanh 函数曲线。从图中可以看出，Tanh 函数也是一个 S 形曲线，值域为 (-1, 1)。它在 $x=0$ 时取值为 0，在 $x\to+\infty$ 时趋向 1，在 $x\to-\infty$ 时趋向 -1，并且收敛速度很快。tanh 函数的导数为 $\tanh^{'}(x)=1-\tanh^2(x)$，导数值域为 (0, 1]。与 sigmoid 函数不同，tanh 函数的取值关于原点对称，即它是零中心化的（zero-centered）。

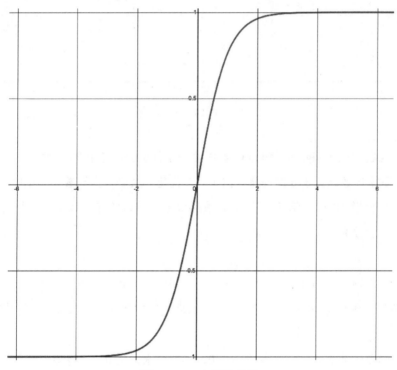

图 B-3　Tanh 函数曲线

（3）ReLU 函数

ReLU 函数又称修正线性单元（Rectified Linear Unit，ReLU）。它的形式非常简单，即在输入小于 0 时输出 0，在输入大于等于 0 时直接将其输出：

$$\text{ReLU}(x)=\begin{cases}x, & x\geqslant 0\\ 0, & x<0\end{cases}=\max(x,0)$$

图 B-4 给出了 ReLU 函数的曲线。

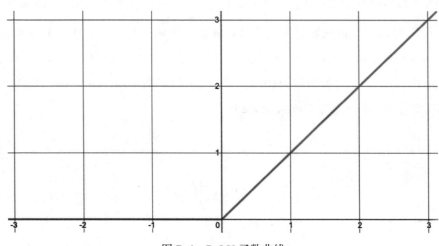

图 B-4　ReLU 函数曲线

ReLU 函数相比于 sigmoid 和 tanh 函数的一个优势是，它在输入大于 0 时导数是常数 1，不会发生导数趋近于 0 的现象。由于许多优化算法是根据导数大小调整参数的（如 B.1.3 节将要介绍的梯度下降法），因此导数远离零点可以使优化算法对参数进行有效调控。例如下面这个例子。

神经元输入 $x_1 = x_2 = 1, w_1 = w_2 = 5, b = 0$，加权和 $S = 5 + 5 = 10$

使用 ReLU 作为激活函数，则神经元输出为 $f(x_1, x_2) = \text{ReLU}(10) = 10$，$f'(x_1) = f'(x_2) = 5$

使用 Sigmoid 作为激活函数，则神经元输出为 $f(x_1, x_2) = \text{sigmoid}(10) = \dfrac{1}{1 + e^{-10}} = 0.999954602$，$f'(x_1) = f'(x_2) = 0.00023$

ReLU 函数的缺点是，一旦参数小于 0，其导数永远是 0，这将导致优化算法无法改变此参数的值。

可以证明，使用非线性激活函数可以使双层神经网络实现对任意复杂函数的模拟。因此，神经网络拥有很强的计算能力。

2. 层与网络

作为基本单元，神经元可以进一步形成层（level）。一层 n 个神经元可以共享输入，并经过计算得到 n 个输出。而一层神经元的输出可以作为下一层神经元的输入。这样，层与层之间通过有权重的边进行连接，最终形成基本的神经网络——**前馈神经网络**（feedforward neural network）。

在前馈神经网络中，第一层为输入层（input layer），它并非由神经元组成，而是 n 个输入值，即整个网络的外部输入。最后一层为输出层（output layer），它的输出作为网络的输出。输入层与输出层之间的层统称隐藏层（hidden layer）。所有相邻层之间均由带权边连接。图 B-5 所示为一个有 3 条输入信息、两个隐藏层和一条输出信息的前馈神经网络。

在计算前馈神经网络的输出时，从输入层输入数据 $\boldsymbol{x}_0 = (x_1,...,x_{a_0})$，然后计算第 1 个隐藏层所有神经元的输出 $\boldsymbol{x}_1 = (x_1,...,x_{a_1})$，再计算第 2 个隐藏层所有神经元的输出 $\boldsymbol{x}_2 = (x_1,...,x_{a_2})$，……最后计算输出层所有神经元的输出 $\boldsymbol{x}_m = (x_1,...,x_{a_m})$。该计算过程也被称为**前向传播**（forward pass），即相当于在图 B-5 中从左至右进行计算。

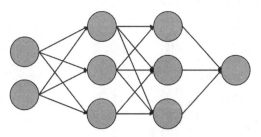

输入层　　　第一隐藏层　　　第二隐藏层　　　输出层

图 B-5 具有两个隐藏层的前馈神经网络

一般而言，前馈神经网络的每一层神经元个数不一致。如果一个网络的输入层有 a_0 个神经元，输出层有 a_m 个神经元，隐藏层有 $a_1,...,a_{m-1}$ 个神经元，则整个网络的参数个数为 $\sum_{i=1}^{m} a_i \times (1+a_{i-1})$，其中，每个非输入层的神经元都有一个截距参数 b。因此，对于固定的输入维度 a_0，可以根据问题需要和资源限制方便地设计出不同层数、不同大小、不同复杂度的网络。这也使得神经网络成为最灵活的机器学习模型之一。

B.1.2 损失函数

训练神经网络的目的在于，对于输入 $\boldsymbol{x}$，即 $x_0 = (x_1,...,x_{a_0})$，使得网络的输出

$\hat{y}$，即 $\pmb{x}_m = (x_1, \ldots, x_{a_m})$，能符合预期真值（ground truth）$y$。但是，神经网络的参数在初始化时是随机分布的，因此需要调整网络参数以提高模型表现。一种方法是通过对 $\hat{y}$ 和 y 的差值求导来得到调整参数的方向。但是，$\hat{y}$ 和 y 的差值往往并不是一个可导函数，如分类任务中的正确率。因此，在神经网络和许多机器学习模型中，这个差值是由**损失函数**（loss function）估算的。

损失函数 f 是神经网络中所有参数 $\pmb{\theta}$ 的函数，它刻画了网络输出 $\hat{y}$ 与预期输出 y 之间的差异。对于同一个问题，损失函数的定义并不是唯一的，但是需要具有如下性质：

❑ 损失函数需要关于神经网络中的所有参数可导；

❑ 损失函数的定义是函数值越小，模型的准确度越高；

❑ 损失函数需要近似表示结果的不准确性。

这里，"近似表示"的含义是，如果在真正的评测标准下，对于一个输入，网络参数 $\pmb{\theta}_1$ 产生的结果 $\hat{y}_1$ 好于网络参数 $\pmb{\theta}_2$ 产生的结果 $\hat{y}_2$，无须保证 $f(\pmb{\theta}_1) < f(\pmb{\theta}_2)$，但是需要在大多数情况下满足 $f(\pmb{\theta}_1) < f(\pmb{\theta}_2)$。

下面举一个例子，对于二分类问题，模型需要输出 0 或 1 的分类。而神经网络的输出层神经元输出一个值 $\hat{y}(\pmb{x}; \pmb{\theta}) \in [0,1]$。如果 $\hat{y} < 0.5$，则模型预测 0，否则预测 1，即预测值为 $I_{\hat{y} \geqslant 0.5}$。而评测标准为模型的输出与标准答案 y（0 或 1）之间的准确率。可行的损失函数是，对于 n 组数据 $\{\pmb{x}_i, y_i\}_{i=1}^n$，

$$f(\pmb{\theta}) = \frac{1}{2} \sum_{i=1}^n (\hat{y}(\pmb{x}_i; \pmb{\theta}) - y_i)^2$$

从这个式子可以看出，如果每个预测值 $\hat{y}$ 都靠近真值 y，准确率就高，损失函数的值就小。但是也可以找到两组参数使得准确率相对低的的损失函数值反而小，示例如下。

网络参数 θ_1：$\hat{y}(\pmb{x}_1; \theta_1) = 0.49999$, $\hat{y}(\pmb{x}_2; \theta_1) = 0.49999$, $\hat{y}(\pmb{x}_3; \theta_1) = 0.49999$, $\hat{y}(\pmb{x}_4; \theta_1) = 1$
网络参数 θ_2：$\hat{y}(\pmb{x}_1; \theta_2) = 0.5$, $\hat{y}(\pmb{x}_2; \theta_2) = 0.5$, $\hat{y}(\pmb{x}_3; \theta_2) = 0.5$, $\hat{y}(\pmb{x}_4; \theta_2) = 0.5$
真值：$y_1 = y_2 = y_3 = y_4 = 1$
使用参数 θ_1 的网络准确率为 25%，使用参数 θ_2 的网络准确率更高，为 100%。但是参数 θ_1 的损失函数值却更小：$f(\theta_1) = \frac{1}{2}(0.50001^2 \times 3) \approx 0.375$，$f(\theta_2) = \frac{1}{2}(0.5^2 \times 4) = 0.5$

但在大多数情况下，损失函数应该可以作为衡量两组参数优劣的参考。下面介绍神经网络中常见的两种损失函数。

1. 均方差损失函数

均方差（Mean Squared Error，MSE）是"差的平方的平均"的缩写。这种损失函数适用于回归类（regression）机器学习问题，即给定输入 x，要求输出一个实数预测值 $\hat{y}$。类似的问题有，给定房子的各种信息，预测成交价；给定股票的信息，预测第二天的股价。对于回归类型的问题，神经网络的输出层只有一个神经元，输出预测值 $\hat{y}$，则均方差损失函数为：

$$f_{\mathrm{MSE}}(\boldsymbol{\theta}) = \frac{1}{2}\sum_{i=1}^{n}(\hat{y}(\boldsymbol{x}_i;\boldsymbol{\theta}) - y_i)^2$$

如果预测值 $\hat{y}(\boldsymbol{x}_i;\boldsymbol{\theta})$ 与 y_i 接近，损失函数值以平方级别缩小。此外，平方操作的优势是 $\hat{y}(\boldsymbol{x}_i;\boldsymbol{\theta})$ 比 y_i 大和比 y_i 小的情况可以对称处理。

2. 交叉熵损失函数

分类是机器学习中的一个重要问题。分类任务中，目标真值 y 的取值有 K 个，且不需要是数值，如 {苹果，梨子，桃子}。神经网络的输出层有 K 个神经元，输出目标属于这 K 个类的分数 $\hat{y}_1, \hat{y}_2, ..., \hat{y}_K$。神经网络选择其中最大的分数 $\hat{y}_{k^*}$，输出其类别 k^*。

由于对应最大分数的类别 k^* 的准确率对于网络参数不可导，一般采用**交叉熵**函数作为损失函数。它首先通过 *softmax* 操作将分数 $\hat{y}_1, \hat{y}_2, ..., \hat{y}_K$ 变为概率值：

$$\mathrm{softmax}(\hat{y}_1, \hat{y}_2, ..., \hat{y}_K) = (p_1, p_2, ..., p_K) = \left(\frac{e^{\hat{y}_1}}{Z}, \frac{e^{\hat{y}_2}}{Z}, ..., \frac{e^{\hat{y}_K}}{Z}\right), Z = e^{\hat{y}_1} + e^{\hat{y}_2} + ... + e^{\hat{y}_K}$$

然后，假设真值为 $y \in \{1, 2, ..., K\}$，交叉熵希望最大化对应类的概率，即 p_y。这等价于最大化 $\log(p_y)$，即最大化**可能性的对数**（log-likelihood）。因为损失函数需要最小化，可以加个负号后得到交叉熵公式：

$$f_{\mathrm{cross\_entropy}}(\boldsymbol{\theta}) = -\sum_{i=1}^{n}\log(p_{y_i}(\boldsymbol{x}_i;\boldsymbol{\theta}))$$

即最小化"预测正确类别的概率的对数的相反数"。因为概率值均在 0 到 1 之间，所以交叉熵一定是非负数。当交叉熵降低到 0 时，神经网络对于所有输入均准确输出真值分类，并为其分配概率 1。

表 B-1 给出了一个 3 分类的交叉熵计算示例。从中可以看出，当网络给正确分类的打分相对较高时（情况 2），交叉熵较小。

表 B-1　交叉熵计算示例，（$K=3$，$y=2$）

$\hat{y}$		$p_i = \mathrm{softmax}(\hat{y}_i)$		$-\log p_i$	正确答案 y	交叉熵
$\hat{y}_1$	2.0	p_1	0.66	0.42		
$\hat{y}_2$	1.0	p_2	0.24	1.42	2	1.42
$\hat{y}_3$	0.1	p_3	0.10	2.3		
$\hat{y}_1$	0.1	p_1	0.00005	4.30		
$\hat{y}_2$	10	p_2	0.9999	0.0000434	2	0.0000434
$\hat{y}_3$	0.1	p_3	0.00005	4.30		

特别是，对于二分类，$y \in \{0,1\}$，交叉熵可以写成：

$$f_{\mathrm{cross\_entropy}}(\boldsymbol{\theta}) = -\sum_{i=1}^{n} y_i \log(p_{y_i}(\boldsymbol{x}_i; \boldsymbol{\theta})) + (1 - y_i)\log(1 - p_{y_i}(\boldsymbol{x}_i; \boldsymbol{\theta}))$$

B.1.3　神经网络的优化：梯度下降和反向传播

前面两节中介绍了神经网络的计算和损失函数的定义。因为网络中参数的初始化一般是随机设定的，因此需要一种系统的优化方法来更新参数，以达到损失函数值不断减小的目的。神经网络中最常用的优化方法为**梯度下降**（gradient descent）。

图 B-6 所示为一个一维函数 $f(x)$ 梯度下降的例子。如果初始时参数 $x = x_1$，我们计算 f 在这一点关于 x 的导数。因为 f 在 $x = x_1$ 处是随 x 增大而变大的，因此导数 $f'(x)|_{x=x_1} > 0$。而导数的意义是一个函数在一个点的局部周围增长最快的方向。因此为了使 f 值变小，x 应该沿着导数的反方向移动，即向左移动。

对于有多个参数的函数，如 $f(\boldsymbol{x}) = f(x_1, x_2, \dots, x_n)$，可以求出函数对于每一个参数的导数 $\dfrac{\partial f}{\partial x_i}$，这些导数形成的向量 $\nabla f(\boldsymbol{x})|_{x=(x_1, x_2, \dots, x_n)} = \left[\dfrac{\partial f}{\partial x_1}, \dfrac{\partial f}{\partial x_2}, \dots, \dfrac{\partial f}{\partial x_n}\right]$ 称为**梯度**（gradient）。然后所有参数沿着其梯度的反方向移动，移动的距离用**学习率**（learning rate）α 控制，即 $x_i \leftarrow x_i - \alpha \dfrac{\partial f}{\partial x_i}$。

梯度下降法的核心是求出函数在当前参数点的梯度，即损失函数关于神经网络中所有参数的导数。由于神经网络以神经元作为基本单位，并具有多层结构，很难直接得到损失函数关于每个参数的导数的公式。一种行之有效的导数计算方法为**反向传播**（back propagation）。

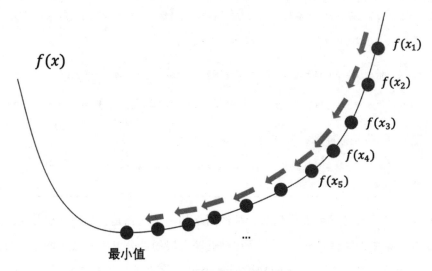

图 B-6　一维函数的梯度下降

反向传播利用了微积分中导数计算的链式法则（chain rule）：

如果 $f(g(x))$ 是一个复合函数，即 f 是 g 的函数，而 g 是 x 的函数，那么 f 关于 x 的导数为 $\dfrac{df(g(x))}{dx} = \dfrac{df(g)}{dg}\dfrac{dg(x)}{dx}$

例如，$f(g) = g^2, g(x) = x^3$，那么 $f(g(x)) = x^6$，所以 $\dfrac{df(g(x))}{dx} = 6x^5$。而根据链式法则，$\dfrac{df(g(x))}{dx} = \dfrac{df(g)}{dg}\dfrac{dg(x)}{dx} = 2g \times 3x^2 = 6x^5$。

链式法则可以用在神经网络对参数求导的过程中：损失函数是关于输出层神经元结果的函数，而每个神经元的结果是关于它的输入以及边权的函数。这样，利用链式法则就可以得到损失函数关于最后一层边权的导数。接下来，可以继续计算关于前一层边权的导数，直到得出损失函数关于神经网络所有参数的导数。代码清单 B-1 给出了反向传播算法的计算细节。

当得到所有边权和截距的导数后，将所有参数按照预先设定的学习率沿着导数反方向移动。整个算法在训练数据上的损失函数值不断下降。利用验证数据，我们可以确定何时停止训练并输出最优参数。

代码清单 B-1　反向传播算法

神经网络共 $m+1$ 层，设连接第 l 层的第 i 个神经元和第 $l+1$ 层的第 j 个神经元的边具有权重 $w_{i,j}^l$。第 l 层的第 i 个神经元的所有输入加权和记作 s_i^l，截距记作 b_i^l，激活函数输出记作 o_i^l。激活函数为 $g(x)$，损失函数为 $f(\hat{y})$。

1．计算 f 关于输出层每个神经元输出 o_i^{m+1} 的导数 $q_i^{m+1} = \dfrac{\partial f}{\partial o_i^{m+1}}$。

2．计算 f 关于输出层每个神经元输入加权和 s_i^{m+1} 的导数 $p_i^{m+1} = q_i^{m+1} \dfrac{\partial o_i^{m+1}}{\partial s_i^{m+1}} = q_i^{m+1} \dfrac{\partial g}{\partial s_i^{m+1}}$。

3．因为 s_i^{m+1} 为神经元输入的加权和，即 $s_i^{m+1} = \sum\limits_j w_{j,i}^m o_j^m + b_j^{m+1}$，计算关于边权和截距的导数 $\dfrac{\partial f}{\partial w_{j,i}^m} = p_i^{m+1} \dfrac{\partial s_i^{m+1}}{\partial w_{j,i}^m} = p_i^{m+1} o_j^m$，$\dfrac{\partial f}{\partial b_j^{m+1}} = p_i^{m+1} \dfrac{\partial s_i^{m+1}}{\partial b_j^{m+1}} = p_i^{m+1}$。

4．计算 f 关于最后一个隐藏层每个神经元输出 o_j^m 的导数 $q_j^m = \sum\limits_i p_i^{m+1} w_{j,i}^m$。

5．继续计算其余层边权的导数。

利用反向传播计算导数并优化前馈神经网络的一个问题是，当网络层数变多后，导数经过链式法则中的乘法操作，很容易在靠近输入层的部分发生导数爆炸或导数消失的情况，原因是多个绝对值大于 1 的导数或多个绝对值小于 1 的导数相乘。在 B.2 节中，我们将分析如何利用新的网络结构减少这一情况的发生。

B.2　深度学习中常见神经网络类型

B.1 节介绍的前馈神经网络是最基本的网络类型。在深度学习的发展中，许多其他结构的网络和相应训练方法被提出，它们很好地解决了前馈神经网络中存在的问题，有效推动了深度学习在文本、图像、语音等处理中的应用。本节将介绍深度学习中常见的神经网络类型，包括 CNN（卷积神经网络）、RNN（循环神经网络）和 Dropout（丢弃），这些都是机器阅读理解模型中的常用网络。

B.2.1　卷积神经网络

前馈神经网络在相邻的两层之间全部建立了连接每对神经元的边和权重，因此也被称为**全连接网络**（fully connected network）。但是，在许多深度学习应用中，每一层神经元的个数非常庞大，所以全连接网络的规模也会呈平方级别迅速增长，造成存储空间巨大和运算速度低下。CNN 正是为了解决这个问题而设计的。

CNN 最早是应用在图像处理中的。研究者发现，图像中每个像素的值其实只和它周围局部区域的像素有关系，即具有局部性（locality）。因此，如果把一个图像中的每个像素作为一层中的一个神经元，那么它应该只和周围一部分神经元进行连接。如图 B-7 所示，输入层为 I，隐藏层为 $I \times K$。每个隐藏层的神经元只和输入层的 $3 \times 3=9$ 个神经元连接，边权为 K。如果我们依次高亮每个隐藏层神经元连接的输入层神经元，就会发现一个 3×3 的方块在输入层移动。

这里输入层一共有 25 个神经元，隐藏层一共有 9 个神经元。如果采用全连接网络，则边权共有 $25 \times 9=225$ 个参数。但可以将所有隐藏层神经元的 9 个边权共享（weight sharing），即图 B-7 中统一使用 K 作为边权参数。这样仅仅需要 9 个边权就可以实现两层间的互连。这里，我们称 K 为**过滤器**（filter）。这种网络被称为 CNN，因为 K 和 I 中每个方块依次相乘并求和的操作类似于数学中的卷积运算。

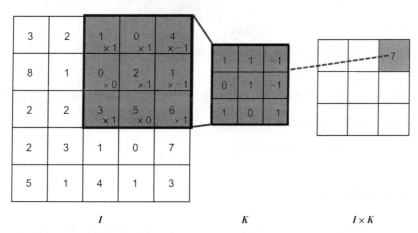

图 B-7 CNN，I 为输入层，$I \times K$ 为隐藏层，每个隐藏层的神经元只和输入层一个局部的
$3 \times 3=9$ 个神经元相连，K 为对应的权重

CNN 中，也可以用两个不同的过滤器 K_1、K_2 生成 $I \times K_1$ 和 $I \times K_2$。这时，我们称有两个**输出通道**（output channel）。而如果有多于 1 个的**输入通道**（input channel），如图像中有红、蓝、绿 3 个通道，则可以将每个输入通道和一份 K 卷积，然后相加。图 B-8 中展示了一个具有 3 个输入通道和两个输出通道的卷积神经网络。由于输入有 3 个通道，每个过滤器有 3 层，与对应的输入进行卷积，得到 3 个 3×3 的矩阵。然后将这 3 个卷积

结果进行同位置累加，得到有一个输出通道的 3×3 的矩阵。最后，将 2 个过滤器的结果同时输出。

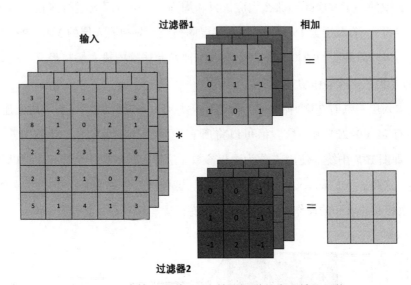

图 B-8　3 个输入通道、2 个输出通道的卷积神经网络

在机器阅读理解中，卷积神经网络常用来进行字符编码处理，即将每个长度为 L 的单词看作一幅有 $1 \times L$ 个像素的图，每个像素对应一个字符。本书在 3.1.2 节和 4.2.2 节介绍了卷积神经网络是如何处理文本输入的。

B.2.2　循环神经网络

在深度学习处理的信息中有一大类没有固定的长度，例如阅读理解的文章中语句的长度。假设一个句子中有 10 个词，若使用第 2 章介绍的 300 维 Word2vec 词向量，网络的输入数据大小为 10×300。但如果另一个句子有 15 个词，网络的输入数据大小为 15×300。而神经网络的结构以及参数的个数是事先设定好的。因此，传统的神经网络结构，例如前馈神经网络，无法处理变长的数据。

因为输入数据的长度不固定，一种解决方法是事先限定输入的最长长度为 L，然后设计大小为 L 的网络结构。但是这样会造成资源的浪费，特别是当大部分数据的长度较短时。另一种解决方法是，对于输入数据中每个词向量求平均值，得到一个向量进行处理。但是，输入的序列数据常有内部关联性，例如语句中相邻单词的语义比较相近，而这种将所有向量压缩成一个向量的方式破坏了输入序列的内在结构。

　　RNN 是一种专门为深度学习处理变长数据设计的网络结构。它的设计原理是，对于输入中的每个元素，使用同样的网络结构 S 并共享参数，并在相邻元素之间进行信息和状态的传递。这样做的好处是，既可以减少参数个数，也实现了对任意长度输入序列的处理，而且通过信息的传递保留了序列的内在结构。图 B-9 所示为 RNN 的架构，其中信息和状态由向量 h_t 进行传递，输入为所有词向量 $\{x_t\}_{t=1}^n$。由于循环神经网络的状态向量 h_t 含有周边单词的信息，因此也称为含**上下文的词向量**或**上下文编码**（contextualized embedding）。

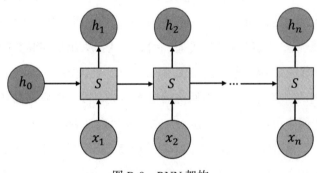

图 B-9　RNN 架构

　　那么，应该使用什么样的网络结构 S 来进行单元素处理和状态传递呢？这里介绍两种最常用的结构：GRU（Gated Recurrent Unit，门控循环单元）和 LSTM（Long Short-Term Memory，长短期记忆）。

（1）GRU

　　GRU⊖是一个网络模块，它接收两个信息作为输入：前一个元素处理后的状态 h_{t-1} 和当前元素 x_t。GRU 的输出为新的处理状态 h_t。GRU 中的操作包括前文中提到的激活函数 Sigmoid 和 Tanh，并使用重置门 r_t 控制是否忽略上一步元素的处理状态，用更新门 z_t 控制是否忽略当前元素。因此，重置门和更新门决定前 t 个词形成的语句的语义是否更多

　　⊖　J. Chung, C. Gulcehre, K. Cho, Y. Bengio.《Empirical evaluation of gated recurrent neural networks on sequence modeling》. 2014.

由前面 $t-1$ 个词决定（忽略当前词向量 x_t），还是更多由当前词决定（忽略之前状态 h_{t-1}），从而生成新的状态 h_t。

（2）LSTM

LSTM[⊖]是更为复杂的 RNN 网络模块。它传递的信息有两种：细胞状态（cell state）c_t 和隐状态（hidden state）h_t。因此，LSTM 的输入包括两种上一步传递过来的信息 c_{t-1}、h_{t-1} 和当前元素 x_t。LSTM 的内部具有遗忘门 f_t、输入门 i_t 和输出门 o_t，进行细胞状态和隐状态的选择性使用。LSTM 的输出为新的细胞状态 c_t 和隐状态 h_t。

一般而言，LSTM 的网络复杂度比 GRU 高，参数也更多，因此训练时收敛较慢。但是对于规模较大、数据较多的问题，LSTM 的表现要优于 GRU。

GRU 和 LSTM 的一大优势是很大程度上减少了 B.1 节提到的导数爆炸和导数消失现象的发生。究其原因是，在使用反向传播中的链式法则时，参数可以沿 GRU 和 LSTM 模块中的多条路径经遗忘门结构进行传播，缩短了从损失函数到参数的平均距离，从而减少了连续相乘导数的个数。这也是 GRU 和 LSTM 广泛使用的重要原因之一。

由于一个单词的含义经常和左右两边的单词相关，可以用**双向循环神经网络**进行建模。双向循环神经网络可以认为是对输入文本计算两次 RNN，一次从左到右，一次从右到左，并最终将每个元素的两个 RNN 状态向量拼接起来形成最终的状态。

一个 RNN 层的状态也可以作为下一个 RNN 层的输入元素，形成多层循环神经网络。这种结构能不断提取文本中更高层次的语义，在很多自然语言处理任务中对结果有很明显的提升作用。

B.2.3 丢弃

在机器学习训练过程中经常出现**过拟合**问题。过拟合是指模型的参数经过学习在训练数据上表现很好，但是在测试数据上表现很差，即"过度拟合了"训练数据。过拟合问题会导致模型的**泛化能力**（generalization）很差，不能在除训练数据以外的数据上取得令人满意的结果。

发生过拟合问题的一个重要原因是，模型的复杂度过高，即参数过多，而训练数据

⊖ S. Hochreiter, J. Schmidhuber.《Long short-term memory》. 1997.

的规模相对较小，这样就会使得参数很容易被过度训练而无法推广到训练数据以外的情况。由于深度学习模型的复杂度一般很高，过拟合现象经常发生。

解决过拟合问题可以采用增加训练数据、减小模型复杂度、给参数加正则化等方法。这里介绍一种适用于深度学习的解决过拟合的方法——Dropout。

Dropout 于 2012 年由 Hinton 等人提出⊖。其原理是在不改变模型的情况下减小模型复杂度。在训练时，Dropout 对于每一批次的数据，随机删除网络中一半的隐藏层神经元及与它们相连接的边，包括入边和出边，然后在剩下的网络中计算输出和导数并更新参数。接下来，Dropout 恢复所有的神经元和连边，在下一批次的训练中，继续随机删除一半的隐藏层神经元。图 B-10 所示为 Dropout 的例子。

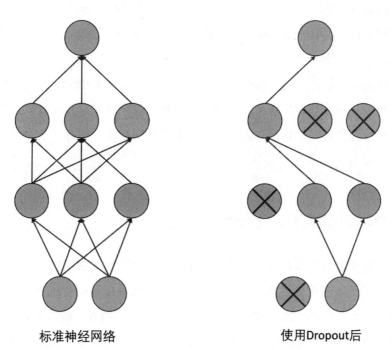

标准神经网络   使用Dropout后

图 B-10   **Dropout 方法**。每个批次训练时随机删除一部分神经元和与它们连接的边

在测试阶段，Dropout 恢复网络中的所有神经元。但是因为每个神经元在训练时收

⊖ N. Srivastava, G. Hinton, A. Krizhevsky, I. Sutskever, R. Salakhutdinov.《 Dropout: a simple way to prevent neural networks from overfitting 》. 2014.

到大约一半与其连接的神经元的输入值，所以测试阶段要将输入值除以 2。更一般来说，如果 Dropout 以概率 p 删除网络中的神经元，测试阶段每个神经元的输入加权和需要乘以 $(1-p)$。另一种方式是在训练阶段将输入值除以 $(1-p)$，而测试阶段不用做特殊处理。

实际运用中，Dropout 既可以用在网络模块中，也可以作为一个单独的 Dropout 层作用于输入或中间结果。这时，Dropout 层以概率 P 将向量中每个元素置零。

Dropout 的优势在于，网络结构并没有改变，只是每个批次训练时随机忽略部分节点。这种做法等效于每次计算时将网络规模减小。Dropout 的实践效果非常好，基本可以替代传统机器学习中的参数正则化方法来应对过拟合现象。对于 Dropout 能有效解决过拟合现象的原因有很多分析。主流的观点如下。

第一，Dropout 的应用等价于同时训练了多个不同的模型，最后将它们的平均值作为预测值。这种合并多模型的做法相当于集成方法（ensemble method），是机器学习中一种有效防止过拟合的算法。

第二，Dropout 减少了神经元之间的共适应关系（coadaptation）。因为任何两个神经元都有一定的概率不会同时出现，所以训练中强化了每个神经元独立计算的能力，从而减少了一个特征需要在其他特征出现时才有用的共适应关系，提高了整个网络的鲁棒性（robustness）。

B.3　深度学习框架 PyTorch

深度学习框架可以将常用的网络模块抽象化，达到高度的复用性，并实现参数的自动求导，从而将开发者从自行推导和编写优化模块的繁重任务中解放出来。早期的深度学习框架多为学术界开发，如 Caffe、Torch 和 Theano 等。随着时间的推移，工业界改进和开发的框架因其高效性逐渐受到大家的青睐。当今最流行的深度学习框架有以下几个：

❏ Google 开发的 TensorFlow；
❏ Facebook 开发的 PyTorch；
❏ 开源框架 Keras。

三者均依据 Python 语言开发。TensorFlow 和 PyTorch 可以对网络结构进行细粒度的控制，并支持几乎所有常见的网络模块。此外，这些框架不断更新，使开发者可以利用各种基本模块编写全新网络、控制优化细节等。相比之下，TensorFlow 对于大规模部署和计算效率做了许多优化，而 PyTorch 编写起来相对更简洁，容易上手。本书将基于 PyTorch 给出所有机器阅读理解模型的代码示例。

与 TensorFlow 和 PyTorch 不同，Keras 是一种高级 API 规范。它的底层兼容 TensorFlow、CNTK、Theano 等不同框架。Keras 高度抽象了常用网络模块，但同时部分牺牲了让开发者自行处理网络细节的能力。Keras 比较适合初学者上手，且代码长度最短。

B.3.1　PyTorch 的安装

PyTorch 支持 Linux、Mac、Windows 等多个平台。安装 PyTorch 前需要首先安装 Python。如果希望使用 GPU 则需要先安装 NVIDIA 的 CUDA 驱动。然后，登录 https:// pytorch.org/ 网站，在首页中选择本机的操作系统、Python 版本、CUDA 版本等。网站支持 Conda、Pip、Libtorch、Source 等安装方式，如图 B-11 所示。安装完成后，进入 Python，执行 import torch 命令，如果未出错就说明安装成功。使用 torch.__version__ 命令可以看到安装的 PyTorch 的版本号，本书代码将使用 PyTorch 0.4.0。

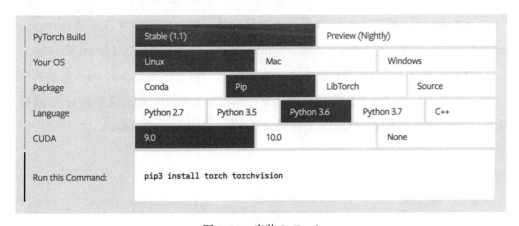

图 B-11　安装 PyTorch

B.3.2　张量

张量是 PyTorch 中的核心概念。简单来说，tensor 可以看作是一个多维数组，进行数据的存储和计算。常用的张量的类型有 FloatTensor（实数型）和 LongTensor（长整数型），可以分别存储数据和索引。初始化张量既可以将数组转化为 tensor，也可以直接利用 PyTorch 自带的函数进行随机初始化。下面是几个初始化张量的代码示例：

```
import torch
# 一个大小为 2×3 的实数型张量
a = torch.FloatTensor([[1.2, 3.4, 5], [3, 6, 7.4]])
# 一个大小为 5×6 的实数型张量，每个元素根据标准正态分布 N(0,1) 随机采样
b = torch.randn(5, 6)
# 将 a 第 0 行第 2 列的元素改为 4.0，变为 ([[1.2, 3.4, 4.0], [3, 6, 7.4]])
a[0, 2] = 4.0
```

张量可以进行运算，例如相加和相减。两个二维张量 a、b 如果维度可以进行矩阵乘法，可用 torch.mm(a, b) 得到结果。Torch.max(a, dim=d) 用于对张量的第 d 维求最大值。更多的张量运算可以参考 https://pytorch.org/docs/0.4.0/torch.html。

B.3.3　计算与求导

PyTorch 框架最大的好处在于可以根据张量的运算动态生成计算图（computation graph），从而进行自动微分与求导，不需要开发者自行推导和编写求导过程。

在 PyTorch 中，如果一个张量中的参数要计算导数，需要设置该张量的 requires_grad 属性为 True（默认为 False），如 a = torch.FloatTensor([[1, 2], [3, 5]], requires_grad = True)。之后，进行一系列张量运算并得到最终结果。PyTorch 提供 backward 函数从最终结果反向传播得到每个张量的导数，并记录在其 grad 属性中。如果需要用 GPU 进行张量运算，可以使用 CUDA 函数。下面是 tensor 运算和求导的代码示例：

```
import torch
a = torch.ones(1)              # 一个一维向量，值为 1
a = a.cuda()                   # 将 a 放入 GPU
a.requires_grad                # False
a.requires_grad = True         # 设定 a 需要计算导数
b = torch.ones(1)
x = 3 * a + b                  # x 是最终结果
x.requires_grad                # True，因为 a 需要计算导数，所以 x 需要计算导数
x.backward()                   # 计算所有参数的导数
a.grad                         # tensor([ 3.])，导数为 3
```

B.3.4　网络层

PyTorch 的软件包 nn 中包含了绝大部分常用的网络结构，如之前提到的全连接层、CNN、RNN 等。需要注意的是，在实际网络计算中需要将数据分批进行处理，一个批次的数据可以统一计算并求导，从而大大加快了运算速度。因此，PyTorch 框架中许多网络的输入默认有一维是批次大小，即 batch_size。

1. 全连接层

PyTorch 中使用 nn.Linear 命令实现两层神经元之间的全连接。**nn.Linear(in_feature, out_feature, bias=True)** 表示前一层有 in_feature 个神经元，下一层有 out_feature 个神经元，bias 表示是否需要截距（默认为 True）。一个 nn.Linear 中有 in_feature * out_feature+ out_feature 个权重（包括截距）。全连接层的输入张量需要最后一维大小是 in_feature，输出最后一维大小是 out_features。代码示例如下：

```
import torch
# 四层神经网络，输入层大小为 30，两个隐藏层大小分别为 50 和 70，输出层大小为 1
linear1 = nn.Linear(30, 50)
linear2 = nn.Linear(50, 70)
linear3 = nn.Linear(70, 1)
# 10 组输入数据作为一批次 (batch)，每一个输入为 30 维
x = torch.randn(10, 30)
# 10 组输出数据，每一个输出为 1 维
res = linear3(linear2(linear1(x)))
```

2. 丢弃

PyTorch 中使用 nn.Dropout 命令实现 Dropout 层。**nn.Dropout(p=0.3)** 表示 Dropout 置零概率为 $p=0.3$（默认为 0.5），其输入可以是任何维度的 tensor。下面是 Dropout 的代码示例：

```
layer = nn.Dropout(0.1)        # Dropout 层，置零概率为 0.1
input = torch.randn(5, 2)
output = layer(input)          # 维度仍为 5×2，每个元素有 10% 概率为 0
```

3. CNN

PyTorch 中使用 nn.Conv2d 命令实现卷积神经网络。**nn.Conv2d(in_channels, out_channels, kernel_size, bias=True)**⊖表示有 in_channels 个输入通道、out_channels 个输

⊖　PyTorch 中的 nn.Conv2d 有更多参数，参见 https://pytorch.org/docs/stable/nn.html。

出通道，过滤器大小为 kernel_size × kernel_size，bias 表示卷积中是否需要加截距（默认为 True）。输入维度是 batch × in_channels × height × width 的张量，输出为维度是 batch × out_channels × height_out × width_out 的张量。下面是卷积神经网络的代码示例：

```
# 卷积神经网络，输入通道有 1 个，输出通道 3 个，过滤器大小为 5
conv = nn.Conv2d(1, 3, 5)
# 10 组输入数据作为一批次 (batch)，每一个输入为单通道 32×32 矩阵
x = torch.randn(10, 1, 32, 32)
# y 维度为 10×3×28×28，表示输出 10 组数据，每一个输出为 3 通道 28×28 矩阵 (28=32-5+1)
y = conv(x)
```

4. RNN

PyTorch 中使用 nn.GRU 命令可以实现基于 GRU 的循环神经网络，使用 nn.LSTM 命令可以实现基于 LSTM 的循环神经网络。以 GRU 为例，**nn.GRU(input_size, hidden_size, num_layers=1, bias=True, batch_first=False, dropout=0, bidirectional=False)** 表示输入的每个元素 x_t 的维度是 input_size，状态 h_t 的维度为 hidden_size，一共有 num_layers 层（默认为 1 层），bias 表示是否需要加截距（默认为 True），batch_first 表示 batch 的维度是否为第 0 维（默认第 1 维）、Dropout 的概率（默认是 0）、是否是双向 RNN（默认为 False）。

nn.GRU 的输入有以下几个。

❑ input：所有元素 { x_t }，如果 batch_first 为 False，input 维度是 seq_len × batch × input_size；如果 batch_first 为 True，input 维度是 batch × seq_len × input_size。

❑ h0：RNN 初始状态，维度是 (num_layers × num_directions) × batch × hidden_size。
nn.GRU 的输出有以下几个。

❑ output：代表 RNN 最后一层的状态，如果 batch_first 为 False，output 维度是 seq_len × batch × (num_directions × hidden_size)；如果 batch_first 为 True，input 维度是 batch × seq_len × (num_directions × hidden_size)。

❑ hn：最后一个单词的 RNN 状态，维度是 (num_layers × num_directions) × batch × hidden_size。

下面是基于 GRU 的循环神经网络代码示例：

```
# 双层 GRU 输入元素维度是 10，状态维度是 20，batch 是第 1 维
rnn = nn.GRU(10, 20, num_layers=2)
# 一批次共 3 个序列，每个序列长度为 5，维度是 10，注意 batch 是第 1 维
x = torch.randn(5, 3, 10)
```

```
# 初始状态，共 3 个序列，2 层，维度是 20
h0 = torch.randn(2, 3, 20)
# output 是所有的 RNN 状态，大小为 5×3×20；hn 大小为 2×3×20，为 RNN 最后一个状态
output, hn = rnn(x, h0)
```

B.3.5　自定义网络模块

在 PyTorch 开发中，我们经常需要实现一个新的网络结构，例如全连接层之后接 RNN 层再接全连接层。我们希望所有的计算、求导都能在定制的网络上进行。为此 PyTorch 提供了一个简洁的工具——将定制的网络写成一个类，它需要继承基类 nn.Module 并实现其中的构造函数和前向计算函数 forward。PyTorch 将根据前向计算得到网络的结构，然后自动实现反向传播求导过程 backward。

1. 实战：定义网络模块

在下面的代码示例中，我们实现了一个简单网络 FirstNet，它由一个全连接层、Dropout 层和 RNN 层组成。

```python
import torch
import torch.nn as nn
# 自定制网络为一个 class，继承 nn.Module
class FirstNet(nn.Module):
    # 构造函数，输入元素的维度 input_dim，全连接后的维度 rnn_dim，RNN 状态的维度 state_
    dim
    def __init__(self, input_dim, rnn_dim, state_dim):
        super(FirstNet, self).__init__()      # 调用父类 nn.Module.__init__()
        # 全连接层，输入维度 input_dim，输出维度 rnn_dim
        self.linear = nn.Linear(input_dim, rnn_dim)
        # Dropout 层，置零概率为 0.3
        self.dropout = nn.Dropout(0.3)
        # 单层单向 GRU，输入维度 rnn_dim，状态维度 state_dim
        self.rnn = nn.GRU(rnn_dim, state_dim, batch_first=True)

    # 前向计算函数，x 大小为 batch×seq_len×input_dim，为长度是 seq_len 的输入序列
    def forward(self, x):
        # 对全连接层的输出进行 Dropout，结果维度为 batch×seq_len×rnn_dim
        rnn_input = self.dropout(self.linear(x))
        # GRU 的最后一个状态，大小为 1×batch×state_dim
        _, hn = self.rnn(rnn_input)
        # 交换第 0、1 维，输出维度为 batch×1×state_dim
        return hn.transpose(0, 1)

net = FirstNet(10, 20, 15)    # 获取网络实例
```

```
# batch 是第 0 维, 共 3 个序列, 每个序列长度 5, 维度是 10
x = torch.randn(3, 5, 10)
res = net(x)                          # res 大小为 3×1×15
```

2. 实战: 优化网络模块

现在, 我们给 FirstNet 网络加入训练任务以及损失函数。这个机器学习任务是进行回归, 即对每个序列输出一个实数预测它的某种性质。损失函数是均方差。训练数据中有 n 个序列及对应的真值 y。

我们不需要在代码中实现 backward 函数, 因为 PyTorch 会自动根据当前批次动态地得到计算图, 并计算出每个参数的导数。每次计算导数前必须执行导数清零函数 zero_grad(), 因为 PyTorch 中张量的导数不会在一个批次计算后自动归零。此外, PyTorch 的 train() 和 eval() 函数可以将网络设置成训练模式和测试模式, 并根据设定的模式对 Dropout 进行处理。

下面是网络优化的代码示例。其中, 使用 torch.max 函数可以求得张量沿某一维的最大值, 并返回两个张量: 最大元素值和最大元素所在的位置。

```
import torch.optim as optim      # 优化器软件包
net = FirstNet(10, 20, 15)
net.train()                  # 将 FirstNet 置为训练模式 (启用 Dropout)
net.cuda()                   # 如果有 GPU, 执行此语句将 FirstNet 的参数放入 GPU
# 随机定义训练数据
# 共 30 个序列, 每个序列长度为 5, 维度是 10
x = torch.randn(30, 5, 10)
y = torch.randn(30, 1)        # 30 个真值
# 随机梯度下降 SGD 优化器, 学习率为 0.01
optimizer = optim.SGD(net.parameters(), lr=0.01)
for batch_id in range(10):
    # 获得当前批次的数据, batch_size=3
    x_now = x[batch_id * 3 : (batch_id + 1) * 3]
    y_now = y[batch_id * 3 : (batch_id + 1) * 3]
    res = net(x_now)                      # RNN 结果 res, 维度为 3×1×15
    y_hat, _ = torch.max(res, dim=2)      # Max-pooling 预测张量 y_hat, 维度为 3×1
    # 均方差损失函数
    loss = torch.sum(((y_now - y_hat) ** 2.0)) / 3
    optimizer.zero_grad()                    # 将 net 中的所有张量的导数清零
    loss.backward()                          # 自动实现反向传播
    optimizer.step()                         # 按优化器的规则沿导数反方向移动每个参数
net.eval()       # 训练完成后, 将 FirstNet 置为测试模式 (即 Dropout 不置零, 也不删除神经元)
y_pred = net(x)  # 获得测试模式下的输出
```